高等职业教育水利类“十三五”系列教材

水利工程招投标与合同管理

主　编　潘永胆　侯林峰　白金霞
副主编　李继国　郭丽朋　陈桂梅
　　　　袁国栋　朱　强
主　审　邹　林　黄世涛

中国水利水电出版社
www.waterpub.com.cn
·北京·

内 容 提 要

本书是全国水利行业规划教育精品教材，按照中国水利建设项目招投标与合同管理标准编写，全书是依据我国2015年最新颁布的《招投标法实施细则》完成的。全书分为2篇，共9个项目。第1篇主要内容包括绪论，招标与投标概述，水利工程建设项目招标、投标、开标、评标与定标；第2篇主要内容包括水利建设工程民法典，水利建设工程合同，水利建设工程索赔，国际水利建设工程承包合同管理。

本书为高职高专院校水利水电专业教材，也可以作为成人教育、中等职业学校水利水电类专业的教学用书，还可以供从事水利水电工程规划、设计等工作的专业技术人员学习参考。

图书在版编目（CIP）数据

水利工程招投标与合同管理 / 潘永胆，侯林峰，白金霞主编. -- 北京 : 中国水利水电出版社，2016.8(2024.1重印)
高等职业教育水利类“十三五”系列教材
ISBN 978-7-5170-4397-3

Ⅰ. ①水… Ⅱ. ①潘… ②侯… ③白… Ⅲ. ①水利工程－招标－高等职业教育－教材②水利工程－投标－高等职业教育－教材③水利工程－经济合同－管理－高等职业教育－教材 Ⅳ. ①TV512

中国版本图书馆CIP数据核字(2016)第209736号

书　　名	高等职业教育水利类“十三五”系列教材 **水利工程招投标与合同管理** SHUILI GONGCHENG ZHAOTOUBIAO YU HETONG GUANLI
作　　者	主编　潘永胆　侯林峰　白金霞 副主编　李继国　郭丽朋　陈桂梅　袁国栋　朱强 主审　邹林　黄世涛
出版发行	中国水利水电出版社 （北京市海淀区玉渊潭南路1号D座　100038） 网址：www.waterpub.com.cn E-mail：sales@mwr.gov.cn 电话：（010）68545888（营销中心）
经　　售	北京科水图书销售有限公司 电话：（010）68545874、63202643 全国各地新华书店和相关出版物销售网点
排　　版	中国水利水电出版社微机排版中心
印　　刷	天津嘉恒印务有限公司
规　　格	184mm×260mm　16开本　19.75印张　468千字
版　　次	2016年8月第1版　2024年1月修订　2024年1月第5次印刷
印　　数	11001—17500册
定　　价	**59.50**元

《水利工程招投标与合同管理》
编　委　会

主　编　潘永胆　侯林峰　白金霞

副主编　李继国　郭丽朋　陈桂梅　袁国栋　朱　强

参　编　谢永亮　黄宏亮　魏　挺

主　审　邹　林　黄世涛

修订说明

党的二十大报告中有关坚持全面依法治国，推进法治中国建设的内容高屋建瓴、内涵丰富，字字充满中国智慧，句句符合中国国情，处处体现中国特色，为中国特色社会主义新时代树立起了法治文明建设的里程碑，不断开创依法治国新局面，是在全党全国各族人民迈上全面建设社会主义现代化国家新征程。

习总书记指出，全面推进科学立法、严格执法、公正司法、全民守法，坚持依法治国、依法执政、依法行政共同推进，坚持法治国家、法治政府、法治社会一体建设，全面依法治国是国家治理的一场深刻革命，关系党执政兴国，关系人民幸福安康，关系党和国家长治久安。

坚持走中国特色社会主义法治道路，建设中国特色社会主义法治体系、建设社会主义法治国家，围绕保障和促进社会公平正义，坚持依法治国、依法执政、依法行政共同推进，坚持法治国家、法治政府、法治社会一体建设，全面推进科学立法、严格执法、公正司法、全民守法，全面推进国家各方面工作法治化。

2020 年 5 月 28 日，十三届全国人大三次会议表决通过了《中华人民共和国民法典》，自 2021 年 1 月 1 日起施行。《中华人民共和国合同法》同时废止。将《中华人民共和国招标投标法》和《中华人民共和国民法典》理念宣传贯彻好，深入到水利工程招投标和合同管理各环节，是我们水利工作者特别是水利类专业教师应有的责任，让水利类专业学生和水利从业人员深入了解和掌握水利工程招投标和合同管理有关知识是宣传贯彻《中华人民共和国招标投标法》和《中华人民共和国民法典》的重要抓手。编制一本通俗易懂的《水利工程招投标和合同管理》教材，将水利工程招投标和民法典理论与实践进行广泛的宣传和使用，是贯彻落实依法招投标和民法典理念的有效途径。

本书作者在长期从事水利工程招投标和合同管理理念宣传与讲授的过程中，积累了较丰富的水利工程招投标和民法典理论和实践经验，在此基础上编制了这本教材。这本教材突出了理论性、基础性、实用性和操作性，系统阐述了水利工程招投标和民法典等内容。

编者

2024 年 1 月

前言

“水利工程招投标与合同管理”是一门实践性和操作性很强的专业课，其教材编写着力于学生的知识要点储备、职业技能训练和技术服务能力提升，以适应现代水利企业生产经营活动的需求。因此本书在教学内容、课程设计和编写风格上，具有鲜明的时代特点，体现出实用性、实践性、创新性的教材特色，是一本理论联系实际、教学面向生产的高职高专教育精品规划教材。

本书编写过程中吸收了近年来水利工程招投标与合同管理领域内实践的成果，从招投标的概念，招标投标的组织、评标以及中标后的合同管理，项目实施阶段的变更索赔等经营管理关键环节进行了重点阐述，涵盖了水利工程建设承发包双方的管理重点，特别是邀请了行业内具有较高知名度的企业相关人员参与了编写，努力与当前工程实践相结合的做法使本书具有更强的操作指导意义。

参加本书编写的人员有：长江工程职业技术学院潘永胆（任务 8.1～8.3）、侯林峰（项目 3、项目 4、附录 3～6）、湖北水利水电职业技术学院白金霞（项目 2），云南省水利水电学校李继国（任务 1.3），长江工程职业技术学院郭丽朋（项目 7）、朱强（项目 6）、谢永亮（附录 2）、黄宏亮（附录 1），黑龙江省水利学校陈桂梅（项目 5、项目 9）、中国葛洲坝集团有限公司袁国栋（任务 8.4）、湖北中云地勘察设计有限公司魏挺（项目 1）。

本书由潘永胆、侯林峰、白金霞担任主编，李继国、郭丽朋、陈桂梅、袁国栋、朱强任副主编。全书由潘永胆最后统稿并定稿。

长江工程职业技术学院邹林、黄世涛担任主审，并提出了许多宝贵的意见。在本书的编写过程中，我们参阅了一些公开出版和发表的文献，引用了多项法律、法规、条例、规章等的相关内容，谨此一并致谢。

由于编者水平所限，加之时间仓促，书中难免存在不足之处，敬请读者批评指正。

编者

2016 年 4 月

目　录

前言

第1篇　水利工程招标与投标

第2篇　水利工程合同管理

第1篇　水利工程招标与投标

项目1　绪　　论

【引例】 A单位承建一项污水泵站工程，泵站的水泵、起重机等设备安装项目分包给B公司。在施工过程中，随着沉井入土深度增加，井壁侧面阻力不断增加，沉井难以下沉。项目部采用降低沉井内水位减少浮力的方法，使沉井下沉，监理单位发现后予以制止。A单位将沉井井壁接高2m增加自重，强度与原沉井混凝土相同，沉井下沉到位后拆除了接高部分。B单位进场施工后，由于没有安全员，A单位要求B单位安排专人进行安全管理，但B单位一直未予安排。在吊装水泵时发生安全事故，造成一人重伤。

【思考】

(1) 本工程的承发包方式是什么？

(2) A、B单位的关系是什么？对于安全责任事故谁应负责？

(3) A、B单位应具备什么资质？

(4) 本工程中主体和客体分别是什么？

任务1.1　水利工程承发包

模块1.1.1　水利工程承发包的基本概念

承发包是一种商业交易行为，也是一种经营方式，是指交易的一方负责为另一方完成某项工作或供应一批货物，并按一定的价格取得相应报酬的一种交易。委托任务并负责支付报酬的一方称为发包人，接受任务并负责按时完成而取得报酬的一方称为承包人。承发包双方通过签订合同或者协议，明确发包人和承包人之间的经济上的权利与义务，具有法律效力。

水利工程承发包是指水利建筑企业（承包商）作为承包人（称乙方），建设单位（业主）作为发包人（称甲方），由甲方把建筑安装工程任务委托给乙方，且双方在平等互利的基础上签订工程合同，明确各自的经济责任、权利和义务，以保证工程任务在合同造价内按期、按质、按量、全面地完成的一种建设方式。

模块1.1.2　水利工程承发包的方式

水利工程承发包方式，是指发包人与承包人之间的经济关系形式。从承发包的范围、合同计价方式、获得任务的途径、承包人所处的地位等不同的角度，可以对工程承发包方式进行不同的分类。

1. 按承发包范围划分

按承发包范围可分为建设全过程承发包、阶段承发包、专项（专业）承发包。

（1）建设全过程承发包又叫统包、一揽子承包、交钥匙合同，它是指发包人一般只要提出使用要求、竣工期限或对其他重大决策性问题做出决定，承包人就可以对从项目建议书、可行性研究、勘察设计、材料设备采购、建筑安装工程施工、职工培训、竣工验收，直到投产使用和建设后评估等全过程实行全面总承包，并负责对各项分包任务和必要时吸收参与工程建设有关工作的发包人的部分力量进行统一组织、协调和管理。

建设全过程承发包主要适用于大中型建设项目。大中型建设项目由于工程规模大、级数复杂，要求工程承包公司必须具有雄厚的技术实力和丰富的组织管理经验，通常由实力雄厚的工程总承包公司（集团）承担。这种承包方式的优点是：有专职的工程承包公司承包，可以充分利用其丰富的经验，还可进一步积累建设经验，节约投资，缩短建设工期并保证建设项目的质量，提高投资效益。

（2）阶段承发包是指发包人、承包人就建设过程中的一个或某些阶段工作（如勘察、设计或施工、材料设备供应等）进行发包承包。例如，由设计机构承担勘察设计，由施工企业承担工业与民用建筑施工，由设备安装公司承担设备安装任务。

（3）专项承发包是指发包人、承包人就某建设阶段中的一个或几个专门项目进行承发包。主要适用于：可行性研究阶段的辅助项目研究；勘察设计阶段的工程工作、地质勘察、供水水源勘察，基础或结构工程设计、工艺设计，供电系统、空调系统及防灾系统的设计；施工阶段的深基础施工、金属结构制作和安装、通风设备和电梯安装等设备准备阶段的设备选购和生产技术人员培训等专门项目。由于专门项目专业性强，常常由有关专业分包人承包，所以，专项承发包也称作专业承发包。

2. 按合同计价方式划分

按合同计价方式分为固定总价合同、计量估价合同、单价合同、成本加酬金合同。

（1）固定总价合同。固定总价合同是指根据合同规定的工程施工内容和有关条件，业主应付给承包商的款额是一个规定的金额，即明确的总价。固定总价合同也称为总价包干合同，即根据施工招标的要求和条件，当施工内容和有关条件不发生变化时，业主付给承包商的价款总额就不发生变化。总价合同又分固定总价合同和变动总价合同两种。

适用范围如下：

1）工程量小、工期短，且在施工过程中环境因素变化小，工程条件稳定并合理。

2）工程设计详细，图纸完整、清楚，工程任务和范围明确。

3）工程结构和技术简单，风险小。

4）投标期相对宽裕，承包商可以有充足的时间详细考察现场、复核工程量，分析招标文件，拟定施工计划。

风险性：这类合同中承担了全部的工作量和价格风险。除了设计有重大变更，一般不允许调整合同价格。在现代工程中，特别在合理项目中，业主喜欢采用这种合同形式，因为工程中双方结算方式比较简单，比较省事。合同的执行中，承包商的索赔机会较少。但承包商承担了全部风险，报价中不可预见风险费用较高。因此，承包商报价的确定必须考虑施工期间物价变化以及工程量变化带来的影响。

（2）计量计价合同。计量计价合同是指以工程量清单和单价表为计算承包价依据的承包方式。一般是由建设单位委托设计单位提出工程量清单，由承包商填报单价，再算出总造价，据以承包工程。单价表采用单价合同承包方式时投标单位的报价文件和招标单位的评价依据，通常由招标单位来列分部分项工程名称（如土方工程、模板工程、混凝土工程等），招投标单价，作为标书的重要组成部分；也可先由招标单位提出单价，投标单位分别表示同意或另行提出自己的单价。

（3）单价合同。单价合同是指承包商按工程量报价单内分项工作内容填报单价，以实际完成工程量乘以所报单价确定结算价款的合同。承包商所填报的单价应为计及各种摊销费用后的综合单价，而非直接费单价。

适用范围：单价合同大多用于工期长、技术复杂、实施过程中发生各种不可预见因素较多的大型土建工程，以及业主为了缩短工程建设周期，初步设计完成后就进行施工招标的工程。单价合同的工程量清单内所开列的工程量为估计工程量，而非准确工程量。

风险性：主要为工期延误及物价上涨导致的投资风险。

（4）成本加酬金合同。成本加酬金合同又称成本补偿合同，是指按工程实际发生的成本结算外，发包人另加上商定好的一笔酬金（总管理费和利润）支付给承包人的一种承发包方式。工程实际发生的成本，主要包括人工费、材料费、施工机械使用费、其他直接费和现场经费以及各项独立费等。

按投资总额或承包工程量计取酬金的合同主要适用于可行性研究、勘察设计和材料设备采购供应等承包业务。例如，承包可行性研究的计费方法通常是根据委托方的要求和所提供的资料情况，拟定工作内容，估计完成任务所需各种专业人员的数量和工作时间，据此计算工资、差旅费以及其他各项开支，再加企业总管理费，汇总即可得出承包费用总额。勘察费按完成的工作量和相应的费用定额计取。

3. 按获得任务的途径划分

按获得任务的途径分为计划分配、投标竞争、委托承包、指令承包。

（1）计划分配。由中央或地方政府的计划部门分配建设工程任务，由设计、施工单位与建设单位签订承包合同。

（2）投标竞争。通过投标竞争，中标者获得工程任务，与建设单位签订承包合同。我国现阶段的工程任务是以投标竞争为主的承包方式。

（3）委托承包。即由建设单位与承包单位协商，签订委托其承包某项工程任务的合同。主要适用于某些投资限额以下的小型工程。

（4）指令承包。由政府主管部门依法指定，仅适用于某些特殊情况。如少数特殊工程或偏僻地区工程，施工企业不愿投标的，可由项目主管部门或当地政府指定承包单位。

4. 按承包人所处的地位划分

按承包人所处的地位分为总承包、分承包、独立承包、联合承包。

(1) 总承包。总承包简称总包，是指发包人将一个建设项目建设全过程或其中某个或某几个阶段的全部工作发包给一个承包人承包，该承包人可以将在自己承包范围内的若干专业性工作再分包给不同的专业承包人去完成，并对其统一协调和监督管理。各专业承包人只同总承包人发生直接关系，不与发包人发生直接关系。

总承包主要有两种情况：一是建设全过程总承包；二是建设阶段总承包。总承包的形式有多种：投资、设计、施工总承包，即建设项目由承包商贷款垫资，并负责规划设计、施工，建成后再转让给发包人；投资、设计、施工、经营一体化承包，统称BOT方式，即发包人和承包人共同投资，承包人不仅负责项目的可行性研究、规划设计、施工，而且建成后还负责经营几年或几十年，然后再转让给发包人。

采用总承包方式时，可以根据工程具体情况，将工程总承包任务发包给有实力的具有相应资质的咨询公司、勘察设计单位、施工企业以及设计施工一体化的大建筑公司等承担。

(2) 分承包。分承包简称分包，是相对于总承包而言的，指从总承包人承包范围内承包某一分项工程（如土方、模板、钢筋等）或某种专业工程（如钢结构制作和安装、电梯安装、卫生设备安装等）。分承包人不与发包人发生直接关系，而只对总承包人负责，在现场总承包人统筹安排其活动。

分承包人承包的工程不能是总承包范围内的主体结构工程或主要部分（关键性部分），主体结构工程或主要部分必须由总承包人自行完成。

分承包主要有两种情形：

1) 总承包合同约定的分包，总承包人可以直接选择分包人，经发包人同意后与分包人订立分包合同。

2) 总承包合同未约定的分包，须经发包人认可后总承包人方可选择分包人，并与之订立分包合同。

两者的共同点是都要经过发包人同意后才能进行。

(3) 独立承包。是指承包人依靠自身力量自行完成承包任务的承发包方式。此方式主要适用于技术要求比较简单、规模不大的工程项目。

(4) 联合承包。联合承包是指由两个或两个以上的独立经营单位联合起来承包一项工程任务，由参加联合的各单位推选代表统一与建设单位签订合同，共同对建设单位负责，并协调各单位之间的关系，是相对于独立承包方式而言的承包方式。联合承包主要适用于大型或结构复杂的工程。参加联合的各方，通常是采用成立工程项目合营公司、合资公司、联合集团等营体形式。参加联营的各方仍都是各自独立经营的企业，只是就共同承包的工程项目必须事先达成联合协议，以明确各个联合承包人的权利和义务，包括投入的资金数额、工人和管理人员的派遣、机械设备种类、临时设施的费用分摊、利润的分享以及风险的分担等。

在市场竞争日趋激烈的形势下，采用联合承包的方式优越性十分明显，具体表现如下：

1）可以有效地减弱多家承包商之间的竞争，化解和防范承包风险。

2）促进承包商在信息、资金、人员、技术和管理上互相取长补短，有助于充分发挥各自优势。

模块 1.1.3 水利工程承发包的内容

水利工程项目承发包的内容，就是整个建设过程各个阶段的全部工作，可以分为工程项目的项目建议书、可行性研究、勘察设计、材料及设备的采购供应、建筑安装工程施工、生产准备和竣工验收以及工程监理等阶段的工作（表 1.1）。对一个承包单位来说，承包内容可以是建设过程的全部工作，也可以是某一阶段的全部或一部分工作。

表 1.1　　建设工程承发包过程一览表

<table>
<tr><th colspan="2">阶 段</th><th>定 义</th><th>内 容</th><th>完 成 人</th></tr>
<tr><td colspan="2">项目建议书</td><td>建设单位向国家有关主管部门提出要求建设某一项目的建设性文件</td><td>项目的性质、用途、基本内容、建设规模及项目的必要性和可行性分析等</td><td>建设单位、工程咨询机构</td></tr>
<tr><td colspan="2">可行性研究</td><td>研究工程建设项目的技术先进性、经济合理性和建设可能性的科学方法</td><td>对拟建项目的市场需求、资源条件、原料、燃料、动力供应条件、厂址方案、拟建规模、生产方法、设备选型、环境保护、资金筹备等，从技术和经济两方面进行详尽的调查研究，分析、计算、方案比较，并对建成后可能取得的技术效果和经济效益进行预测，为投资决策提供可靠的依据</td><td>工程咨询机构</td></tr>
<tr><td rowspan="2">勘测设计</td><td>工程勘察</td><td>指工程测量、水文地质勘察和工程地质勘察</td><td>查明工程项目建设地点的地形地貌、地层土壤岩性、地质构造、水文条件等自然地质条件，作出鉴定和综合评价，为建设项目的选址、工程设计和施工提供科学的依据</td><td rowspan="2">勘察设计部门</td></tr>
<tr><td>工程设计</td><td>从技术上和经济上对拟建工程进行全面规划的工作</td><td>初步设计、技术设计和施工图设计</td></tr>
<tr><td colspan="2">材料和设备的采购供应</td><td></td><td>以公开招标、询价报价、直接采购等决定材料的供应方式，以委托承包、设备包干、招标投标等决定设备供应方式</td><td>材料、设备供应商</td></tr>
<tr><td colspan="2">建筑安装工程施工</td><td>使设计图纸付诸实施的关键性阶段</td><td>施工现场的准备工作，永久性工程的建筑施工、设备安装及工业管道安装等</td><td>承包单位</td></tr>
<tr><td colspan="2">生产职工培训</td><td>准备合格的生产技术工人和配套的管理人员</td><td>组织生产职工培训</td><td>总承包单位或被委托的培训机构</td></tr>
</table>

续表

阶段	定　义	内　容	完成人
建设工程监理	专门从事工程监理的机构，其服务对象是建设单位	接受建设主管部门委托或建设单位委托，对建设项目的可行性研究、勘察设计、设备及材料采购供应、工程施工、生产准备直至竣工投产，实行全过程监督管理或阶段监督管理	受业主委托的监理公司

任务1.2　水利建筑工程市场

模块1.2.1　水利建筑工程市场的概念

建筑工程市场，简称建设市场或建筑市场，是进行建筑商品和相关要素交换的市场。建设市场有广义的市场和狭义的市场之分。狭义的建设工程市场一般指有形建设工程市场，有固定的交易场所。广义的建设工程市场包括有形市场和无形市场，它是工程建设生产和交易关系的总和。

水利建筑工程市场是承载与水利建筑业生产经营活动有关的一切交易活动的总称，它贯穿于水利建筑产品生产的整个过程，包括咨询、设计、施工、工程竣工、工程保修期。

水利建筑工程市场有以下特点：

(1) 招标投标为主要交易方式。

(2) 交易价格以工程造价为基础。

(3) 交易行为受到法律等的约束和监督，市场公开透明化。

模块1.2.2　水利建筑市场的主体和客体

水利建筑市场的主体是指参与建筑生产交易过程的各方，主要有业主（建设单位或发包人）、承包商、工程咨询服务机构等。水利建筑市场的客体指一定量的可供交换的商品和服务，包括有形的物质产品和无形的服务，即水利建筑产品（建筑物、构筑物）和建筑生产（人力、物资、资金、技术和信息），如图1.1所示。

1. 建设市场主体

(1) 业主。业主是指既有某项工程建设需求，又具有该项工程的建设资金和各种准建证件，在建设工程市场中发包工程建设的勘察、设计、施工等任务，并最终得到建筑产品的政府部门、企事业单位和个人。

在我国，业主也称建设单位或甲方或发包方，作为市场主体具有不确定性。我国的工程项目大多数是政府投资建设的，业主大多属于政府部门。为了规范业主行为，建立了投资责任约束机制，即项目法人责任制，又称为业主责任制，由项目业主对项目建设全过程负责。

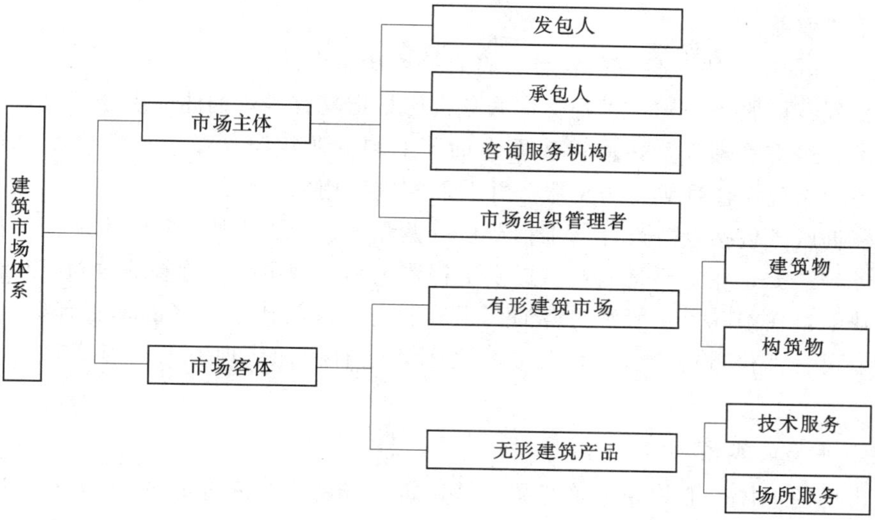

图1.1 建筑市场体系

项目业主的产生，主要有三种方式：①业主即原企业或单位：企业或机关、事业单位投资的新建、扩建、改建工程；②业主是联合投资董事会：由不同投资方参股或共同投资的项目；③业主是各类开发公司。

业主在项目建设过程中的主要职能是：建设项目立项决策；建设项目的资金筹措与管理；办理建设项目的有关手续（如征地、建筑许可证等）；建设项目的招标与合同管理；建设项目的施工与质量管理；建设项目的竣工验收和试运行；建设项目的统计及文档管理。

(2) 承包商。承包商是指拥有一定数量的建筑装备、流动资金、工程技术和经济管理人员以及一定数量的工人，取得建设行业相应资质证书和营业执照的，能够按照业主的要求提供不同形态的建筑产品并最终得到相应工程价款的建筑施工企业。

相对于业主，承包商作为建筑市场主体，是长期和持续存在的。因此，无论国内还是国际惯例，对承包商一般都要实行从业资格管理。承包商从事建设生产，一般具备四个方面的条件：①有符合规定的注册资本；②有与其从事的建筑活动相适应的具有法定执业资格的专业技术人员；③有从事相应建筑活动所应有的技术装备；④经资格审查合格，已取得资质证书和营业执照。

承包商可按其所从事的专业分为土建、水电、道路、港口、铁路、市政工程等专业公司。在市场经济条件下，承包商需要通过市场竞争（投标）取得施工项目，需要依靠自身的实力去赢得市场，承包商的实力主要有四个方面：

1) 技术方面的实力。有精通本行业的专业人员队伍；专业装备精良，能解决各类施工中的技术难题；有承揽不同类型项目施工的经验。

2) 经济方面的实力。具有相当的周转资金；具有相当的固定资产；具有支付各种担保和保险的能力；承担国际工程尚需具备筹集外汇的能力。

3）管理方面的能力。建筑承包市场属于买方市场，往往靠低利润报价取得项目，向管理和技术要效益。

4）信誉方面的实力。良好的信誉，将直接影响企业的生存与发展。

(3）工程咨询服务机构。工程咨询服务机构是指具有一定的注册资金，具有一定数量的工程技术、经济管理人员，取得建设咨询证书和营业执照，能为工程建设提供估算测量、管理咨询、建设监理等智力型服务并获取相应费用的企业。

工程咨询服务包括勘察设计、工程造价（测量）、工程管理、招标代理、工程监理等智力型服务。这类企业主要是向业主提供工程咨询和管理服务，弥补业主对工程建设过程不熟悉的缺陷，在国际上一般称为咨询公司。国内，目前数量最多的是工程勘察设计院、工程监理公司、工程造价（工程测量）事务所，还有招标代理、工程管理和其他咨询类企业。

2. 建设市场的客体

建设市场的客体一般称作建筑产品，是建筑市场的交易对象，既包括有形建筑产品，也包括无形产品——各类智力型服务。

建筑产品不同于一般工业产品，因为建设产品本身及其生产过程具有不同于其他工业产品的特点。在不同的生产交易阶段，建筑产品表现为不同的形态。它可以是咨询公司提供的咨询报告、咨询意见或其他服务，也可以是勘察设计单位提供的设计方案、施工图纸、勘察报告，还可以是生产厂家提供的混凝土构件，当然也包括承包商生产的各类建筑物和构筑物。

模块 1.2.3　水利建筑市场的资质管理

建筑活动的专业性及技术性都很强，而且建设工程投资大、周期长，一旦发生问题将给社会和人民的生命财产安全造成极大损失。因此，为保证建设工程的质量和安全，对从事建设活动的单位和专业技术人员必须实行从业资格管理，即资质管理制度。建设工程市场中的资质管理包括两类：一类是对从业企业的资质管理；另一类是对专业人士的资质管理。

1. 从业企业资质管理

《中华人民共和国建筑法》（简称《建筑法》）规定：对从事建筑活动的施工企业、勘察设计单位、工程咨询机构（含监理单位）实行资质管理。

(1）水利建筑施工企业（承包商）资质管理。建设部〔2001〕82 号文公布：水利水电施工企业资质等级标准由 1 个水利水电工程施工总承包企业资质等级标准和水工大坝工程、水工隧洞工程、水工建筑物基础处理工程、河湖整治工程、水工金属结构制作与安装工程、水利水电机电设备安装工程、堤防工程等 7 个专业承包企业资质等级标准组成。

水利水电工程施工总承包企业资质分为特级、一级、二级、三级。水工建筑物基础处理工程专业、水工金属结构制作与安装工程专业承包企业资质分为一级、二级、三级。施工企业承包工程范围见表 1.2。

表 1.2 水利水电工程施工企业承包工程范围

企业类别	等级	承包工程范围
施工总承包企业	特级	可承担各种类型水利水电工程及辅助生产设施的建筑、安装和基础工程的施工
	一级	可承担单项合同额不超过企业注册资本金5倍的各种类型水利水电工程及辅助生产设施的建筑、安装和基础工程施工。工程内容包括：不同类型的大坝、电站厂房、引水和泄水建筑物、通航建筑物、基础工程、导截流工程、砂石料生产、水轮发电机组、输变电工程的建筑安装；金属结构制作安装；压力钢管、闸门制作安装；堤防加高加固、泵站、涵洞、隧道、施工公路、桥梁、河道疏浚、灌溉、排水工程施工
	二级	可承担单项合同额不超过企业注册资本金5倍的下列工程的施工：库容1亿m^3、装机容量100MW及以下水利水电工程及辅助生产设施的建筑、安装和基础工程施工。工程内容包括：不同类型的大坝、电站厂房、引水和泄水建筑物、通航建筑物、基础工程、导截流工程、砂石料生产、水轮发电机组、输变电工程的建筑安装；金属结构制作安装；压力钢管、闸门制作安装；堤防加高加固、泵站、涵洞、隧道、施工公路、桥梁、河道疏浚、灌溉、排水工程施工
	三级	可承担单项合同额不超过企业注册资本金5倍的下列工程的施工：库容1000万m^3、装机容量1.0MW及以下水利水电工程及辅助生产设施的建筑、安装和基础工程施工。工程内容包括：不同类型的大坝、电站厂房、引水和泄水建筑物、通航建筑物、基础工程、导截流工程、砂石料生产、水轮发电机组、输变电工程的建筑安装；金属结构制作安装；压力钢管、闸门制作安装；堤防加高加固、泵站、涵洞、隧道、施工公路、桥梁、河道疏浚、灌溉、排水工程施工
水工建筑物基础处理工程专业承包企业	一级	可承担各类水工建筑物基础处理工程的施工
	二级	可承担单项合同额1500万元以下的水工建筑物基础处理工程的施工
	三级	可承担单项合同额500万元以下的水工建筑物基础处理工程的施工
水工金属结构制作与安装工程专业承包企业	一级	可承担各类钢管、闸门、拦污栅等水工金属结构工程的制作、安装及启闭机的安装
	二级	可承担单项合同额不超过企业注册资本金5倍的大型及以下钢管、闸门、拦污栅等水工金属结构工程的制作、安装及启闭机的安装
	三级	可承担单项合同额不超过企业注册资本金5倍的中型及以下压力钢管、闸门、拦污栅等水工金属结构工程的制作、安装及启闭机的安装
水利水电机电设备安装工程专业承包企业	一级	可承担各类水电站、泵站主机（各类水轮发电机组、水泵机组）及其附属设备和水电（泵）站电气设备的安装工程
	二级	可承担单项合同额不超过企业注册资本金5倍的单机容量100MW及以下的水电站、单机容量1000kW及以下的泵站主机及其附属设备和水电（泵）站电气设备的安装工程
	三级	可承担单项合同额不超过企业注册资本金5倍的单机容量25MW及以下的水电站、单机容量500kW及以下的泵站主机及其附属设备和水电（泵）站电气设备的安装工程
河湖整治工程专业承包企业	一级	可承担各类河道、湖泊的河势控导、险工处理、疏浚、填塘固基工程的施工
	二级	可承担单项合同额不超过企业注册资本金5倍的2级及以下堤防相对应的河道、湖泊的河势控导、险工处理、疏浚、填塘固基工程的施工
	三级	可承担单项合同额不超过企业注册资本金5倍的3级及以下堤防相对应的河湖疏浚整治工程及一般吹填工程的施工

续表

企业类别	等级	承 包 工 程 范 围
堤防工程专业承包企业	一级	可承担各类堤防的堤身填筑、堤身整险加固、防渗导渗、填塘固基、堤防水下工程、护坡护岸、堤顶硬化、堤防绿化、生物防治和穿堤、跨堤建筑物（不含单独立项的分洪闸、进水闸、排水闸、挡潮闸等）工程的施工
	二级	可承担单项合同额不超过企业注册资本金5倍的2级及以下堤防的堤身填筑、堤身整险加固、防渗导渗、填塘固基、堤防水下工程、护坡护岸、堤顶硬化、堤防绿化、生物防治和2级及以下穿堤、跨堤建筑物（不含单独立项的分洪闸、进水闸、排水闸、挡潮闸等）工程的施工
	三级	可承担单项合同额不超过企业注册资本金5倍的3级及以下堤防的堤身填筑、堤身整险加固、防渗导渗、填塘固基、堤防水下工程、护坡护岸、堤顶硬化、堤防绿化、生物防治和3级及以下穿堤、跨堤建筑物工程的施工
水工大坝工程专业承包企业	一级	可承担各类坝型的坝基处理、永久和临时水工建筑物及其辅助生产设施的施工
	二级	可承担单项合同额不超过企业注册资本金5倍、70m及以下各类坝型的坝基处理、永久和临时水工建筑物及其辅助生产设施的施工
	三级	可承担单项合同额不超过企业注册资本金5倍、50m及以下各类坝型的坝基处理、永久和临时水工建筑物及其辅助生产设施的施工
水工隧洞工程专业承包企业	一级	可承担各类有压或明流隧洞工程和与其相应的进出口工程的开挖、临时和永久支护、回填与固结灌浆、金属结构预埋件等工程，以及其辅助生产设施的施工
	二级	可承担单项合同额不超过企业注册资本金5倍的过流断面不大于$50m^2$的各类有压或明流隧洞工程和与其相应的进出口工程的开挖、临时和永久支护、回填与固结灌浆、金属结构预埋件等工程，以及其辅助生产设施的施工
	三级	可承担单项合同额不超过企业注册资本金5倍的过流断面不大于$28m^2$的各类有压或明流隧洞工程和与其相应的进出口工程的开挖、临时和永久支护、回填与固结灌浆、金属结构预埋件等工程，以及其辅助生产设施的施工

（2）工程勘察、设计企业资质管理。我国建设工程勘察、设计资质分为工程勘察资质和工程设计资质。建设工程勘察、设计企业应当按照其拥有的注册资本、专业技术人员、技术装备和业绩等条件申请资质，经审查合格，取得建设工程勘察、设计资质证书后，方可在资质等级许可范围内从事建设工程勘察设计活动。我国勘察、设计企业的业务范围参见表1.3的有关规定。国务院建设行政主管部门及各地建设行政主管部门负责工程勘察、设计企业资质的审批、晋升和处罚。

（3）工程咨询单位资质管理。我国对工程咨询单位也实行资质管理。目前，已有明确资质等级评定条件的有工程监理、招标代理、工程造价等咨询机构。

工程监理企业资质按照等级划分为综合资质、专业资质和事务所资质。其中，专业资质按照工程性质和技术特点划分为14个工程类别，综合资质、事务所资质不设类别。专业资质分为甲级、乙级，其中房屋建筑、水利水电、公路和市政公用专业资质可设立丙级。工程咨询单位资质管理情况见表1.4。

工程咨询单位的资质评定条件包括注册资金、专业技术人员和业绩三方面的内容，不同资质等级的标准均有具体规定。

表 1.3　　我国勘察、设计企业的业务范围

<table>
<tr><th>企业类别</th><th>资质分类</th><th>等级</th><th>承担业务范围</th></tr>
<tr><td rowspan="5">勘察企业</td><td>综合资质</td><td>甲级</td><td>承担工程勘察业务范围和地区不受限制</td></tr>
<tr><td rowspan="3">专业资质
（分专业设立）</td><td>甲级</td><td>承担本专业工程勘察业务范围和地区不受限制</td></tr>
<tr><td>乙级</td><td>承担本专业工程勘察中、小型工程项目，承担工程勘察业务的地区不受限制</td></tr>
<tr><td>丙级</td><td>承担本专业工程勘察小型工程项目，承担工程勘察业务限定在省、自治区、直辖市所辖行政区范围内</td></tr>
<tr><td>劳务资质</td><td>不分级</td><td>承担岩土工程治理、工程钻探、凿井等工程勘察劳务工作，承担工程勘察劳务工作的地区不受限制</td></tr>
<tr><td rowspan="6">设计企业</td><td>综合资质</td><td>不分级</td><td>承担工程设计业务范围和地区不受限制</td></tr>
<tr><td rowspan="3">行业资质
（分专业设立）</td><td>甲级</td><td>承担相应行业建设项目的工程设计范围和地区不受限制</td></tr>
<tr><td>乙级</td><td>承担相应行业的中、小型建设项目的工程设计任务，地区不受限制</td></tr>
<tr><td>丙级</td><td>承担相应行业的小型建设项目的工程设计任务，地区限定在省、自治区、直辖市所辖行政区范围内</td></tr>
<tr><td rowspan="2">专项资质
（分专业设立）</td><td>甲级</td><td>承担大、中、小型专项工程设计的项目，地区不受限制</td></tr>
<tr><td>乙级</td><td>承担中、小型专项工程设计的项目，地区不受限制</td></tr>
</table>

表 1.4　　工程咨询范围资质管理一览表

<table>
<tr><th>企业类别</th><th>资质分类</th><th>等级</th><th>承担业务范围</th></tr>
<tr><td rowspan="5">工程监理</td><td>综合资质</td><td>不分级</td><td>承担所有专业工程类别建设工程项目的工程监理业务</td></tr>
<tr><td rowspan="3">专业资质</td><td>甲级</td><td>可以监理相应专业类别的所有工程</td></tr>
<tr><td>乙级</td><td>只能监理相应专业类别的二、三级工程</td></tr>
<tr><td>丙级</td><td>只能监理相应专业类别的三级工程</td></tr>
<tr><td>事务所资质</td><td>不分级</td><td>承担三级建设工程项目的监理业务，但国家规定必须实行监理的工程除外</td></tr>
<tr><td rowspan="2">工程招标代理机构</td><td rowspan="2">不分类</td><td>甲级</td><td>承担工程的范围和地区不受限制</td></tr>
<tr><td>乙级</td><td>只能承担工程投资额（不含征地费、大市政配套费与拆迁补偿费）3000 万元以下的工程招标代理业务，地区不受限制</td></tr>
<tr><td rowspan="2">工程造价咨询机构</td><td rowspan="2">不分类</td><td>甲级</td><td>承担工程的范围和地区不受限制</td></tr>
<tr><td>乙级</td><td>在本省、自治区、直辖市所辖行政区域范围内承接中、小型建设项目的工程造价咨询业务</td></tr>
</table>

2. 专业人士资格管理

在建筑市场中，把具有从事工程咨询资格的专业工程师称为专业人士。

专业人士在建设工程市场管理中起着非常重要的作用。由于他们的工作水平对工程项目建设成败具有重要的影响，对专业人士的资格条件要求很高。从某种意义上说，政府对

建筑市场的管理，一方面要靠完善的建筑法规，另一方面要依靠专业人士。

我国专业人士制度是从发达国家引入的。目前，已经确定专业人士的种类有建筑工程师、结构工程师、监理工程师、造价工程师、注册建造师、岩土工程师等。由全国资格考试委员会负责组织专业人士的考试。

目前，我国专业人士制度尚处在起步阶段，但随着建设工程市场的进一步完善，对其管理会进一步规范化和制度化。

任务1.3　案　例　分　析

【案例1.1】 某水电站工程建设项目，基础处理采用混凝土灌注桩，主体工程为河床式电站。建设单位通过公开招标选择某监理单位承担施工监理任务。因该工程涉及基础处理、电站土建施工和机电安装工程，建设单位对工程发包提出了两种方案：一种是采用总承包模式，即由电站土建单位总承包，基础处理和机电安装列入总承包范围再进行分包；另一种是采用平行发包模式，即基础处理、电站土建施工、机电安装工程进行发包。机电安装工程中的发电机组由建设单位选定的供应单位负责运抵施工现场。

问题：

1. 在上述两种发包模式下，对机电安装工程施工单位的资格考核应在何时进行？考核的主要内容是什么？

2. 在上述两种发包模式下，机电安装施工单位对发电机运抵施工现场是否可视为“甲供设备”？为什么？简要回答如何组织检查验收。

3. 如果采用施工总承包模式，电站土建施工单位是否需要对基础处理和机电安装施工单位的施工质量进行检查验收？为什么？

4. 如果现场检查出发电机组不合格或发电机生产厂家延期供货，对正常施工进度造成影响，试指出在上述两种发包模式下可能会出现哪些主体之间的索赔。

5. 在上述两种发包模式下，整个工程完工验收应由什么单位提出申请？

参考答案：

1. 如采用总承包发包模式时，对机电安装工程施工单位的资格应在分包合同签订前考核。如采用平行发包模式时，对机电安装工程施工单位的资格应在招标阶段进行考核。

考核的主要内容：①相应的资质等级；②满足工程需要的施工技术装备；③合理的人员配置；④完善的质量保证体系；⑤良好的业绩和社会信誉。

2. 机电安装工程施工单位对发电机组运抵施工现场可视为“甲供设备”。因为建设单位负责选定发电机组供应厂家，机电安装工程单位与发电机组供应厂家没有合同关系。

(1) 在总承包发包模式下，应由水电站土建施工单位负责组织验收，发电机组供应厂家、建设单位、监理单位、机电安装工程施工单位参加，共同检查发电机组质量、数量以及相关质量证明材料，符合要求后予以验收。

(2) 在平行发包模式下，应由机电安装工程施工单位组织验收，发电机组供应厂家、建设单位、监理单位参加，共同检查发电机组质量、数量以及相关质量证明材料，符合要求后予以验收。

3. 如果采取施工总承包模式，电站土建施工单位需要对基础处理和机电安装施工单位的施工质量进行检查验收。因为水电站土建施工单位是总承包单位，基础处理和机电安装施工单位是分包单位，总承包单位必须对分包单位的施工质量向建设单位负责并承担连带责任。

4. 如果现场检查出发电机组不合格或发电机组生产厂家延期供货，对正常施工进度造成影响，两种发包模式下可能出现的索赔：①总承包模式：建设单位与电站土建施工单位之间的索赔，建设单位与发电机组供应厂家之间的索赔，电站土建施工单位与机电安装单位之间的索赔；②平行发包模式：建设单位与电站土建施工单位之间的索赔，建设单位与发电机组供应厂家之间的索赔，建设单位与机电安装施工单位之间的索赔。

5. 在总承包模式时，由电站土建施工单位提出申请。在平行承包模式时，由电站土建、基础处理、机电安装施工单位联合提出申请。

思考题

(1) 什么是水利工程承包、发包？

(2) 水利工程承发包的方式有哪些？

(3) 水利工程承发包的内容有哪些？

(4) 建筑市场的主体和客体各是什么？

(5) 水利工程建筑施工企业的资质有哪些？

习题

(1) 承发包是一种商业交易行为，委托任务并负责支付报酬的一方称为__________；接受任务并负责按时完成而取得报酬的一方称为__________。

(2) 工程承发包按承发包的范围和内容可分为__________、阶段承包和__________。

(3) 水利建筑市场的主体主要有业主（建设单位或发包人）、__________、工程咨询服务机构等。

(4) 建设工程市场中的资质管理包括两类：一类是对__________；另一类是对__________。

项目2 招标与投标概述

【引例】 鲁布革电站是我国第一个利用世界银行贷款和国际招标的项目，在我国开创了采用国际通用的现代项目管理模式组织大型水电项目建设的先例，取得了良好的经济效果和一系列项目管理经验，对我国推行工程招投标和项目管理起到了巨大的作用。

【思考】

(1) 什么是招标?

(2) 什么是投标?

(3) 鲁布革电站进行招投标时应具备的条件?

任务2.1 招标与投标常识

模块2.1.1 招标投标实质

1. 建设工程招标

建设工程招标是指招标人（或发包人）将拟建工程对外发布信息，吸引有承包能力的单位参与竞争，按照法定程序优选承包单位的法律活动。其实质是招标人通过招标竞争机制，从众多投标人中择优选定一家承包单位作为建设工程承建者的一种建筑商品的交易方式。

2. 建设工程投标

建设工程投标是指投标人（或承包人）根据所掌握的信息，按照招标人的要求，参与投标竞争，以获得建设工程承包权的法律活动。其实质是参与建设工程市场的行为，是众多投标人综合实力的较量，投标人通过竞争取得工程承包权。

模块2.1.2 招标的主要形式

建设工程招标，根据其招标范围不同通常有以下几种形式：

(1) 建设工程全过程招标：即通常所称的“交钥匙”工程承包方式。建设工程全过程招标就是指从项目建议书开始，包括可行性研究、勘察设计、设备和材料询价及采购、工程施工直至竣工验收和交付使用等实行全面招标。

在国内，一些大型工程项目进行全过程招标时，一般是先由建设单位或项目主管部门通过招标方式确定总包单位，再由总包单位组织建设，按其工作内容或分阶段或分专业再进行分包，即进行第二次招标。当然，有些总包单位也可独立完成该项目。

(2) 建设工程勘察设计招标：就是把工程建设的一个主要阶段——勘察设计阶段的工作单独进行招标的活动的总称。

（3）建设工程材料和设备供应招标：是指建筑材料和设备供应的招标活动全过程。实际工作中，材料和设备往往分别进行招标。

在工程施工招标过程中，工程所需的建筑材料一般可分为由施工单位全部包料、部分包料和由建设单位全部包料三种情况。在上述任何一种情况下，建设单位或施工单位都可能作为招标单位进行材料招标。与材料招标相同，设备招标要根据工程合同的规定，或是由建设单位负责招标，或者由施工单位负责招标。

建设工程材料和设备供应招标是指招标人就拟购买的材料设备发布公告或者邀请，以法定方式吸引建设工程材料设备工供应商参加竞争，从中择优选择优越者购买其材料设备的行为。

（4）建设工程施工招标：是指工程施工阶段的招标活动全过程，它是目前国际国内工程项目建设经常采用的一种发包形式，也是建筑市场的基本竞争方式。建设工程施工招标特点是招标范围灵活化、多样化，有利于施工的专业化。

（5）建设工程监理招标：是指招标人为了委托监理任务的完成，以法定方式吸引监理单位参加竞争，从中选择条件优越的工程监理企业的行为。

模块2.1.3 招标的方式

建设工程招标投标在国外已有很多年的历史，也产生了多种招标方式，可以从不同的角度进行分类，按竞争的程度分为公开招标和邀请招标；按竞争的范围分为国内竞争性招标和国际竞争性招标；按招标的阶段分为一阶段招标和二阶段招标。我国《招标投标法》规定国内招标应采用公开招标和邀请招标两种方式。

1. 公开招标

公开招标又称为无限竞争招标，是由招标人对不特定的对象公开发布招标公告的招标方式。指招标人通过报刊、广播、电视、信息网络或其他媒介，公开发布招标公告，招揽不特定的法人或其他组织参加投标的招标方式。公开招标形式一般对投标人的数量不予限制。

公开招标是最具竞争性的招标方式，也是程序最完整、最规范、最典型，所需费用最高、花费时间最长的招标方式。具有如下优点：投标的承包商多、竞争范围大，招标人可获得质优价廉的货物、工程或服务；可以引进先进的设备、技术和工程技术及管理经验；可保证所有合格的投标人都有参加投标、公平竞争的机会；有利于降低工程造价，提高工程质量和缩短工期。

但是，公开招标也不可避免地存在一些问题。由于投标的承包商多，招标工作量大，组织工作复杂，需投入较多的人力、物力，招标过程所需时间较长，因而此类招标方式主要适用于投资额度大，工艺、结构复杂的较大型工程建设项目。

2. 邀请招标

邀请招标又称为有限竞争性招标，是指招标人以投标邀请书的方式直接邀请若干家特定的法人或其他组织参加投标的招标形式。

邀请招标不使用公开的招标方式；接受邀请的单位才是合格的投标人；投标人的数量有限，由招标人确定，不能少于3个，也不宜多于10个。

邀请招标参加竞争的投标商数目可由招标单位控制，目标集中，招标的组织工作较容易，工作量比较小。同时，由于参加的投标单位相对较少，竞争性范围较小，使招标单位对投标单位的选择余地较少，如果招标单位在选择被邀请的承包商前所掌握信息资料不足，则会失去发现最适合承担该项目的承包商的机会。

模块 2.1.4　招标的条件

1. 建设单位招标应当具备的条件

(1) 招标人是法人或依法成立的其他组织。

(2) 有与招标工程相适应的经济、技术、管理人员。

(3) 有组织编制招标文件的能力。

(4) 有审查投标单位资质的能力。

(5) 有组织开标、评标、定标的能力。

不具备上述 (2) ～ (5) 项条件的，须委托具有相应资质的咨询、监理等单位代理招标。上述5条中，(1) 和 (2) 项是对招标资格的规定，后3项则是对招标人能力的要求。

2. 工程建设项目招标应具备的条件

(1) 招标人已经依法成立。

(2) 初步设计及概算应当履行审批手续的，已经批准。

(3) 招标范围、招标方式和招标组织形式等应当履行核准手续的，已经核准。

(4) 有相应的资金或资金来源已经落实。

(5) 有招标所需要的设计图纸及技术资料。

(6) 可不进行工程招标的工程建设项目。

(7) 涉及国家安全、国家秘密或者抢险救灾而不适宜招标的。

(8) 属于利用扶贫资金实行以工代赈需要使用农民工的。

(9) 施工主要技术采用特定的专利或者专有技术的。

(10) 施工企业自建自用的工程，且该施工企业资质等级符合工程要求的。

(11) 在建工程追加的附属小型工程或者主体加层工程，原中标人仍具备承包能力的。

(12) 法律、行政法规规定的其他情形。

不需要审批但依法必须招标的工程建设项目，有前款规定情形之一的，可以不进行施工招标。

任务 2.2　招标投标法律、法规

模块 2.2.1　招标投标法律、法规概述

我国招标投标制度是伴随着改革开放而逐步建立完善的。全国人大、国务院、各部委以及地方政府等，在不同阶段对不同行业在招标投标领域颁布及制定了多项法律、法规、条例、规章等。

1. 工程建设领域的法律法规发展史

1980 年国务院在《关于开展和保护社会主义劳动竞赛的暂行规定》中首次提出，为进一步开展社会主义竞争，对一些适宜承包的生产经营项目和建设，可以试行招标投标的办法。

1984 年国家计划委员会和城乡建设环境保护部联合发了《建设工程招标投标暂行规定》，倡导实行建设工程招标投标。

1991 年建设部、国家工商行政管理局联合下发了《建筑市场管理规定》，明确提出加强发包管理和承包管理，其中发包管理主要是指工程报建制度与招标制度。在整顿建筑市场的同时，建设部还与国家工商管理局一起制定了《施工合同示范文本》及其管理办法，以指导工程合同的管理。

1992 年建设部颁布了《工程建设施工招标投标管理办法》。

1994 年建设部、国家经济体制改革委员会再次发出《全面深化建筑市场体制改革的意见》，强调了建筑市场管理环境的治理。文中明确提出大力推行招标投标，强化市场竞争机制。此后，各地也纷纷制定了各自的实施细则，使我国的工程招标投标制度趋于完善。

1999 年我国工程招标投标制度面临重大转折。首先，3 月 15 日全国人大通过了《中华人民共合国合同法》，并于同年 10 月 1 日起生效实施。由于招标投标是合同订立过程中的两个阶段，因此该法对招标投标制度产生了重要的影响。其次，8 月 30 日全国人大常委会通过了《中华人民共和国招标投标法》，并于 2000 年 1 月 1 日起施行。这部法律基本上是针对建设工程发包活动而言的，其中大量采用了国际惯例或通用做法，带来了招标体制的巨大变革。

2000 年 5 月，国家发展计划委员会发布了《工程建设项目招标范围的规模标准规定》，同年 7 月国家发展计划委员会又发布了《工程建设项目自行招标试行办法》和《招标公告发布暂行办法》。

2001 年 7 月国家发展计划委员会等联合发布了《评标委员会和评标办法暂行规定》，其中有三个重大突破：一是关于低于成本价的认定标准，二是关于中标人的确定条件，三是关于最低价中标。在这里第一次明确了最低价中标的原则，这与国际惯例是接轨的，这一评标定标原则必然给我国现行的定额管理带来冲击。在这一时期，建设部也连续颁布了第 79 号令《工程建设项目招标代理机构资格认定办法》、第 89 号令《房屋建筑和市政基础设施工程施工招标投标管理办法》以及《房屋建筑和市政基础设施工程施工招标文件范本》（2003 年 1 月 1 日施行）、第 107 号令《建筑工程施工发包与承包计价管理办法》（2001 年 12 月 1 日施行）等，对招标投标活动及其承发包中的计价工作作出进一步的规范。

2003 年国家发展计划委员会等颁布了第 30 号令《工程建设项目施工招标投标办法》。

2004 年国务院办公厅制定了《关于进一步规范招投标活动的若干意见》。

2004 年国家发展和改革委员会颁布了《工程建设项目招投标活动投诉处理办法》。

2005 年国家发展和改革委员会等颁布了《工程建设项目货物招投标办法》。

2007 年建设部颁布了第 154 号令《工程建设项目招标代理机构资格认定办法》以及

《工程建设项目招标代理机构资格认定办法实施意见》。

2008年国家发展和改革委员会等颁布了《标准施工招标资格预审文件》和《标准施工招标文件》试行规定。

2011年11月30日，国务院颁布了第613号令《中华人民共和国招标投标实施条例》（简称《招标投标实施条例》）。

2013年2月4日，国家发展和改革委员会、工业和信息化部、监察部、住房和城乡建设部、交通运输部、铁道部、水利部、商务部以第20号令颁布了《电子招标投标办法》。该《电子招标投标办法》分总则，电子招标投标交易平台，电子招标，电子投标，电子开标、评标和中标，信息共享与公共服务，监督管理，法律责任，附则共9章66条，自2013年5月1日起施行。《电子招标投标办法》是中国推行电子招标投标的纲领性文件，它将成为我国招标投标行业发展的一个重要里程碑。推行电子招标投标是中央惩防体系规划、工程专项治理，以及《招标投标法实施条例》明确要求的一项重要任务，对提高采购透明度、节约资源和交易成本、促进政府职能转变具有非常重要的意义，特别是在利用技术手段解决弄虚作假、暗箱操作、串通投标、限制排斥潜在投标人等招标投标领域突出问题方面有着独特优势。

2. 水利工程招投标法的发展史

水利工程多为国家投资，水利工程建设关系到国家财产和人民生命的安全，关系到改革开放和现代化建设的顺利进行。为加快社会主义市场经济体制的建立，加强对水利工程建设项目的管理，维护水利工程建设市场秩序，水利部颁布制定了一系列规章、条例和实施办法：2001年10月颁布了第14号令《水利工程建设项目招标投标管理规定》；2002年制定了《水利工程建设项目监理招标投标管理办法》；2004年下发了《关于进一步规范水利工程建设项目招投标活动的通知》；2005年制定了《水利建设工程施工分包管理规定》；2009年下发《关于印发水利水电工程标准施工招标资格预审文件和水利水电工程标准施工招标文件的通知》，自2010年2月1日起施行。2009年出台了《加强水利工程建设招标投标、建设实施和质量安全管理工作指导意见》，2012年制定了《关于推进水利工程建设项目招标投标进入公共资源交易市场的指导意见》，2018年3月27日中华人民共和国国家发展和改革委员会发布第16号令《必须招标的工程项目规定》，是贯彻落实《中共中央国务院关于加快水利改革发展的决定》和《招标投标法实施条例》的重要举措，进一步规范了水利工程建设项目招标投标活动，深入推进了水利工程建设领域突出问题专项治理，保障了大规模水利建设顺利实施。

模块 2.2.2 招标投标法

2000年1月1日施行《招标投标法》以来，对于推进招标采购制度的实施，促进公平竞争，加强反腐败制度建设，节约公共采购资金，保证采购质量，发挥了重要作用。

1.《招标投标法》使用范围和适用对象

(1) 地域范围。《招标投标法》第二条规定：在中华人民共和国内进行招标投标活动，适用本法，即《招标投标法》适用于我国境内进行的各类招标投标活动，这是《招标投标法》的空间效力。“中华人民共和国境内”包括我国全部领域范围，但依据《中华人民共和国香港特别行政区基本法》和《中华人民共和国澳门特别行政区基本法》的规定，并不包括实行“一国两制”的香港、澳门地区。

（2）全体范围。《招标投标法》的适用主体范围很广泛，只要是在我国境内进行的招标投标活动，无论是哪类主体都要执行《招标投标法》。具体包括两类主体：第一类是国内各类主体，既包括各级权力机关、行政机关和司法机关及其所属机构等国家机关，又包括国有企业事业单位、外商投资企业、私营企业以及其他各类经济组织，同时还包括允许个人参与招标投标活动的公民个人；第二类是在我国境内参与招标投标活动的外国企业，或者外国企业在我国境内设立的能够独立承担民事责任的分支机构等。

（3）例外情形。按照《招标投标法》第六十七条规定：使用国际组织或者外国政府贷款、援助资金的项目进行招标，贷款方、资金提供方对招标投标的具体条件和程序有不同规定的可以适用其规定，但违背我国的社会公共利益的除外。

2. 基本原则

《招标投标法》第五条规定：招标投标活动应当遵循公开、公平、公正和诚实信用的原则。

3. 依法必须招标的范围和标准

（1）必须招标范围。《招标投标法》第三条规定：在中华人民共和国境内进行下列工程建设项目，包括项目的勘察、设计、施工、监理以及与工程建设有关的重要设备、材料等的采购，必须进行招标：①大型基础设施、公用事业等关系社会公共利益、公共安全的项目；②全部或者部分使用国有资金投资或者国家融资的项目；③使用国家组织或者外国政府贷款、援助资金的项目。

（2）规模标准。《招标投标法》第三条规定：前款所列项目的具体范围和规模标准，由国务院发展计划部门会同国务院制定，报国务院批准。

《工程建设项目招标范围和规模标准规定》（国家发展计划委员会令2000年第3号）第七条规定：本规定第二条及第六条规定范围的各类工程建设项目，包括项目的勘察、设计、施工、监理以及与工程建设有关的重要设备、材料等的采购，达到下列标准之一的，必须进行招标：①施工单项合同估算价在400万元人民币以上的；②重要设备、材料等货物的采购，单项合同估算价在200万元人民币以上的；③勘察、设计、监理等服务的采购，单项合同估算价在100万元人民币以上的；同一项目中可以合并进行的勘察、设计、施工、监理以及与工程建设有关的重要设备、材料等的采购，合同估算价合计达到前款规定标准的，必须招标。

4. 可不招标的情形

《招标投标法》第六十六条规定：涉及国家安全、国家秘密、抢险救灾，或者属于利用扶贫资金实行以工代赈、需要使用农民工等特殊情况，不适宜进行招标的项目，按照国家有关规定可以不进行招标。

5. 招标条件、招标方式和组织形式

（1）招标条件。《招标投标法》第九条规定：招标项目按照国家有关规定需要履行项目审批手续的，应当先发行审批手续，取得批准。招标人应当有进行招标项目的相应资金或者资金来源已经落实，并应当在招标文件中如实载明。

（2）招标方式。《招标投标法》第十条规定：招标分为公开招标和邀请招标。公开招标是指招标人以招标公告的方式邀请不特定的法人或者其他组织投标。邀请招标是指招标人以投标邀请书的方式邀请特定的法人或者其他组织投标。

《招标投标法》规定：国务院发展计划部门确定的国家重点项目和省、自治区、直辖市人民政府确定的地方重点项目不适宜公开招标的，经国务院发展计划部门或者省、自治区、直辖市人民政府批准，可以进行邀请招标。

（3）组织形式。《招标投标法》第十二条规定：招标人有权自行选择招标代理机构，委托其办理招标事宜。任何单位和个人不得以任何方式为招标人指定招标代理机构。招标人具有编制招标文件和组织评标能力的，可以自行办理招标事宜。任何单位和个人不得强制其委托招标代理机构办理招标事宜。依法必须进行招标的项目，招标人自行办理招标事宜的，应当向有关行政监督部门备案。

对于招标人具有编制招标文件和组织评标能力，《工程建设项目自行招标试行办法》（国家发展计划委员会令2000年第5号）作了具体要求。其中第四条规定：招标人自行办理招标事宜，应当具有编制招标文件和组织评标的能力，具体包括：①具有项目法人资格（或者法人资格）；②具有与招标项目规模和复杂程度相适应的工程技术、概预算、财务和工程管理等方面专业技术力量；③有从事同类工程建设项目招标的经验；④设有专门的招标机构或者拥有3名以上专职招标业务人员；⑤熟悉和掌握招标投标法及有关法规规章。

6. 招标公告的发布媒体

《招标投标法》第十六条规定：招标人采用公开招标方式的，应当发布招标公告。依法必须进行招标的项目的招标公告，应当通过国家指定的报刊、信息网络或者其他媒介发布。招标公告应当载明招标人的名称和地址，招标项目的性质、数量、实施地点和时间，以及获取招标文件的办法等事项。

《国家发展计划委员会关于指定发布依法必须招标项目招标公告的媒介的通知》（计政策〔2000〕868号）规定：国家计委指定《中国日报》《中国经济导报》《中国建设报》和中国采购与招标网（http：//www.chinabidding.com.cn）为发布依法必须招标项目招标公告的媒介。其中，国际招标项目的招标公告应在《中国日报》发布。

模块2.2.3　招标投标法实施条例

《招标投标法实施条例》（简称《条例》）是2011年11月30日在国务院第183次常务会议通过的，自2012年2月1日起施行。《条例》分总则，招标，投标，开标、评标和中标，投诉与处理，法律责任，附则，共7章85条。

《招标投标法实施条例》的颁布施行，有利于统一招标规则，推动形成统一规范、竞争有序的招标投标大市场，促进生产要素在更大的范围内自由流动；有利于增强招标投标制度的可操作性，营造公开、公平、公正的竞争的环境，更好地发挥市场配置资源的基础性作用；有利于加强和规范行政监督行为。及时妥善处理招标投标争议，提高行政监管的权威性和有效性；有利于提高招标采购的透明度，惩治和预防腐败，促进反腐倡廉建设；有利于积极引导体制机制创新，破解制约招标市场健康发展问题。

《招标投标法实施条例》是在总结我国招标投标实践、借鉴国际经验的基础上，对招标投标制度作了补充、细化和完善，进一步健全了我国公共采购法律制度。具体体现如下：

（1）细化了“工程建设项目”包含的具体内容，明确了“工程”的定义。

《招标投标法实施条例》第二条对《招标投标法》第三条所称的“工程建设项目”进行了细化，工程建设项目是指“工程以及与工程建设有关的货物、服务”，而这里的工程是指“建设工程，包括建筑物和构筑物的新建、改建、扩建及其相关的修、拆除、修缮等”，与工程建设有关的货物是指“构成工程不可分割的组成部分，且为实现工程基本功能所必需的设备、材料等”，与工程建设有关的服务是指“为完成工程所需的勘察、设计、监理等服务”。

（2）国有资金占控股或者主导地位的依法必须进行招标的项目，符合下列情形的，也可以邀请招标。

《招标投标法实施条例》规定：国有资金占控股或者主导地位的依法必须进行招标的项目，应当公开招标；但有下列情形之一的，可以邀请招标：

1）技术复杂、有特殊要求或者受自然环境限制，只有少量潜在投标人可供选择。

2）采用公开招标方式的费用占合同金额的比例过大。

上述情形的认定，按照国家有关规定需要履行审批、核准手续的项目，由项目审批、核准部门在审批、核准项目时作出；其他项目由招标人申请有关行政监督部门作出认定。

（3）补充规定了几种“可以不进行招标”的情形。

除《招标投标法》第六十六条规定的可以不进行招标的特殊情况外，《招标投标法实施条例》还规定，有下列情形之一的，可以不进行招标：

1）需要采用不可代替的专利或者专有技术。

2）采购人依法能够自行建设、生产或者提供。

3）已通过招标方式选定的特许经营项目投资人依法能够自行建设、生产或者提供。

4）需要向原中标人采购工程、货物或者服务，否则将影响施工或者功能配套要求。

5）国家规定的其他特殊情形。

（4）对招标投标活动程序步骤进行完善补充。

《招标投标法实施条例》对招标终止、招标结果公示、履行能力审查等招标投标活动中的程序性问题作出补充规定。

招标终止：招标人终止招标后，有义务及时发布公告，以书面形式通知被邀请的或者已经获取资格预审文件、招标文件的潜在投标人。已经发售资格预审文件、招标文件或者已经收取投标保证金的，应当及时退还所收取的资格预审文件、招标文件的费用，以及所收取的投标保证金及银行同期存款利息。

招标结果公示：依法必须进行招标的项目，招标人应当收到自评标报告之日起3日内公式中标候选人，公示期不得少于3日。投标人或者其他利害关系人对依法必须进行招标的项目的评标结果有异议的，应当在中标候选人公示期间提出。招标人应当自收到异议之日起3日内作出答复；作出答复前，应当暂停招标投标活动。

履约能力审查：中标候选人的经营、财务状况发生较大变化或者存在违法行为，招标人认为可能影响其履约能力的，应当在发出中标通知书前由原评标委员会按照招标文件规定的标准和方法审查确认。

（5）规定了投标保证金必须从投标人基本账户转出。

《招标投标法实施条例》规定：依法必须进行招标的项目的境内投标单位，以现金或者支票形式提交的投标保证金应当从其基本账户转出。这一规定在一定程度上打击和遏制了围标行为，因为一般情况下，帮助围标的投标单位不会承担投标保证金的资金占用成本，往往是由牵头围标单位缴纳全部投标保证金。《招标投标法实施条例》这一规定会增加围标单位的违法成本，客观上限制其违法操作的可能性。同时，该规定也为审计部门核查围标违法行为提供行为提供了新手段：查看投标单位基本账户，跟踪投标保证金的来龙去脉。

（6）明确了《招标投标法》中未明确的各类违规情况。

1）明确了招标人以不合理的条件限制、排斥潜在投标人或者投标人的七种情形（《招标投标法实施条例》第三十二条）。

2）明确了投标人相互串通投标的五种情形（《招标投标法实施条例》第三十九条）。

3）明确了视同投标人相互串通投标的六种情形（《招标投标法实施条例》第四十条）。

4）明确了招标人与投标人串通投标的六种情形（《招标投标法实施条例》第四十一条）。

5）明确了投标人以其他方式弄虚作假的五种情形（《招标投标法实施条例》第四十二条）。

（7）对招标投标中回避制度进行了细化和补充。

除原评审专家回避制度外，《招标投标法实施条例》增加了领导干部回避制度、投标人回避制度等。

《招标投标法实施条例》第三十四条规定：与招标人存在利害关系可能影响招标公正性的法人、其他组织或者个人，不得参加投标。单位负责人为同一人或者存在控股、管理关系的不同单位，不得参加同一标段投标或者为划分标段的同一招标项目投标。这一规定遏制了以往备受争议的“采购人下属单位投标”现象。

此外，《招标投标法实施条例》对领导干部应当回避而不得干预招标投标活动以及评标委员会成员的回避活动作了诸多规定，并进一步明确法律责任。对评标委员会成员提出了4项禁止，即不得私下接触投标人，不得收投标人给予的财务或者其他好处，不得向投标人征询明确中标人的意向或者接受任何单位或者个人提出的倾向或者排斥特定投标人的要求，不得有其他不客观、不公正履行职务的行为，并进一步明确相关法律责任。

（8）对开标、评标、中标过程中若干问题的补充规定。

《招标投标法实施条例》限制了招标项目标底的作用，规定标底只能作为评标的参考，不得以投标报价是否接近标底作为中标条件，也不得以投标报价超过标底上下浮动范围作为否决投标的条件。规定了评标委员会否决的七种情形（《招标投标法实施条例》第五十一条）。规定了招标投标文件的澄清、说明，不得以接受投标人主动提出的澄清、说明。规定了推荐中标候选人的程序。

（9）法律责任的细化规定。

《招标投标法实施条例》对招标人、投标人、中标人、招标代理机构、评标委员会等违反招标投标的法律责任作出了更为详尽和具体的规定，提出了建立招标投标信用制度，有利于统一招标投标规则，形成规范有序的招标投标市场。

模块 2.2.4 水利工程建设项目招标投标管理规定

为加强对水利工程建设项目的管理，维护水利工程建设市场秩序，水利部于 2001 年 10 月以第 14 号令颁布了《水利工程建设项目招标投标管理规定》。

1. 适用范围

《水利工程建设项目招标投标管理规定》适用于水利工程建设项目的勘察设计、施工、监理，以及与水利工程建设有关的重要设备、材料采购等投标招标活动。

2. 行政监督与管理

《水利工程建设项目招标投标管理规定》明确了水利部是全国水利工程建设项目招标投标活动的行政监督与管理部门；流域管理机构受水利部委托对除第五条第六项规定以外的中央项目的招标投标活动进行行政监督；省、自治区、直辖市人民政府水行政主管部门是本行政区域内地方水利工程建设项目招标投标活动的行政监督与管理部门。

3. 招标方式

招标分为公开招标和邀请招标。《水利工程建设项目招标投标管理规定》规定了下列情况不可进行招标，须经项目主管部门批准。具体包括：

(1) 涉及国家安全、国家秘密的项目。

(2) 应急防汛、抗旱、抢险、救灾等项目。

(3) 项目中经批准使用农民投工、投劳施工的部分（不包括该部分中的勘察设计、监理和重要设备、材料采购）。

(4) 不具备招标条件的公益性水利工程建设项目的项目建议书和可行性研究报告。

(5) 采用特定专利技术或特有技术的。

(6) 其他特殊项目。

4. 招标条件

《水利工程建设项目招标投标管理规定》第十六条规定了水利工程建设招标应用具备的条件，尤其是施工招标应当具备如下条件：

(1) 初步建设已经批准。

(2) 建设资金来源已落实，年度投资计划已经安排。

(3) 监理单位已经确定。

(4) 具有能满足招标要求的设计文件，已与设计单位签订适应施工进度要求的图纸交付合同或协议。

(5) 有关建设项目永久征地，临时征地和移民搬迁的实施，安置工作已经落实或已有明确安排。

5. 招标一般程序

《水利工程建设项目招标投标管理规定》第十七条规定了招标工作一般按下列程序进行：

(1) 招标前，按项目管理权限向水行政主管部门提交招标报告备案。报告具体内容应当包括招标已具备的条件、招标方式、分标方案、招标计划安排、投标人资质（资格）条件、评标方法、评标委员会组建方案以及开标、评标的工作具体安排等。

（2）编制招标文件。

（3）发布招标信息（招标公告或招标邀请书）。

（4）发售资格预审文件。

（5）按规定日期接受潜在投标人编制的资格预审文件。

（6）组织对潜在投标人资格预审文件进行审核。

（7）向资格预审合格的潜在投标人发售招标文件。

（8）组织购买招标文件的潜在招标人现场踏勘。

（9）接受招标人对招标文件有关问题要求澄清的函件，对问题进行澄清，并书面通知所有潜在投标人。

（10）组织成立评标委员会，并在中标结果确定前保密。

（11）在规定时间和地点，接受符合招标文件要求的投标文件。

（12）组织开标评标会。

（13）在评标委员会推荐的中标候选人中确定中标人。

（14）向水行政主管部门提交招标投标情况的书面总结报告。

（15）发中标通知书，并将中标结果通知所有投标人。

（16）进行合同谈判，并与中标人订立书面合同。

6. 招标文件售价

《水利工程建设项目招标投标管理规定》第二十四条规定：招标文件应当按其制作成本确定售价，一般可按1000～3000元人民币标准控制。

7. 投标保证金

《水利工程建设项目招标投标管理规定》第二十五条规定：招标文件中应当明确投标保证金金额，一般可按以下标准控制：

合同估算价在10000万元以上，投标保证金金额不超过合同估算价的千分之五。

合同估算价为3000万～10000万元，投标保证金金额不超过合同估算价的千分之六。

合同估算价在3000万元以下，投标保证金金额不超过合同估算价的千分之七，但最低不得少于1万元人民币。

8. 评标标准

《水利工程建设项目招标投标管理规定》第三十四条规定了评标标准分为技术标准和商务标准，尤其是施工评标标准一般包含以下内容：

（1）施工方案（或施工组织设计）与工期。

（2）投标价格和评标价格。

（3）施工项目经理及技术负责人的经历。

（4）组织机构及主要管理人员。

（5）主要施工设备。

（6）质量标准、质量和安全管理措施。

（7）投标人的业绩、类似工程经历和资信。

（8）财务状况。

9. 评标方法

《水利工程建设项目招标投标管理规定》第三十五条规定：评标方法可采用综合评分法、综合最低评标价法、合理最低投标价法、综合评议法及两阶段评标法。

10. 评标标底

《水利工程建设项目招标投标管理规定》第三十六条规定：施工招标设有标底的，评标标底可采用：

（1）招标人组织编制的标底A。

（2）以全部或部分投标人报价的平均值作为标底B。

（3）以标底A和标底B的加权平均值作为标底。

（4）以标底A值作为确定有效标的标准，以进入有效标内投标人的报价平均值作为标底。

施工招标未设标底的，按不低于成本价的有效标进行评审。

《水利水电工程标准施工招标文件》（2009年版）中，将评标标底称为评标基准价。

邀请所有投标人参加，是指投标单位的法定代表人或授权代表人应接受邀请参加开标仪式。否则，将按本规定第四十五条的有关规定，可以拒绝单位投标文件或按无投标处理。

11. 评标委员会

《水利工程建设项目招标投标管理规定》第四十条规定：评标工作由评标委员会负责。评标委员会由招标人的代表和有关技术、经济、合同管理等方面的专家组成，成员人数为七人以上单数，其中专家（不含招标人代表人数）不得少于成员总数的三分之二。第四十三条规定：评标委员会成员不得与投标人有利害关系。所指利害关系包括：是投标人或其代理人的近亲属；在5年内与投标人曾有工作关系；或有其他社会关系或经济利益关系。

12. 无效标（废标）的界定

《水利工程建设项目招标投标管理规定》第四十五条规定：招标人对有下列情况之一的投标文件，可以拒绝或无效标处理：

（1）投标文件密封不符合招标文件要求的。

（2）逾期送达的。

（3）投标人法定代表人或授权代表人未参加开标会议。

（4）未按招标文件规定加盖单位公章和法定代表人（或其授权人）的签字（或印鉴）的。

（5）招标文件规定不得标明投标人名称，但投标文件上标明投标人名称或有任何可能透露投标人名称的标记的。

（6）未按招标文件要求编写或字迹模糊导致无法确认关键技术方案、关键工期、关键工程质量保证措施和投标价格的。

（7）未按规定交纳投标保证金的。

（8）超出招标文件规定，违法国家有关规定的。

（9）投标人提供虚假资料的。

《招标投标法实施条例》施行以后，为加强水利工程建设项目招标投标工作的管理，规范招标投标活动，结合水利工程建设的特点，《水利工程建设项目招标投标管理规定》即将修订。

任务2.3 招标代理机构

模块2.3.1 建设工程招标代理概念

招标代理机构是指在工程项目招标投标活动中，受委托人委托，代为从事招标组织活动的中介机构。

《招标投标法》第十二条第一款规定：招标人有权自行选择招标代理机构，委托其办理招标事宜。当招标单位缺乏与招标工程相适应的经济、技术管理人员，没有编制招标文件和组织评标能力时，依据《招标投标法》的规定，应认真挑选、慎重委托具有相应资质的中介服务机构代理招标。

根据我国招标投标法的规定，招标代理机构必须是法人或依法成立的独立核算的经济组织，并且应当具备下列条件：

（1）有从事招标代理业务的营业场所和相应资金。

（2）有能够编制招标文件和组织评标的相应专业力量。

（3）有可以作为评标委员会成员人选的技术、经济等方面的专家库。

（4）有健全的组织机构和内部管理的规章制度。

模块2.3.2 招标代理的法律行为

招标代理在法律上属于委托代理，招标代理机构的行为必须在代理委托的授权范围内开展，超出委托授权范围的代理行为属于无权代理。建设工程招标代理行为的法律效果归属于被代理人，被代理人对超出授权范围的代理行为有拒绝和追索权。

1. 招标代理机构的权利

（1）依照规定收取招标代理费。招标代理作为一项经营活动，招标代理机构是通过与招标人订立委托合同取得授权的，委托合同中应当明确代理费的数额和支付办法。可以说这是招标代理机构最主要的一项权利。

（2）有权要求招标人对代理工作提供协助。由于招标代理机构是为招标人完成招标工作，离开招标人的配合，在很多情况下代理工作将无法开展。招标人应当提供与工程招标代理有关的文件、资料，对代理工作提供必要的协助，并对所提供的文件、资料的真实性、合法性负责。

（3）对潜在投标人进行资格审查。招标代理机构可以根据招标项目的本身的要求，在招标公告或者投标邀请书中，要求潜在投标人提供有关的证明文件和业绩情况，并对潜在投标人进行资格审查；国家对投标人的资格条件有规定的，依照其规定执行。

招标代理机构不应同时接受同一招标工程的投标代理或投标咨询业务，招标代理机构与被代理工程的投标人不得有隶属关系或者其他利害关系。

2. 招标代理机构的义务

（1）遵守我国法律、法规、规章和现行方针、政策的义务。

（2）拟定招标方案，编制和出售招标文件、资格预审文件；审查投标人资格；编制招标控制价；组织投标人踏勘现场；组织开标、评标，协助招标人定标；草拟合同。

任务2.4 工程建设项目招标范围和规模标准

《招标投标法》第三条规定了招标投标的范围：在中华人民共和国境内进行下列工程建设项目包括项目的勘察、设计、施工、监理以及与工程建设有关的重要设备、材料等的采购，必须进行招标：

（1）大型基础设施、公用事业等关系社会公共利益、公众安全的项目。

（2）全部或者部分使用国有资金投资或者国家融资的项目。

1）使用预算资金200万元人民币以上，并且该资金占投资额10%以上的项目。

2）使用国有企业事业单位资金，并且该资金占控股或者主导地位的项目。

（3）使用国际组织或者外国政府贷款、援助资金的项目。

国家发展计划委员会据此颁布了《工程建设项目招标范围和规模标准规定》，确定了必须进行招标的工程建设项目的具体范围和规模标准（表2.1）。

表2.1 工程建设项目招标范围和规模标准

招标范围	规模标准
关系社会公共利益、公众安全的基础设施项目的范围	（1）煤炭、石油、天然气、电力、新能源等能源项目； （2）铁路、公路、管道、水运、航空以及其他交通运输业等交通运输项目； （3）邮政、电信枢纽、通信、信息网络等邮电通信项目； （4）防洪、灌溉、排涝、引（供）水、滩涂治理、水土保持、水利枢纽等水利项目； （5）道路、桥梁、地铁和轻轨交通、污水排放及处理、垃圾处理、地下管道、公共停车场等城市设施项目； （6）生态环境保护项目； （7）其他基础设施项目
关系社会公共利益、公众安全的公用事业项目的范围	（1）供水、供电、供气、供热等市政工程项目； （2）科技、教育、文化等项目； （3）体育、旅游等项目； （4）卫生、社会福利等项目； （5）商品住宅，包括经济适用住房； （6）其他公用事业项目
使用国有资金投资项目的范围	（1）使用各级财政预算资金的项目； （2）使用纳入财政管理的各种政府性专项建设基金的项目； （3）使用国有企业事业单位自有资金，并且国有资产投资者实际拥有控制权的项目
国家融资项目的范围	（1）使用国家发行债券所筹资金的项目； （2）使用国家对外借款或者担保所筹资金的项目； （3）使用国家政策性贷款的项目； （4）国家授权投资主体融资的项目； （5）国家特许的融资项目
使用国际组织或者外国政府资金的项目的范围	（1）使用世界银行、亚洲开发银行等国际组织贷款资金的项目； （2）使用外国政府及其机构贷款资金的项目； （3）使用国际组织或者外国政府援助资金的项目

招标范围中（一）和（五）规定范围内的各类工程建设项目，包括项目的勘察、设计、施工、监理以及与工程建设有关的重要设备、材料等的采购，达到下列标准之一的，必须进行招标：

（1）施工单项合同估算价在400万元以上的。

（2）重要设备、材料等货物的采购，单项合同估算价在200万元以上的。

（3）勘察、设计、监理等服务的采购，单项合同估算价在100万元以上的。

同一项目中可以合并进行的勘察、设计、施工、监理以及工程建设有关的重要设备、材料等的采购，合同估算价合计达到前款规定标准的，必须招标。

依法必须进行招标的项目，全部使用国有资金投资或者国有资金投资占控股或者主导地位的，应当公开招标。招标投标活动不受地区、部门的限制，不得对潜在投标人实行歧视待遇。

省、自治区、直辖市人民政府根据实际情况，可以规定本地区必须进行招标的具体范围和规模标准，但不得缩小本规定确定的必须进行招标的范围。

任务2.5　案　例　分　析

【案例2.1】 某工程项目批准立项后进行公开招标，经招标工作领导小组研究规定了招标工作程序，招标工作中出现了以下问题。

（1）招标文件规定本地区单位参加投标不需要垫资，外地区单位参加投标需要垫资20万元。市建管办指定蓝天公司为其代理招标事务，并负责招标预备会议与开标会议。

（2）招标工作主要程序确定如下：

1）成立招标工作小组。

2）发布招标公告和资格预审通告。

3）编制标底。

4）编制招标文件。

（3）五家单位参加投标。其中乙公司在投标截止日期时间之前报送的新报价方案在原报价的同时提出报价降低新方案，经项目经理签字后送招标书，招标方以“一标一投”为理由拒绝该公司报送新的方案。

（4）由于时间紧迫，建设单位直接邀请5位技术经济专家参加评标。评标时发现有两家报价较低且相同，评委会决定对其中资质较好的一个公司提出建议降低标价，结果该公司中标。

问题：

1. 该项目的招标工作程序是否妥当？

2. 按照目前国内招投标管理的有关规定，上述事件中哪些是正确的？哪些是错误的？

3. 哪些工程建设项目必须进行招标？

参考答案：

1. 不妥当，其合理的顺序应该如下：

（1）成立招标工作小组。

（2）编制招标文件。

（3）编制标底。

（4）发布招标公告和资格预审通告。

（5）投标单位资格审查。

（6）发放招标文件。

（7）组织现场勘察和招标答疑。

（8）接受投标文件。

（9）开标。

（10）评标。

（11）确定中标单位。

（12）发出中标通知书。

（13）签订承包合同。

2. 招标文件对于本地区与外地区投标单位制定不同规定，不符合招投标的公正原则。市建管办不能为招标人指定招标代理机构，不能主持投标预备会议和开标会，应由招标单位负责主持会议。

招标人拒绝乙公司的新方案的理由是错误的，在开标前投标人提出的新文件属于正式、有效文件，但乙公司递送的补充文件只经项目经理签字仍不符合规定，新文件应认为无效文件。

直接确定评标委员的做法是错误的。应由招管办从专家库中随机抽取确定。

在确定中标人之前，评委向投标人提出建议或进行谈判违反规定。

3. 在中华人民共和国境内进行的下列工程建设项目包括项目的勘察、设计、施工、监理以及与工程建设有关的重要设备、材料的采购，必须进行招标。

（1）大型基础设施、公用事业等关系社会公共利益公众安全的项目；

（2）全部或部分使用国有资金投资或者国家融资的项目；

（3）使用国际组织或者外国政府贷款、援助资金的项目。

思　考　题

（1）什么是招标？什么是投标？

（2）工程招标都有哪些形式？

（3）国内的招标方式有哪些？

（4）哪些工程必须招标？招标应具备什么条件？

（5）什么是招标代理？

习　题

一、单选题

（1）投标人在（　　）以后可以着手编制投标文件。

A. 了解招标信息　　　　B. 经过现场踏勘和投标预备会

C. 收到招标文件　　　　D. 校核工程量清单

(2) 关于投标文件的补充、修改与撤回，下列说法正确的是（　　）。

A. 对投标文件的补充、修改与撤回，应该在投标截止日期之前进行

B. 对投标文件的补充、修改与撤回，应该在投标有效期之前进行

C. 对投标有效期内进行的补充、修改的内容作为投标文件的组成部分

D. 在投标截止日期前，投标人可以打电话通知招标人撤回投标文件

(3) 采用邀请招标方式的，招标人应当向（　　）家以上具备承担施工招标项目的能力、资信良好的特定的法人或者其他组织发出投标邀请书。

A. 3　　B. 4　　C. 5　　D. 7

(4) 我国招标投标法规定，开标时间应为（　　）。

A. 提交投标文件截止时间　　B. 提交投标文件截止时间的次日

C. 提交投标文件截止时间的7日后　　D. 其他约定时间

(5) 我国招标投标法规定，评标应由（　　）依法组建的评标委员会负责。

A. 地方政府相关行政主管部门　　B. 招标代理人　　C. 中介机构　　D. 招标人

(6) 评标委员会中，技术、经济等方面的专家不得少于成员总数的（　　）。

A. 五分之三　　B. 五分之四　　C. 三分之一　　D. 三分之二

(7) 依法必须进行招标的项目的（　　），必须通过国家指定的报刊、信息网络或者其他公共媒介发布。

A. 资格预审公告　　B. 投标邀请书　　C. 招标公告　　D. 评标标准

(8) 公开招标是指招标人以公开发布招标公告的方式邀请（　　）的、具备资格的投标人参加投标，并按《中华人民共和国招标投标法》和有关招标投标法规、规章的规定，择优选定中标人。

A. 特定　　B. 全国范围内　　C. 专业　　D. 不特定

(9)《工程建设项目招标范围和规模标准规定》规定施工单项合同估算价在（　　）万元以上的，必须进行招标。

A. 200　　B. 100　　C. 150　　D. 250

(10) 投标人少于3个或者所有投标被否决的，招标人应当依法（　　）。

A. 重新招标　　B. 重新开标　　C. 重新组织专家评标　　D. 重新备案

二、案例分析

【案例1】 某房地产公司计划在北京市昌平区开发60000m^2的住宅项目，可行性研究报告已经通过国家计委批准，资金为自筹方式，资金尚未完全到位，仅有初步设计图纸，因急于开工，组织销售，在此情况下决定采用邀请招标的方式，随后向7家施工单位发出了投标邀请书。

问题：

(1) 建设工程施工招标的必备条件有哪些？

(2) 本项目在上述条件下是否可以进行工程施工招标？

(3) 通常情况下，哪些工程项目适宜采用邀请招标的方式进行招标？

【案例2】 清华同方（哈尔滨）水务有限公司承建的哈尔滨市太平污水处理厂工程项目已由黑龙江省发改委批准。该工程建设规模为日处理能力32.5万m^3二级处理，总造

价约为3.3亿元，其中土建工程约为2.0亿元。工程资金来源为：35%为自有资金，65%为银行贷款。中化建国际招标有限责任公司受工程总承包单位清华同方股份有限公司委托，就该工程部分土建工程的第五标段～第十标段进行国内竞争性公开招标，选定承包人。

现邀请合格的潜在的土建工程施工投标人参加本工程的投标。要求投标申请人须具备承担招标工程项目的能力和建设行政主管部门核发的市政公用工程施工总承包一级资质，地基与基础工程专业承包三级或以上资质的施工单位，并在近两年承担过2座以上（含2座）10万m^3以上污水处理厂主体施工工程。同时作为联合体的桩基施工单位应具有三级或以上桩基施工资质，近两年相关工程业绩良好。

问题：

1. 建设工程招标的方式有哪几种？各有何特点？

2. 哪些工程建设项目必须通过招标进行发包？什么样的项目必须要公开招标？

3.《工程建设项目招标范围和规模标准规定》中关于招标范围又做了具体限定，请问是如何规定的？

项目3　水利工程建设项目招标

【引例】 某国家大型水利工程，由于工艺先进，技术难度大，对施工单位的施工设备和同类工程施工经验要求高，而且对工期的要求也比较紧迫。基于本工程的实际情况，业主决定仅邀请3家国有一级施工企业参加投标。

招标工作内容确定为：成立招标工作小组；发出投标邀请书；编制招标文件；编制标底；发放招标文件；招标答疑；组织现场踏勘；接收投标文件；开标；确定中标单位；评标；签订承发包合同；发出中标通知书。

【思考】 如果将上述招标工作内容的顺序作为招标工作先后顺序是否妥当？如果不妥，请确定合理的顺序。

任务3.1　水利工程建设项目招标概述

模块3.1.1　水利工程施工招标

水利水电工程施工招标即在水利工程项目的初步设计或施工图设计完成后，以招标的方式选择水利工程施工承包商。其标的物是向建设单位（业主）交付按设计规定的水利建筑产品。水利水电工程施工招标的特点是发包的工作内容明确、具体、各投标人编制的投标书在评标时易于进行横向对比。虽然投标人按招标文件的工程量表中既定的工作内容和工程量编标报价，但价格的高低并非确定中标人的唯一条件，投标过程实际上是各投标人完成该项任务的技术、经济、管理等综合能力的竞争。

1. 水利工程施工招标的发包范围

水利水电工程施工招标可以进行标段划分，即确定招标项目的发包范围。因为有的水利水电建设项目投资额较大，所涉及的各个项目技术复杂，工程量也巨大，往往一个承包商难以完成。为了加快工程进度，发挥各承包商的优势，降低工程造价，有必要对一个建设项目进行合理分标。

（1）影响确定发包范围的主要因素。水利水电工程施工招标发包的范围受工程项目的特点、现场条件、招标人的合同管理能力等因素的影响。

划分工程项目标段时必须坚持不肢解工程的原则，保持工程的整体性和专业性。

所谓肢解工程，是指将本应由一个承包人完成的工程任务，分解成若干个部分，分别发包给几个承包商去完成。一般施工招标发包的最小分标单位为单位工程。对不能分标发包的工程而进行分标发包的，即构成肢解工程。

依据工程项目特点和现场条件划分合同包的工作范围时，主要应考虑以下影响因素：

1）施工内容的专业要求。对于专业要求不强、技术不复杂的中小型水利工程项目

（如工程建设场地比较集中、工程量不大、技术上不复杂、便于管理），可采用总包的形式，而不进行分标。对于大型复杂的水利水电项目，可以按专业确定发包范围，将土建施工、金属结构、机电设备安装分别招标。

2）施工现场条件。划分合同包时应充分考虑施工过程中几个独立承包商同时施工可能发生的交叉干扰，以利于业主和监理对各合同的协调管理。基本原则是现场施工尽可能避免平面或不同高程作业的干扰；要考虑各合同实施过程中在空间和时间上的衔接，避免两个合同交界面工作责任的推诿。

3）招标人的合同管理能力。全部施工内容只发一个合同包招标，招标人仅与一个中标人签订合同，施工过程中管理工作比较简单，但有能力参与竞争的投标人较少。如果招标人有足够的管理能力，也可以将全部施工内容分解成若干个单位工程和特殊专业工程分别发包，一是可以发挥不同投标人专业特长增强投标的竞争性；二是每个独立合同比总承包合同更容易落实，即使出现问题也是局部的，易于纠正或补救。但招标发包的数量多少要适当，合同太多会给招标工作、各施工阶段的管理工作带来麻烦或不必要的损失。

4）对工程总投资影响。划分合同包数量的多少对工程总造价是有影响的，应根据项目的具体特点进行客观分析。只发一个合同包便于投标人进行合理的施工组织，人工、施工机械和临时设施可以统一使用；划分合同数量较多时，各投标书的报价中均要分别考虑动员准备费、施工机械闲置费、施工干扰的风险费等。但大型、复杂的工程项目，一般工期长、投资大、技术难题多，因而对承包商在能力、经验等方面的要求很高。对这类工程，如果不分标，可能会使有资格参加投标的承包商数量大为减少，竞争对手少，必然会导致投标报价提高，招标人就不容易得到满意的报价。如果对这类工程进行分标，就会避免这种情况，对招标人、投标人都有利。

5）其他影响因素。工程项目的施工是一个复杂的系统工程，影响划分合同包的因素很多，如筹措建设资金的计划到位时间、施工图完成的计划进度、工期要求等条件。例如，建设资金的安排对工程进度有重要影响。有时根据资金筹措到位情况和工程建设的次序，在不同时间进行分段招标，就十分必要。

（2）施工合同包的工作范围。一个独立施工合同包的工作范围如下：

1）全部工程招标。将项目建设的所有土建、安装施工工作内容一次性发包。

2）单位工程发包。

3）特殊专业工程招标。如机电设备安装工程、金属结构工程、特殊地基处理等可以作为单独的合同发包。

【案例3.1】 某水利枢纽主体土建工程施工，划分成拦河主坝、泄洪排沙系统和引水发电系统3个合同标段进行招标。第一标段的工作内容为坝顶长1667m、坝底宽864m、坝高154m的黏土心墙堆石坝；第二标段工作包括3条直径14.5m的孔板消能泄洪洞、3条直径6.5m的排沙洞、3条断面尺寸为10m×11.5m×13m的明流泄洪洞、1条灌溉洞、1条溢洪道和1条非常溢洪道；第三标段工作包括6条直径7.8m的引水发电洞、3条断面为12m×19m的尾水洞、1座主变压器室、1座尾水闸门室、1座开挖尺寸为251.5m×26.2m×61.44m的地下厂房。

【案例分析】 合同标段的划分主要考虑的因素包括：

（1）施工作业面分布在不同场地和高程，作业相对独立，不会产生施工干扰。主体工程的几项工程可以同时施工，利于节约施工时间，能够尽早发挥工程效益。

（2）合同标段划分考虑了施工内容的专业特点。第一标段主要为露天填筑碾压工程；其他两标段主要为地下工程施工。

（3）合同标段划分相对较少，有利于业主和监理的协调管理。

（4）一个标段工作量较大，对能力较强的投标人有吸引力，有利于投标竞争。

2. 两阶段招标

《中华人民共和国招标投标法实施条例》提出对技术复杂或者无法精确拟定技术规格的项目，招标人可以分两阶段进行招标。

第一阶段，投标人按照招标公告或者投标邀请书的要求提交不带报价的技术建议，招标人根据投标人提交的技术建议确定技术标准和要求，编制招标文件。

第二阶段，招标人向在第一阶段提交技术建议的投标人提供招标文件，投标人按照招标文件的要求提交包括最终技术方案和投标报价的投标文件。

招标人要求投标人提交投标保证金的，应当在第二阶段提出。

模块3.1.2　水电工程标准施工招标资格预审文件

1. 资格审查的方式

资格审查方式可分为资格预审和资格后审。资格预审是在招标阶段对申请投标人的第一次筛选，目的是审查投标人的企业总体能力是否适合招标工程的要求。

资格后审是指在开标后对投标人进行的资格审查。对于一些工期要求比较紧、工程技术和结构不复杂的工程项目，为了争取早日开工，可进行资格后审。

进行资格预审的，一般不再进行资格后审，但招标文件另有规定的除外。

《招标投标法实施条例》（国务院令第613号）第十八条规定：国有资金占控股或者主导地位的依法必须进行招标的项目，招标人应当组建资格审查委员会审查资格预审申请文件。资格审查委员会及其成员应当遵守招标投标法和本条例有关评标委员会及其成员的规定。

2. 资格审查的内容

采取公开招标方式时，资格预审和资格后审的主要内容是一样的，都是审查投标人的下列情况：

（1）投标人的组织与机构，资质等级证书，具有独立订立合同的权利。

（2）在近3年没有参与骗取中标和严重违约及重大工程质量问题。

（3）履行合同的能力，包括专业，技术资格和能力，资金、财务、设备和其他物质状况，管理能力，经验、信誉和相应的工作人员、劳力等情况。

（4）受奖、罚的情况和其他有关资料，没有处于被责令停业，财产被接管或查封、扣押、冻结，破产状态。

（5）法律、行政法规规定的其他资格条件。

对于大型复杂项目尤其是需要有专门技术、设备或经验的投标人才能完成时，则应设置强制性合格条件。强制性条件一般以申请投标人是否完成过与招标工程同类型或同容量工程作为衡量标准。

采取邀请招标方式时，招标人对投标人进行资格审查，是通过对投标人按照投标邀请书的要求提交或出示的有关文件和资料进行验证，确认自己的经验和所掌握的有关投标人的情况是否可靠、有无变化。

3. 资格预审的审查方法

《水利水电工程标准施工招标资格预审文件》中“资格审查方法”分为合格制和有限数量制两种方法，招标人可根据招标项目具体特点和实际需要选择使用。

合格制即凡符合《水利水电工程标准施工招标资格预审文件》中规定的初步审查和详细审查标准的申请人均通过资格预审。此方法不限定资格审查合格者数量。

有限数量制即审查委员会依据规定的审查标准和程序，对通过初步审查和详细审查的资格预审申请文件进行量化打分，按得分由高到低的顺序确定通过资格预审的申请人。通过资格预审的申请人不得超过限定的数量。

4. 资格预审的审查程序

上述两种资格方法的审查程序基本相同。有限数量制在资格预审文件澄清后还要进行评分。可分为以下几个步骤：

(1) 初步审查。审查委员会依据规定的标准，对资格预审申请文件进行初步审查。有一项因素不符合审查标准的，不能通过资格预审。

审查委员会可以要求申请人提交“申请人须知”和规定的有关证明和证件的原件，以便核验。

(2) 详细审查。审查委员会依据规定的标准，对通过初步审查的资格预审申请文件进行详细审查。有一项因素不符合审查标准的，不能通过资格预审。

通过资格预审的申请人除应满足规定的审查标准外，还不得存在下列任何一种情形：

1) 不按审查委员会要求澄清或说明的。

2) 有“申请人须知”中规定的任何一种情形的。

3) 在资格预审过程中弄虚作假、行贿或有其他违法违规行为的。

(3) 资格预审申请文件的澄清。在审查过程中，审查委员会可以书面形式，要求申请人对所提交的资格预审申请文件中不明确的内容进行必要的澄清或说明。申请人的澄清或说明应采用书面形式，并不得改变资格预审申请文件的实质性内容。申请人的澄清和说明内容属于资格预审申请文件的组成部分。招标人和审查委员会不接受申请人主动提出的澄清或说明。

(4) 评分。通过详细审查的申请人不少于3个且没有超过规定数量的，均通过资格预审，不再进行评分。通过详细审查的申请人数量超过规定数量的，审查委员会依据评分标准进行评分，按得分由高到低的顺序进行排序。

资格预审后，招标人在申请人须知前附表规定的时间内以书面形式将资格预审结果通知申请人，并向通过资格预审的申请人发出投标邀请书。通过资格预审的申请人收到投标邀请书后，应在1天内以书面形式明确表示是否参加投标。在规定时间内未表示是否参加投标或明确表示不参加投标的，不得再参加投标。由此造成潜在投标人数不足3个的，招标人重新组织资格预审或不再组织资格预审而直接招标。

《招标投标法实施条例》（国务院令第613号）第十九条规定：资格预审结束后，招标人应当及时向资格预审申请人发出资格预审结果通知书。未通过资格预审的申请人不具有投标资格。通过资格预审的申请人少于3个的，应当重新招标。

5. 资格审查文件的编制

（1）资格审查文件编制目的。招标人利用资格预审程序可以较全面地了解申请投标人的各方面情况，并将不合格或竞争能力较差的投标人淘汰，以减少工程项目招标的工作量，节省招标时间。一般情况下招标人是通过资格预审文件来了解申请投标人的各方面情况，所以资格预审文件编制水平直接影响后期招标工作。在编制资格预审文件时应结合招标工程的特点和需要，要求申请投标人提供满足其资格要求的文件，资格审查文件要突出对投标人实施能力的要求，不能遗漏某一方面的内容。

（2）资格审查文件的内容。为加强水利水电工程施工招标管理，规范资格预审文件和招标文件编制工作，水利部在国家发展和改革委员会等九部委联合编制的《标准施工招标资格预审文件》和《标准施工招标文件》基础上，结合水利水电工程特点和行业管理需要，组织编制了《水利水电工程标准施工招标资格预审文件》（2009年版）（水建管〔2009〕629号），自2010年2月1日起施行，与2007年版的《标准施工招标资格预审文件》结合使用。内容共分五章，包括资格预审公告、申请人须知、资格审查办法、资格预审申请文件格式和项目建设概况。

第一章　资格预审公告。包括招标条件、项目概况与招标范围、申请人资格要求、资格预审办法、资格预审文件的获取、资格预审申请文件的递交、发布公告的媒介和联系方式几个部分。

第二章　申请人须知（包括前附表）。本章是资格预审活动遵循的程序规则和对申请人的要求。

第三章　资格预审办法（包括前附表）。包括资格审查程序、审查标准和方法。

资格审查方法：合格制、有限数量制。

第四章　资格预审申请文件格式。

第五章　项目建设概况。

详见以下《水利水电工程标准施工招标资格预审文件》（2009年版）内容。

6.《水利水电工程标准施工招标资格预审文件》（2009年版）

第1章　资格预审公告

__________（项目名称）__________（标段名称）资格预审公告

1. 招标条件

本招标项目________（项目名称）已由________（项目审批、核准或备案机关名称）以________（批文名称及编号）批准建设，建设资金来自________（资金来源），项目出资比例为________，项目法人为________，项目代建机构为________，招标人为________，招标代理机构为________。项目已具备招标条件，现对本项目施工进行公开招标，特邀请对本项目有兴趣的潜在投标人（以下简称申请人）提出资格预审申请。

2. 项目概况与招标范围

________（说明本次招标项目的建设地点、规模、计划工期、招标范围、标段划分以及相应计划工期等)。

3. 申请人资格要求

3.1 本次资格预审要求申请人具备________资质，________业绩，并在人员、设备、资金等方面具有承担本标段施工的能力。

3.2 本次资格预审________(接受或不接受)联合体资格预审申请。联合体申请资格预审的，应满足下列要求：________。

4. 资格预审方法

本次资格预审采用________(合格制/有限数量制)。

5. 资格预审文件的获取

5.1 请申请人于________年______月______日至________年______月______日(法定公休日、法定节假日除外)，每日上午______时至______时，下午______时至______时(北京时间，下同)，派代表持单位介绍信在__________(详细地址)购买资格预审文件。

5.2 资格预审文件每套售价________元，售后不退。

6. 资格预审申请文件的递交

6.1 递交资格预审申请文件截止时间(申请截止时间，下同)为______(详细时间)，地点为______(详细地址)。

6.2 逾期送达或者未送达指定地点的资格预审申请文件，招标人不予受理。

7. 发布公告的媒介

本资格预审公告同时在__________(发布公告的媒介名称)上发布。

8. 联系方式

招标人：
地址：
邮政编码：
联系人：
电话：
传真：
电子邮件：
网址：
开户银行：
账号：

招标代理机构：
地址：
邮政编码：
联系人：
电话：
传真：
电子邮件：
网址：
开户银行：
账号：

年 月 日

第2章 申请人须知

申请人须知前附表

条款号	条款名称	编列内容
1.1.2	招标人	
1.1.3	招标代理机构	
1.1.4	项目名称	

续表

条款号	条款名称	编列内容
1.1.5	建设地点	
1.1.6	现场管理机构	
1.1.7	设计人	
1.1.8	监理人	
1.1.9	代建机构	
1.2.1	资金来源	
1.2.2	出资比例	
1.2.3	资金落实情况	
1.3.1	招标范围	
1.3.2	计划工期	计划工期：　日历天 计划开工日期：　年　月　日 计划完工日期：　年　月　日
1.3.3	质量要求	
1.4.1	申请人资质条件、能力和信誉	资质条件： 财务要求： 业绩要求： 信誉要求： 项目经理（建造师，下同）资格： 技术负责人资格： 其他要求：
1.4.2	是否接受联合体资格预审申请	□不接受 □接受，应满足下列要求：
3.1.1	申请人需补充的其他材料	
4.2.1	申请截止时间	
4.2.2	递交资格预审申请文件的地点	
5.1.2	投标资格审查委员会人数	
5.2	资格审查方法	
6.1	资格预审结果的通知时间	
9		需要补充的其他内容
9.1	类似项目	指签约合同价（或工程规模）　以上的　、项目
9.3	原件	□提交 □不提交
……	……	……

1. 总则

本节全文引用《标准施工招标资格预审文件》（2007年版）相应条款，并补充以下内容。

1.1　项目概况

1.1.6　本招标项目现场管理机构：见申请人须知前附表。

1.1.7　本招标项目设计人：见申请人须知前附表。

1.1.8　本招标项目监理人：见申请人须知前附表。

1.1.9　本招标项目代建机构：见申请人须知前附表。

2. 资格预审文件

本节全文引用《标准施工招标资格预审文件》（2007年版）相应条款，并补充以下内容。

2.2　资格预审文件的澄清

2.2.1　申请人应仔细阅读和检查资格预审文件的全部内容。如发现缺页或附件不全，应及时向招标人提出，以便补齐。如有疑问，应在申请截止时间5天前以书面形式（包括信函、电报、传真等可以有形表现所载内容的形式，下同）提出澄清申请，要求招标人对资格预审文件予以澄清。

2.2.2　招标人应在申请截止时间3天前，以书面形式将澄清通知发给所有购买资格预审文件的申请人，但不指明澄清问题的来源。如果澄清通知发出的时间距申请截止时间不足3天，申请截止时间应相应延长。

2.2.3　申请人收到澄清通知后，应在1天内以书面形式告知招标人，确认已收到该澄清通知。

2.3　资格预审文件的修改

2.3.1　在申请截止时间3天前，招标人可以书面形式通知申请人修改资格预审文件。修改资格预审文件距申请截止时间不足3天的，申请截止时间应相应延长。

2.3.2　申请人收到修改通知后，应在1天内以书面形式告知招标人，确认已收到该修改通知。

3. 资格预审申请文件的编制

本节全文引用《标准施工招标资格预审文件》（2007年版）相应条款，并补充以下内容：

3.2　资格预审申请文件的编制要求

3.2.4　“近3年财务状况”应附经会计师事务所或审计机构审计的财务会计报表，包括资产负债表、现金流量表、利润表和财务情况说明书的复印件。

3.2.5　“近5年完成的类似项目情况表”应附中标通知书、合同协议书以及合同工程完工证书（或工程竣工证书副本）的复印件。每张表格只填写一个项目，并标明序号。

3.2.7　“近3年发生的诉讼及仲裁情况表”应说明相关情况，并附法院或仲裁机构作出的判决、裁决等有关法律文书复印件。

3.3　资格预审申请文件的装订、签字

3.3.1　申请人应按本章第3.1条和第3.2条的要求，编制完整的资格预审申请文件，用不褪色的材料书写或打印。资格预审申请文件正本除封面、封底、目录、分隔页外，其余每一页均应加盖申请人单位公章并由申请人的法定代表人或其委托代理人签字。资格预审申请文件中的任何修改之处应加盖单位公章或由申请人的法定代表人或其委托代理人签字确认。

3.3.2　资格预审申请文件正本1份，副本3份。正本和副本的封面上应清楚地标记"正本"或"副本"字样。当正本和副本不一致时，以正本为准。

3.3.3　资格预审申请文件正本与副本应采用A4纸印刷（图表页可例外），分别装订成册，编制目录和页码，并不得采用活页装订。

4. 资格预审申请文件的递交

本节全文引用《标准施工招标资格预审文件》（2007年版）相应条款，并补充以下内容。

4.1　资格预审申请文件的密封和标识

4.1.2　资格预审申请文件的封套上除清楚地标记"正本"或"副本"字样外，封套还应写明以下内容。

（1）所申请标段名称和合同编号。

（2）招标人的名称和地址。

（3）申请人的名称和地址，并加盖单位公章（申请人为联合体形式时，须注明联合体名称，联合体牵头人的名称、地址，加盖联合体牵头人单位公章）。

（4）"在申请截止时间之前不得拆封"的声明。

4.2　资格预审申请文件的递交

4.2.5　招标人收到资格预审申请文件后，应向申请人出具签收凭证。

5. 资格预审申请文件的审查

本节全文引用《标准施工招标资格预审文件》（2007年版）相应条款。

6. 通知和确认

本节全文引用《标准施工招标资格预审文件》（2007年版）相应条款，并补充以下内容。

6.3　确认

通过资格预审的申请人收到投标邀请书后，应在1天内以书面形式明确表示是否参加投标。在规定时间内未表示是否参加投标或明确表示不参加投标的，不得再参加投标。由此造成潜在投标人数不足3个的，招标人重新组织资格预审或不再组织资格预审而直接招标。

7. 申请人的资格改变

本节全文引用《标准施工招标资格预审文件》（2007年版）相应条款。

8. 纪律与监督

本节全文引用《标准施工招标资格预审文件》（2007年版）相应条款。

9. 需要补充的其他内容

本节全文引用《标准施工招标资格预审文件》（2007年版）相应条款，并补充以下内容：

9.1 类似项目

类似项目的要求见申请人须知前附表。

9.2 资格变化

通过资格预审的申请人资质条件、组织机构、财务能力、信誉等资格条件发生变化时，申请人应在投标文件中按新情况更新或补充其在申请文件中提供的资料，以证实其各项资格条件仍能继续满足资格预审文件的要求，具备承担本标段施工的资质条件、能力和信誉。

9.3 原件

申请人须知前附表要求申请人提交原件的，申请人应在递交资格预审申请文件时按第4章资格预审申请文件格式中“十、原件的复印件”所列清单提交原件。原件经查验后退回申请人。

第3章 资格审查办法（合格制）

资格审查办法前附表

条款号		审查因素	审查标准
2.1（7）	初步审查其他标准		
		……	
2.2（12）	详细审查其他标准		
		……	

1. 审查方法

本节全文引用《标准施工招标资格预审文件》（2007年版）相应条款。

2. 审查标准

本节全文引用《标准施工招标资格预审文件》（2007年版）相应条款，并补充以下内容。

2.1 初步审查标准

（1）申请人名称应与营业执照、资质证书、安全生产许可证一致。

（2）资格预审申请文件的签字盖章符合第2章申请人须知第3.3.1款规定。

（3）资格预审申请文件格式符合第4章资格预审申请文件格式的要求。

（4）联合体申请人应提交联合体协议书，并明确联合体牵头人。

（5）资格预审申请文件的正本、副本数量符合第2章申请人须知第3.3.2款规定。

（6）资格预审申请文件的印刷与装订符合第2章申请人须知第3.3.3款规定。

（7）初步审查其他标准见资格审查办法前附表。

2.2 详细审查标准

（1）具备有效的营业执照。

（2）具备有效的安全生产许可证。

(3) 具备有效的资质证书且资质等级符合第2章申请人须知第1.4.1款的规定。

(4) 财务状况符合第2章申请人须知第1.4.1款规定。

(5) 类似项目业绩符合第2章申请人须知第1.4.1款规定。

(6) 信誉符合第2章申请人须知第1.4.1款规定。

(7) 项目经理资格符合第2章申请人须知第1.4.1款规定。

(8) 联合体申请人符合第2章申请人须知第1.4.2款规定。

(9) 企业主要负责人具备有效的安全生产考核合格证书。

(10) 技术负责人资格符合第2章“申请人须知”第1.4.1款规定。

(11) 委托代理人、安全管理人员（专职安全生产管理人员）、质量管理人员、财务负责人就是申请人本单位人员，其中安全管理人员（专职安全生产管理人员）具备有效的安全生产考核合格证书。

(12) 详细审查其他标准见资格审查办法前附表。

3. 审查程序

本节全文引用《标准施工招标资格预审文件》(2007年版）相应条款。

4. 审查结果

本节全文引用《标准施工招标资格预审文件》(2007年版）相应条款。

第4章　资格审查办法（有限数量制）

资格审查办法前附表

<table>
<tr><th colspan="2">条款号</th><th>条款名称</th><th>编列内容</th></tr>
<tr><td colspan="2">1</td><td>通过资格预审的人数</td><td></td></tr>
<tr><td colspan="2">2</td><td>审查因素</td><td></td></tr>
<tr><td rowspan="3">2.1 (7)</td><td rowspan="3">初步审查其他标准</td><td></td><td></td></tr>
<tr><td></td><td></td></tr>
<tr><td>……</td><td>……</td></tr>
<tr><td rowspan="3">2.2 (12)</td><td rowspan="3">详细审查其他标准</td><td></td><td></td></tr>
<tr><td></td><td></td></tr>
<tr><td>……</td><td>……</td></tr>
<tr><td rowspan="6">2.3</td><td rowspan="6">评分标准</td><td>评分因素</td><td>评分标准</td></tr>
<tr><td>财务状况</td><td>……</td></tr>
<tr><td>类似项目业绩</td><td>……</td></tr>
<tr><td>信誉</td><td>……</td></tr>
<tr><td>认证体系</td><td>……</td></tr>
<tr><td>……</td><td>……</td></tr>
<tr><td colspan="2" rowspan="2">3.4.2</td><td>申请人最终得分计算方法</td><td></td></tr>
<tr><td>申请人最终得分相同时的处理方法</td><td></td></tr>
</table>

1. 审查方法

本节全文引用《标准施工招标资格预审文件》(2007 年版) 相应条款。

2. 审查标准

本节全文引用《标准施工招标资格预审文件》(2007 年版) 相应条款，并补充以下内容。

2.1 初步审查标准

(1) 申请人名称应与营业执照、资质证书、安全生产许可证一致。

(2) 资格预审申请文件的签字盖章符合第 2 章申请人须知第 3.3.1 款规定。

(3) 资格预审申请文件格式符合第 4 章资格预审申请文件格式的要求。

(4) 联合体申请人应提交联合体协议书，并明确联合体牵头人。

(5) 资格预审申请文件的正本、副本数量符合第 2 章申请人须知第 3.3.2 款规定。

(6) 资格预审申请文件的印刷与装订符合第 2 章申请人须知第 3.3.3 款规定。

(7) 初步审查其他标准见资格审查办法前附表。

2.2 详细审查标准

(1) 具备有效的营业执照。

(2) 具备有效的安全生产许可证。

(3) 具备有效的资质证书且资质等级符合第 2 章申请人须知第 1.4.1 款规定。

(4) 财务状况符合第 2 章申请人须知第 1.4.1 款规定。

(5) 类似项目业绩符合第 2 章申请人须知第 1.4.1 款规定。

(6) 信誉符合第 2 章申请人须知第 1.4.1 款规定。

(7) 项目经理资格符合第 2 章申请人须知第 1.4.1 款规定。

(8) 联合体申请人符合第 2 章申请人须知第 1.4.2 规定。

(9) 企业主要负责人具备有效的安全生产考核合格证书。

(10) 技术负责人资格符合第 2 章申请人须知第 1.4.1 款规定。

(11) 委托代理人、安全管理人员 (专职安全生产管理人员)、质量管理人员、财务负责人应是申请人本单位人员，其中安全管理人员 (专职安全生产管理人员) 具备有效的安全生产考核合格证书。

(12) 详细审查其他标准见资格审查办法前附表。

3. 审查程序

本节全文引用《标准施工招标资格预审文件》(2007 年版) 相应条款，并补充以下内容：

3.4.2 通过详细审查的申请人数量超过本章第 1 条规定数量时，投标资格审查委员会依据本章第 2.3 条评分标准进行评分，按资格审查办法前附表的约定计算申请人最终得分，根据最终得分由高到低的顺序进行排序。若申请人最终得分相同时，则按资格审查办法前附表的约定处理。

4. 审查结果

本节全文引用《标准施工招标资格预审文件》(2007 年版) 相应条款。

第5章 资格预审申请文件格式

本部分内容可参阅《水利水电工程标准施工招标资格预审文件》(2009年版)。

第6章 项目建设概况

一、项目说明

二、建设条件

三、建设要求

四、其他需要说明的情况

……

思考题

(1) 资格预审有什么作用?

(2) 水利水电工程施工招标的资格审查方法有哪些?

(3) 水利水电工程施工招标资格预审文件的内容有哪些?

习题

一、单项选择题

(1)《水利水电工程标准施工招标资格预审文件》(2009年版)于( )起实施。

A. 2009年12月29日　　B. 2009年12月30日

C. 2010年1月1日　　D. 2010年2月1日

(2) 根据水利工程施工项目招标投标有关规定,资格预审是指在( )对潜在投标人进行的资格审查。

A. 投标前　　B. 开标期间

C. 评标期间　　D. 合同谈判时

(3) 根据水利工程施工项目招标投标有关规定,资格后审是指在( )对投标人进行的资格审查。

A. 投标前　　B. 开标后

C. 评标期间　　D. 合同谈判时

(4) 某水闸加固改造工程土建标共有甲、乙、丙、丁四家潜在投标人购买了资格预审文件,经审查乙、丙、丁三个投标人通过了资格预审;在规定时间内乙向招标人书面提出了在阅读招标文件和现场踏勘中的疑问,招标人确认后应在规定时间内将招标文件的答疑以书面形式发给( )。

A. 甲　　B. 乙　　C. 乙、丙、丁　　D. 甲、乙、丙、丁

(5) 资格预审的组织程序应首先进行( )。

A. 资格预审资料分析　　B. 发出资格预审通知书

C. 发布资格预审通告　　D. 发售资格预审文件

(6) 下列不属于资格预审文件内容的是( )。

A. 资格预审公告　　B. 投标邀请书

C. 项目建设概况　　D. 申请人须知

(7) 根据《水利水电工程标准施工招标资格预审文件》，资格预审方法应当在（　　）中载明。

A. 资格预审公告　　B. 申请人须知

C. 资格审查办法　　D. 资格预审申请文件格式

(8) 根据《水利水电工程标准施工招标资格预审文件》，资格预审公告应当明确载明的申请人资格要求有（　　）。

A. 三检人员数量　　B. 拟投入的施工设备

C. 流动资金投入　　D. 资质

(9) 根据《水利水电工程标准施工招标资格预审文件》，资格预审文件的修改，最迟应当在资格预审申请截止时间（　　）日前发出。

A. 1　　B. 15　　C. 3　　D. 5

(10) 根据《水利水电工程标准施工招标资格预审文件》，属于初步审查标准的是（　　）。

A. 申请人名称与营业执照一致　　B. 具备有效的营业执照

C. 类似项目　　D. 信誉

二、多项选择题

(1) 水利水电工程施工招标资格审查应主要审查潜在投标人或者投标人是否符合（　　）等。

A. 具有独立订立合同的权利

B. 具有履行合同的能力

C. 没有被责令停业，投标资格被取消

D. 在最近三年内没有骗取中标和严重违约及重大工程质量问题

E. 在职职工超过 100 人

(2) 根据《水利水电工程标准施工招标资格预审文件》，必须引用的章节有（　　）。

A. 第 2 章申请人须知　　B. 第 3 章资格审查办法

C. 第 4 章资格预审申请文件格式　　D. 第 1 章资格预审公告

E. 第 5 章项目概况

(3) 根据《水利水电工程标准施工招标资格预审文件》，资格审查办法包括（　　）。

A. 合格制　　B. 有限数量制

C. 打分制　　D. 综合评估法

E. 抽签制

(4) 根据《水利水电工程标准施工招标资格预审文件》，属于详细审查标准的有（　　）。

A. 财务状况　　B. 类似项目业绩

C. 技术负责人　　D. 投标保证金

E. 资格预审申请文件的签字盖章

(5) 资格预审公告中载明的，反映招标条件的内容有（　　）。

A. 项目审批机关　　B. 批文名称和编号

C. 建设资金来源
D. 项目出资比例
E. 项目参建单位

(6) 根据《水利水电工程标准施工招标资格预审文件》，近5年完成的类似项目情况表应附的证明材料有（　　）。

A. 中标通知书
B. 合同协议书
C. 委托方评价意见
D. 上级主管部门证明
E. 合同工程完工证书

(7) 根据《水利水电工程标准施工招标资格预审文件》，资格预审中对人员业绩进行要求的有（　　）。

A. 项目经理
B. 企业主要负责人
C. 项目技术负责人
D. 委托代理人
E. 质量管理人员

(8) 根据《水利水电工程标准施工招标资格预审文件》，须持有安全生产考核合格证的有（　　）。

A. 项目经理
B. 企业主要负责人
C. 专职安全生产管理人员
D. 安全管理人员
E. 质量管理人员

(9) 水利水电工程施工招标资格预审中，申请人须提供的财务状况表格有（　　）。

A. 资产负债表
B. 现金流量表
C. 利润表
D. 拟投入的流动资金
E. 纳税一览表

三、案例分析

某投标人已经通过了资格预审，在评标时评标委员会发现该投标人的资格实际上不符合招标文件的要求。

问题：上述情况评标委员会是否可以否决该投标人的投标？

四、问答题

(1) 水利水电工程施工招标资格预审的审查程序是怎样的？

(2) 什么是合格制？什么是有限数量制？

任务3.2　水利工程建设项目施工招标程序

模块3.2.1　水利工程施工招标的主要程序

水利工程建设项目的施工招标工作程序如下：

(1) 招标前，按项目管理权限向水行政主管部门提交招标报告备案。

报告的具体内容：招标已具备的条件，招标方式，分标方案，招标计划安排，投标人资质（资格）条件，评标方法，评标委员会组建方案以及开标、评标的工作具体安排等。

水利部是国务院水行政主管部门，对全国水利工程建设实行宏观管理。水利部所属流域机构（长江水利委员会、黄河水利委员会、淮河水利委员会、珠江水利委员会、海河水利委员会、松辽河水利委员会和太湖流域管理局）是水利部的派出机构，对其所在的流域行使水行政主管部门的职责，负责本流域水利工程建设的行业管理；省（自治区、直辖市）水利（水电）厅（局）是本地区的水行政主管部门，负责本地区水利工程建设的行业管理。

（2）编制招标文件。水利水电工程施工招标文件要严格按照规定使用《水利水电工程标准施工招标文件》（水建管〔2009〕629号）的要求编制。水利水电工程施工招标文件的编制见本项目任务3.3的相关内容。

（3）发布招标信息、招标公告或投标邀请书。采用公开招标方式的项目，招标人应当通过原国家发展计划委员会指定的媒介（指《中国日报》《中国经济导报》《中国建设报》和中国采购与招标网：http：//www.chinabidding.com.cn）之一发布招标公告，其中大型水利工程建设项目以及国家重点项目、中央项目、地方重点项目还应当同时在《中国水利报》发布招标公告。指定报纸在发布招标公告的同时，应将招标公告如实抄送指定网络。

其他要求：

1）招标公告正式媒介发布至发售资格预审文件（或招标文件）的时间间隔一般不少于10日。

2）招标人应当对招标公告的真实性负责，招标公告不得限制潜在投标人的数量。

3）采用邀请招标方式的，招标人应当向3个以上有投标资格的法人或其他组织发出投标邀请书。

4）投标人少于3个的，招标人应当依照《水利工程建设项目招标投标管理规定》（水利部令第14号）重新招标。

（4）组织资格预审（若进行资格预审）。资格预审是指在投标前对潜在投标人进行资格审查。目的是为了有效地控制招标过程中的投标申请人数量，确保工程招标人选择到满意的投标申请人实施工程建设。水利水电工程施工招标资格预审程序、资格预审文件的主要内容及资格审查办法见本项目任务3.2。

一般来说，资格审查方式可分为资格预审和资格后审。资格预审适用于公开招标或部分邀请招标的技术复杂的工程、交钥匙的工程等。资格后审是指在开标后对投标人进行的资格审查。对于一些工期要求比较紧、工程技术和结构不复杂的工程项目，为了争取早日开工，可进行资格后审。

（5）组织购买招标文件的潜在投标人现场踏勘（若组织）。水利水电施工招标文件的投标人须知前附表规定组织踏勘现场的，招标人按照招标公告（或投标邀请书）规定的时间和地点组织踏勘现场。

（6）接受投标人对招标文件有关问题要求澄清的函件，对问题进行澄清，并书面通知所有潜在投标人。

招标人对已发出的招标文件进行必要澄清或者修改的，应当在招标文件要求提交投标文件截止日期至少15日前，以书面形式通知所有投标人。该澄清或者修改的内容为招标文件的组成部分。不足15日的，招标人应当顺延提交投标文件的截止时间。

(7) 组织成立评标委员会，并在中标结果确定前保密。

(8) 在规定时间和地点，接受符合招标文件要求的投标文件，在投标截止时间之前，投标人可以撤回已递交的投标文件或进行更正和补充，但应当符合招标文件的要求。投标人在递交投标文件的同时，应当递交投标保证金。

依法必须进行招标的项目，自招标文件开始发出之日起至投标人提交投标文件截止之日止，最短不应当少于 20 日。

(9) 组织开标、评标会议。

(10) 确定中标人。

(11) 向水行政主管部门提交招标投标情况的书面总结报告。

(12) 发中标通知书，并将中标结果通知所有投标人。

(13) 进行合同谈判，并与中标人订立书面合同。

中标人收到中标通知书后，招标人、中标人双方应具体协商谈判签订合同事宜，形成合同草案。合同草案一般需要先报招标投标管理机构审查。对合同草案的审查，主要是看其是否按中标的条件和价格拟订。经审查后，招标人与中标人应当自中标通知书发出之日起 30 天内，按照招标文件和中标人的投标文件正式签订书面合同。招标人与中标人签订合同后 5 个工作日内，应当退还投标保证金。

模块 3.2.2　无效标书的认定

无效投标是指投标人的投标文件没有按照招标文件的要求进行处理或不符合招标文件的要求，而在开标前被采购代理机构拒绝，不能进入投标程序。

投标无效是指投标文件对招标文件没有作实质性响应，被评标委员会评审为不符合要求的投标文件。投标无效的认定是依据招标文件的相关条款确定的，它与采购标的有关。

废标是指在政府采购活动中，由于响应的供应商不足规定的数量，当事人有违法违规行为或其他可能影响政府采购结果或公平竞争、采购活动因国家政策或不可抗拒的因素无法进行的等情况下，由有关当事人提出，经过一定的程序，经政府采购监督管理部门批准后对已进行的政府采购活动予以中止或终止以及废除中标结果的行为。

(1) 开启标书前，经确认存在下列情况之一的投标人将被取消投标资格并退回投标文件：

1) 投标人法定代表人或其授权委托代理人和投标建造师（下同）未在规定的开标时间（即迟到 15 分钟及以上）到达或未参加开标会议。

2) 投标人未能（如果采用资格后审，投标人必须凭购买招标文件收据）于投标截止时间之前将投标文件递交至指定地点及指定接收人。

3) 投标人未按招标文件要求提交投标担保或者提供的投标担保有瑕疵。

4) 投标文件未按照招标文件要求密封或密封不严可能泄密的。

5) 法律、法规、规章、规范性文件规定的其他情形。

(2) 开启标书后，经评标委员会确认有下列情况之一的为无效投标文件：

1) 投标文件资格标封面、商务标封面、商务标中投标报价函、投标承诺函、投标报价书封面、售后服务承诺书未加盖投标人公章和企业法定代表人或委托代理人印章的（技术标和光盘采用暗标除外）和招标人所提供投标文件格式要求投标人在规定位置应签字或盖章而投标人未签字或盖章的；投标文件的资格标、商务标、技术标、光盘密封发生相互错放的。

2）投标文件明显不符合招标文件规定的报价、工期、质量标准、技术规格、技术标准或其他实质性要求，以及未按招标人要求提供报价软件所生成的电子文件格式（电子文件的载体为刻录光盘）。

3）组成联合体投标的投标人未附《联合体各方共同投标协议书》及联合体各方由法定代表人签署的《授权书》。

4）投标文件正本或副本数目不足，未按招标文件规定格式提供电子报价刻录光盘，重要内容不全或关键字迹模糊不清。

5）采用暗标的技术标和光盘出现投标人名称、相关人员姓名、业绩等与判断投标人身份相关的标识或暗示性内容。

6）未按规定的格式填写，内容不全或关键字迹模糊、无法辨认的。

7）投标人名称或组织结构与《投标资格审查表》不一致的。

8）不同投标人的投标文件内容、数据大量雷同，或有其他明显串通投标行为的。

9）投标文件中存在招标人不能接受的其他实质性条件或提供虚假文件的。

10）未按招标文件资格标要求提交合格的有关证书和材料原件的，《投标资格审查申请书》经审查未通过的。

11）投标保证金未按招标文件要求的金额、时限提供到指定账户的或未从投标企业法人营业执照注册所在地本企业开户银行基本账户汇出的。

12）投标报价书不按下述规定签署的：投标报价书封面须加盖本企业注册造价师（或造价员）执业印章并签名（委托造价咨询企业报价的除外）；委托造价咨询企业报价的则须加盖造价咨询企业注册造价师执业印章并签名，同时附投标人与造价咨询企业签订的委托造价咨询合同。

13）投标价格低于施工成本的。如安全防护、文明施工措施费的报价，低于依据工程所在地工程造价管理机构测定费率计算所需费用总额90%的；规费少计的；可竞争费用出现零或负报价的；材料设备价格或商务标中的单价经评标委员会认定低于成本竞价的；改变招标人给定的材料价格的。

14）投标人递交两份或多份内容不同的投标文件，或在一份投标文件中对同一招标项目有多个报价，且未声明哪一个有效的（按招标文件规定提交备选投标方案的除外）。

15）投标人拒绝对细微偏差作出补正的。

16）标文件中的其他重大偏差的。

经确认的无效投标文件或按废标处理的投标文件，招标人将予以拒绝，并且不允许投标人通过修正或撤销其不符合要求的差异，使之成为具有符合性的投标文件。

（3）招投标过程中的串标行为。

1）按照《中华人民共和国招标投标法实施条例》的规定，有下列情形之一的，属于投标人相互串通投标：

a. 投标人之间协商投标报价等投标文件的实质性内容。

b. 投标人之间约定中标人。

c. 投标人之间约定部分投标人放弃投标或者中标。

d. 属于同一集团、协会、商会等组织成员的投标人按照该组织要求协同投标。

e. 投标人之间为谋取中标或者排斥特定投标人而采取的其他联合行动。

f. 不同投标人的投标文件由同一单位或者个人编制。

g. 不同投标人委托同一单位或者个人办理投标事宜。

h. 不同投标人的投标文件载明的项目管理成员为同一人。

i. 不同投标人的投标文件异常一致或者投标报价呈规律性差异。

g. 不同投标人的投标文件相互混装。

k. 不同投标人的投标保证金从同一单位或者个人的账户转出。

2）按照《中华人民共和国招标投标法实施条例》有下列情形之一的，属于招标人与投标人串通投标：

a. 招标人在开标前开启投标文件并将有关信息泄露给其他投标人。

b. 招标人直接或者间接向投标人泄露标底、评标委员会成员等信息。

c. 招标人明示或者暗示投标人压低或者抬高投标报价。

d. 招标人授意投标人撤换、修改投标文件。

e. 招标人明示或者暗示投标人为特定投标人中标提供方便。

f. 招标人与投标人为谋求特定投标人中标而采取的其他串通行为。

思　考　题

（1）水利水电工程施工招标应当具备什么条件？

（2）水利水电工程施工招标的工作程序是怎样的？

（3）水利水电工程施工招标标段划分的影响因素有哪些？

习　题

一、单项选择题

（1）我国水利水电工程项目施工招标分为（　　）。

A. 公开招标、邀请招标和议标　　B. 公开招标和邀请招标

C. 公开招标和议标　　D. 邀请招标和议标

（2）依法必须进行招标的水利工程施工项目，自招标公告正式媒介发布起至发售资格预审文件（或招标文件）的时间间隔一般不少于（　　）。

A. 7个工作日　　B. 7日

C. 10个工作日　　D. 10日

（3）水利工程施工项目招标中，不属于国家指定公告发布媒介的是（　　）。

A.《中国水利》杂志　　B.《中国经济导报》

C.《中国建设报》　　D.《中国日报》

（4）水利工程施工项目招标中，可以不组织的程序有（　　）。

A. 成立评标委员会　　B. 招标前备案

C. 资格预审　　　　　　　　　　D. 向未中标人发出中标结果通知书

(5) 水利工程建设项目招投标管理规定，建设项目的招标工作由（　　）负责，任何单位和个人不得以任何方式非法干涉招标投标活动。

A. 招标人　　　　　　　　　　B. 投资人

C. 监察人　　　　　　　　　　D. 评标专家

(6) 依法必须招标的项目中，国家重点水利项目、地方重点水利项目及全部使用国有资金投资或者国有资金投资占控股或者主导地位的项目应当（　　）。

A. 代理招标　　　　　　　　　　B. 公开招标

C. 两阶段招标　　　　　　　　　D. 邀请招标

(7) 招标人对已发出的招标文件进行必要澄清或者修改的，应当在招标文件要求提交投标文件截止日期至少（　　）日前，以书面形式通知所有投标人。

A. 5　　　　B. 7　　　　C. 15　　　　D. 10

(8) 自中标通知书发出之日起（　　）内，招标人和中标人应当按照招标文件和中标人的投标文件订立书面合同。

A. 7 日　　　　B. 10 日　　　　C. 15 日　　　　D. 30 日

(9) 根据《水利工程建设项目招标投标管理规定》（水利部令第 14 号），招标人与中标人签订合同后至多（　　）内，应当退还投标保证金。

A. 5 日　　　　　　　　　　B. 5 个工作日

C. 7 日　　　　　　　　　　D. 7 个工作日

二、多项选择题

(1) 属于水利工程施工项目招标程序的有（　　）。

A. 组织踏勘现场和投标预备会（若组织）

B. 对问题进行澄清

C. 组织成立评标委员会

D. 组织开标、评标

E. 购买招标文件前报名

(2) 在施工招标中，进行合同数量的划分应考虑的主要因素有（　　）。

A. 施工内容的专业要求　　　　B. 施工现场条件

C. 投标人的财务能力　　　　　D. 投标人的所在地

E. 对工程总投资的影响

(3) 根据《水利工程建设项目招标投标管理规定》（水利部令第 14 号），水利工程建设项目施工招标应当具备的条件必须包括（　　）等。

A. 初步设计已经批准　　　　　B. 建设资金来源已经落实

C. 监理单位已经确定　　　　　D. 施工图设计已完成

E. 有关建设项目征地和移民搬迁工作已有明确安排

(4) 水利工程施工项目招标中，有下列情形之一的，需要重新招标（　　）。

A. 投标截止时间止，投标人少于 3 个的

B. 经评标委员会评审后否决所有投标的

C. 因有效投标不足 3 个

D. 同意延长投标有效期的投标人少于 4 个

E. 中标候选人均未与招标人签订合同的

(5) 应当公开招标的水利工程施工项目，经批准后可以进行邀请招标的情形包括（　　）等。

A. 项目技术复杂或有特殊要求，只有少量几家潜在投标人可供选择的

B. 受自然地域环境限制的

C. 涉及国家安全、国家秘密，适宜招标但不宜公开招标的

D. 拟公开招标的费用与项目的价值相比，不值得的

E. 潜在投标人数量太多

(6) 水利水电工程施工招标中，对于投标人项目经理的要求有（　　）。

A. 必须有本单位注册的水利水电专业建造师证书

B. 必须持有安全生产考核合格证

C. 必须有属于投标人的业绩

D. 必须具有高级职称

E. 必须在投标人单位工作满 10 年

(7) 根据《水利工程建设项目招标投标管理规定》（水利部令第 14 号），招标前，招标人按项目管理权限向水行政主管部门提交招标报告备案，报告具体内容应当包括（　　）等。

A. 招标已具备的条件　　B. 招标方式

C. 分标方案　　D. 招标计划安排

E. 评标委员会专家名单

三、案例题

某省一重点水利工程项目计划于当年 12 月 28 日开工，由于坝肩施工段工程复杂，技术难度高，一般施工队伍难以胜任，业主自行决定邀请招标方式。于当年 9 月 8 日向通过资格预审的 A、B、C、D、E 五家施工承包企业发出了投标邀请书。该五家企业均接受了邀请，并于规定时间 9 月 20—21 日购买了招标文件。招标文件中规定，10 月 18 日下午 4 时是招标文件规定的投标截止时间，11 月 10 日发出中标通知书。

在投标截止时间这前，A、B、D、E 四家企业提交了投标文件，但 C 企业于 10 月 18 日下午 5 时才送达，原因是中途堵车；10 月 21 日下午由当地招投标监督管理办公室主持进行了公开开标。

评标委员会共有 7 人组成，其中当地投标监督管理办公室 1 人，公证处 1 人，招标人 1 人，技术经济方面专家 4 人。评标时发现 E 企业投标文件虽无法定代表人签字和委托授权书，但投标文件均已有项目经理签字并加盖了公章。评标委员会于 10 月 28 日提出了评标报告。B、A 企业分别综合得分第一、第二。由于 B 企业投标报价高于 A 企业，11 月 10 日招标人向 A 企业发出了中标通知书，并于 12 月 12 日签订了书面合同。

问题：

(1) 企业自行决定采取邀请招标方式的做法是否妥当？说明理由。

(2) C企业和E企业投标文件是否有效？分别说明理由。

(3) 指出开标工作的不妥之处，说明理由。

(4) 指出评标委员会成员组成的不妥之处，说明理由。

(5) 投标人确定A企业为中标人是否违规？说明理由。

(6) 合同签订的日期是否违规？说明理由。

任务3.3 水利工程建设项目施工招标文件

为加强水利水电工程施工招标管理，规范资格预审文件和招标文件编制工作，在国家发展和改革委员会等九部委联合编制的《标准施工招标资格预审文件》和《标准施工招标文件》(2007年版）基础上，结合水利水电工程特点和行业管理需要，水利部组织编制了《水利水电工程标准施工招标资格预审文件》(2009年版）和《水利水电工程标准施工招标文件》(2009年版）(简称《水利水电工程标准文件》)。《水利水电工程标准文件》是九部委《标准文件》在水利水电工程应用上的补充和细化，上述文件应结合使用，二者相同条款号若内容不一致时，采用《水利水电工程标准文件》。

水利部于2009年12月以水建管〔2009〕629号文发布了《关于印发〈水利水电工程标准施工招标资格预审文件〉和〈水利水电工程标准施工招标文件〉的通知》。通知要求《水利水电工程标准文件》自2010年2月1日起施行，凡列入国家或地方投资计划的大中型水利水电工程必须使用本标准文件。

2007年版的《标准施工招标文件》适用于一定规模以上，且设计和施工不是由同一承包人承担的工程施工招标，不能满足小型项目的需要。

为落实中央关于建立工程建设领域突出问题专项治理长效机制的要求，进一步完善招标文件编制规则，提高招标文件编制质量，国家发展改革委会等九部委以发改法规〔2011〕3018号文印发了《简明标准施工招标文件》和《标准设计施工总承包招标文件》，自2012年5月1日起实施。其中《简明标准施工招标文件》适用于依法必须进行招标的工程建设项目，工期不超过12个月、技术相对简单，且设计和施工不是由同一承包人承担的小型项目。

《简明标准施工招标文件》共分招标公告（或投标邀请书）、投标人须知、评标办法、合同条款及格式、工程量清单、图纸、技术标准和要求、投标文件格式等8章。

《简明标准施工招标文件》对2007年版的《标准施工招标文件》做了较大的简化。它的出台对于深入贯彻落实中央水利工作会议精神和2011年中央一号文件，进一步深化水利工程建设管理体制改革，规范我国目前大规模实施的中小河流治理、小型病险水库除险加固、小型农田水利工程等中小型水利工程项目招标投标具有重要意义。水利部将根据水利行业招标特点，视管理工作实际需要，对《简明标准施工招标文件》作出补充规定。

《水利水电工程标准施工招标文件》包括四卷，第一卷包括招标公告（适用于未进行资格预审)、投标邀请书（适用于邀请招标)、投标邀请书（代资格预审通过通知书)、投标人须知、评标办法（经评审的最低投标价法和综合评估法)、合同条款及格式、工程量清单；第二卷包括图纸；第三卷包括技术标准和要求（合同技术条款)；第四卷包括投标文件格式。下面列举了重要条款，其中评标办法仅列出常用的综合评估法，工程量清单列出分组报价格式，其他方法参考《水利水电工程标准施工招标文件》。

第1章 招标公告（适用于未进行资格预审）

________（项目名称）________（标段名称）招标公告

1. 招标条件

本招标项目________（项目名称）已由________（项目审批，核准或备案机关名称）以________（批文名称及编号）批准建设，建设资金来自________（资金来源），项目出资比例为________，项目法人为________，项目代建机构为________，招标人为________，招标代理机构为________。项目已具备招标条件，现对该项目施工进行公开招标。

2. 项目概况与招标范围

________（说明本次招标项目的建设地点、规模、计划工期、招标范围、标段划分以及相应计划工期等）。

3. 投标人资格要求

3.1　本次招标要求投标人须具备________资质，________业绩，并在人员、设备、资金等方面具有承担本标段施工的能力。

3.2　本次招标________（接受/不接受）联合体投标。联合体投标的，应满足下列要求：________。

3.3　本次招标实行资格后审，资格审查的具体要求见招标文件。资格后审不合格的投标人投标文件将按废标处理。

4. 招标文件的获取

4.1　凡有意参加投标者，请派代表于______年______月______日至______年______月______日（法定公休日、法定节假日除外），每日上午______时至______时，下午______时至______时（北京时间，下同），在________（详细地址）持单位介绍信购买招标文件。

4.2　招标文件每套售价________元，售后不退。图纸押金________元，在退还图纸时一并退还（不计利息）。

5. 投标文件的递交

5.1　投标文件递交的截止时间为________（具体时间），地点为________（详细地址）。

5.2　逾期送达的或者未送达指定地点的投标文件，招标人不予受理。

6. 踏勘现场和投标预备会

招标人定于________（具体时间）在________（踏勘现场集合地点）组织踏勘现场，________（具体时间）在________（投标预备会地点）召开投标预备会，投标人可自愿参加，交通工具________（自备/招标人提供），食宿自理。

7. 发布公告的媒介

本招标公告同时在________（发布公告的媒介名称）上发布。

8. 联系方式

招标人：
地址：
邮政编码：
联系人：
电话：
传真：
电子邮件：
网址：
开户银行：
账号：

招标代理机构：
地址：
邮政编码：
联系人：
电话：
传真：
电子邮件：
网址：
开户银行：
账号：

年　月　日

第2章　投标人须知

投标人须知前附表

条款号	条款名称	编列内容
1.1.2	招标人	
1.1.3	招标代理机构	
1.1.4	项目名称	
1.1.5	建设地点	
1.1.6	现场管理机构	
1.1.7	设计人	
1.1.8	监理人	
1.1.9	代建机构	
1.2.1	资金来源	
1.2.2	出资比例	
1.2.3	资金落实情况	
1.3.1	招标范围	
1.3.2	计划工期	计划工期：____日历天 计划开工日期：______年____月____日 计划完工日期：______年____月____日
1.3.3	质量要求	
1.4.1	投标人资质条件、能力和信誉	资质要求： 财务要求： 业绩要求： 信誉要求： 项目经理（建造师，下同）资格： 技术负责人资格： 其他要求：

续表

条款号	条款名称	编列内容
1.4.2	是否接受联合体投标	□不接受 □接受，应满足下列要求：
1.9	踏勘现场	□组织 □不组织
1.10	投标预备会	□召开 □不召开
1.10.3	投标截止时间	
1.11	分包	□允许，分包内容要求： 分包金额要求： 接受分包的第三人资质要求： □不允许
1.12	偏离	偏离允许幅度及其处理方法：
3.3.1	投标有效期	
3.4.1	投标保证金	投标保证金的形式： 投标保证金的金额： 收取投标保证金账号：
4.2.2	递交投标文件地点	
5.1	开标时间和地点	开标时间： 开标地点：
5.2	开标程序	投标文件的密封检查：
6.1.1	评标委员会的组建	评标委员会构成：____人，其中招标人代表____人，专家____人； 评标专家确定方式：
7.3.1	履约担保	履约担保的形式： 履约担保的金额：
10	需要补充的其他内容	
10.1	类似项目	指中标价（或工程规模）____以上的____、____项目
10.2	已标价工程量清单电子版	份数：____格式：
10.3	原件	□提交 □不提交
10.4	中标后须提交的投标文件	份数：
……	……	……

1. 总则

本节全文引用《标准施工招标文件》(2007年版) 相应条款，并补充以下内容。

1.1 项目概况

1.1.6 本招标项目现场管理机构：见投标人须知前附表。

1.1.7 本招标项目设计人：见投标人须知前附表。

1.1.8 本招标项目监理人：见投标人须知前附表。

1.1.9 本招标项目代建机构：见投标人须知前附表。

1.9 踏勘现场

1.9.1 投标人须知前附表规定组织踏勘现场的，招标人按照招标公告（或投标邀请书）规定的时间和地点组织踏勘现场。

1.10 投标预备会

1.10.1 投标人须知前附表规定召开投标预备会的，招标人按照招标公告（或投标邀请书）规定的时间和地点召开投标预备会。

1.10.2 在投标预备会召开前，投标人应以书面形式（包括信函、电报、传真等可以有形地表现所载内容的形式，下同）将需要招标人澄清的问题送达招标人。

1.10.3 在投标人须知前附表规定的投标截止时间15天前，招标人将对投标人所提问题的澄清，以书面形式通知所有购买招标文件的投标人。该澄清通知为招标文件的组成部分。

1.11 分包

投标人须知前附表规定允许分包的，分包的内容、分包金额、接受分包的第三人资质要求见投标人须知前附表。投标人应在投标文件中明确是否在中标后将中标项目的部分非主体、非关键性工作进行分包。投标人拟分包时，分包人应具备与分包工程的标准和规模相适应的资质和业绩，在人力、设备、资金等方面具有承担分包工程施工的能力。投标人应在投标文件中提供分包协议、分包人的资质证书及营业执照复印件，人员、设备和业绩资料表，分包的工程项目和工程量。

1.12 偏离

投标文件不允许偏离招标文件的实质性要求和条件。投标文件偏离招标文件的非实质性要求和条件的，其处理方式见投标人须知前附表。

2. 招标文件

本节全文引用《标准施工招标文件》（2007年版）相应条款，并补充以下内容：

2.2 招标文件的澄清

2.2.1 投标人应仔细阅读和检查招标文件的全部内容。如发现缺页或附件不全，应及时向招标人提出，以便补齐。如有疑问，应在投标截止时间17天前以书面形式提出澄清申请，要求招标人对招标文件予以澄清。

2.2.2 招标文件的澄清将在投标截止时间15天前，以书面形式通知所有购买招标文件的投标人，但不指明澄清问题的来源。如果澄清通知发出的时间距投标截止时间不足15天，投标截止时间应相应延长。

2.2.3 投标人在收到澄清通知后，应在1天内以书面形式告知招标人，确认已收到该澄清通知。

2.3 招标文件的修改

2.3.2　投标人收到修改通知后，应在1天内以书面形式告知招标人，确认已收到该修改通知。

3. 投标文件

本节全文引用《标准施工招标文件》(2007年版）相应条款，并补充以下内容。

3.5　资格审查资料（适用于未进行资格预审的）

3.5.2　“近3年财务状况”应附流动资金来源证明及经会计师事务所或审计机构审计的财务会计报表，包括资产负债表、现金流量表、利润表和财务情况说明书的复印件。

3.5.3　“近5年完成的类似项目情况表”应附中标通知书、合同协议书以及合同工程完工证书（工程竣工证书副本）的复印件。每张表格只填写一个项目，并标明序号。

3.5.5　“近3年发生的诉讼及仲裁情况表”应说明相关情况，并附法院或仲裁机构作出的判决、裁决等有关法律文书复印件。

3.6　备选投标方案

投标人可以递交备选投标方案，只有中标人所递交的备选投标方案方可予以考虑。评标委员会认为中标人递交的备选投标方案优于其按照招标文件要求编制的投标方案时，招标人可以接受该备选投标方案。

3.7　投标文件的编制

3.7.3　投标文件应采用不褪色的材料书写或打印。投标文件正本除封面、封底、目录、分隔页外，其余每一页均应加盖投标人单位公章，并由投标人的法定代表人或其委托代理人签字。已标价的工程量清单还应加盖注册水利工程造价工程师执业印章。投标文件应尽量避免涂改、行间插字或删除。如果出现上述情况，修改之处应加盖投标人单位公章或由投标人的法定代表人或其委托代理人签字确认。

3.7.4　投标文件正本1份，副本4份。正本和副本的封面上应清楚地标记“正本”或“副本”的字样。当副本和正本不一致时，以正本为准。

3.7.5　投标文件的正本与副本应采用A4纸印刷（图表页可例外），分别装订成册，编制目录和页码，并不得采用活页装订。

4. 投标

本节全文引用《标准施工招标文件》(2007年版）相应条款，并补充以下内容。

4.1　投标文件的密封和标识

4.1.2　投标文件的封套上除应清楚地标记“正本”或“副本”字样外，封套还应写明以下内容：

(1) 所投标段名称和合同编号。

(2) 招标人的名称和地址。

(3) 投标人的名称和地址，并加盖单位公章（投标人为联合体形式时，须注明联合体名称，联合体牵头人的名称、地址，加盖联合体牵头人单位公章）。

(4)“在投标截止时间之前不得拆封”的声明。

5. 开标

本节全文引用《标准施工招标文件》(2007年版）相应条款，并补充以下内容：

5.1　开标时间和地点

招标人在本章第1.10.3款规定的投标截止时间（开标时间）和投标人须知前附表规定的地点公开开标，并邀请所有投标人的法定代表人或其委托代理人准时参加。投标人的法定代表人或其委托代理人未参加开标会的，招标人可将其投标文件按无效标处理。

5.2　开标程序

主持人按下列程序进行开标：

(1) 宣布开标纪律。

(2) 公布在投标截止时间前递交投标文件的投标人名称，并确认投标人法定代表人或其委托代理人是否在场。

(3) 宣布主持人、开标人、唱标人、记录人、监标人等有关人员姓名。

(4) 除投标人须知前附表另有约定外，由投标人推荐的代表检查投标文件的密封情况。

(5) 宣布投标文件开启顺序：按递交投标文件的先后顺序的逆序。

(6) 设有标底的，公布标底。

(7) 按照宣布的开标顺序当众开标，公布投标人名称、标段名称、投标保证金的递交情况、投标报价、质量目标、工期及其他招标文件规定开标时公布的内容，并进行文字记录。

(8) 主持人、开标人、唱标人、记录人、监标人、投标人的法定代表人或其委托代理人等有关人员在开标记录上签字确认。

(9) 开标结束。

6. 评标

本节全文引用《标准施工招标文件》(2007年版) 相应条款。

7. 合同授予

本节全文引用《标准施工招标文件》(2007年版) 相应条款，并补充以下内容。

7.1　定标方式

评标委员会推荐3名中标候选人，并标明推荐顺序。招标人依据评标委员会推荐的中标候选人确定中标人。

7.4　签订合同

7.4.2　发出中标通知书后，招标人无正当理由拒签合同的，招标人向中标人退还投标保证金，并按投标保证金双倍的金额补偿投标人损失。

8. 重新招标和不再招标

本节全文引用《标准施工招标文件》(2007年版) 相应条款，并补充以下内容。

8.1　重新招标

有下列情形之一的，招标人将重新招标：

(1) 投标截止时间止，投标人少于3个的。

(2) 经评标委员会评审后否决所有投标的。

(3) 评标委员会否决不合格投标或者界定为废标后因有效投标不足3个使得投标明显缺乏竞争，评标委员会决定否决全部投标的。

(4) 同意延长投标有效期的投标人少于3个的。

(5) 中标候选人均未与招标人签订合同的。

8.2　不再招标

重新招标后，仍出现本章第8.1条规定情形之一的，属于必须审批的水利工程建设项目，经行政监督部门批准后不再进行招标。

9. 纪律和监督

本节全文引用《标准施工招标文件》(2007年版) 相应条款，并补充以下内容。

9.1　对招标人的纪律要求

招标人不得泄漏招标投标活动中应当保密的情况和资料，不得与投标人串通损害国家利益、社会公共利益或者他人合法权益。

下列行为均属招标人与投标人串通投标：

(1) 招标人在开标前开启投标文件，并将投标情况告知其他投标人，或者协助投标人撤换投标文件，更改报价。

(2) 招标人向投标人泄露标底。

(3) 招标人与投标人商定，投标时压低或抬高标价，中标后再给投标人或招标人额外补偿。

(4) 招标人预先内定中标人。

(5) 其他串通投标行为。

9.2　对投标人的纪律要求

投标人不得相互串通投标或者与招标人串通投标，不得向招标人或者评标委员会成员行贿谋取中标，不得以他人名义投标或者以其他方式弄虚作假骗取中标；投标人不得以任何方式干扰、影响评标工作。

9.2.1　下列行为均属以他人名义投标：

(1) 投标人挂靠其他施工单位。

(2) 投标人从其他施工单位通过转让或租借的方式获取资格或资质证书。

(3) 由其他单位及法定代表人在自己编制的投标文件上加盖印章或签字的行为。

9.2.2　下列行为，视为允许他人以本单位名义承揽工程：

(1) 投标人的法定代表人的委托代理人不是投标人本单位人员。

(2) 投标人拟在施工现场所设项目管理机构的项目经理、技术负责人、财务负责人、质量管理人员、安全管理人员（专职安全生产管理人员）不是本单位人员。

投标人本单位人员，必须同时满足以下条件

(1) 聘任合同必须由投标人单位与之签订。

(2) 与投标人单位有合法的工资关系。

(3) 投标人单位为其办理社会保险关系，或具有其他有效证明其为本单位人员身份的文件。

9.2.3　下列行为均属投标人串通投标报价：

(1) 投标人之间相互约定抬高或压低投标报价。

(2) 投标人之间相互约定，在招标项目中分别以高、中、低价位报价。

(3) 投标人之间先进行内部竞价，内定中标人，然后再参加投标。

(4) 投标人之间其他串通投标报价的行为。

10. 需要补充的其他内容

本节全文引用《标准施工招标文件》(2007年版) 相应条款，并补充以下内容。

10.1　类似项目

类似项目的要求见投标人须知前附表。

10.2　已标价工程量清单电子版

投标人递交投标文件时，应同时提交已标价工程量清单电子版，份数及格式见投标人须知前附表。

10.3　原件

投标人须知前附表要求投标人递交原件的，投标人应在递交投标文件时按第8章投标文件格式中“十、原件的复印件”所列清单提交原件。原件经查验后退回投标人。

10.4　中标人的投标文件

中标人须在签订合同前向招标人另行提交投标人须知前附表规定份数的投标文件副本。

第3章　评标办法（综合评估法）

评标办法前附表

条款号		评审因素	评审标准
2.1.1 (8)	形式评审其他标准		
		……	……
2.1.2 (12)	资格评审其他标准		
		……	……
2.1.3 (9)	响应性评审其他标准		
		……	……
条款号		条款内容	编列内容
2.2.1		分值构成 (总分100分)	施工组织设计：　分 项目管理机构：　分 投标报价：　分 其他评分因素：　分
2.2.2		评标基准价计算	□招标人不提供标底 投标人有效报价 a_i： □招标人提供标底 投标人有效报价 a_i： 招标人标底在评标基准价中所占的权重A：
3.4.1		投标人最终得分的计算方法	

1. 评标方法

本节全文引用《标准施工招标文件》（2007 年版）相应条款。

2. 评审标准

本节全文引用《标准施工招标文件》（2007 年版）相应条款，并补充以下内容。

2.1　初步评审标准

2.1.1　形式评审标准：

(1) 投标人名称应与营业执照、资质证书、安全生产许可证一致。

(2) 投标文件的签字盖章符合第 2 章投标人须知第 3.7.3 款规定。

(3) 投标文件格式符合第 8 章投标文件格式的要求。

(4) 联合体投标人应提交联合体协议书，并明确联合体牵头人。

(5) 只能有一个报价。

(6) 投标文件的正本、副本数量符合第 2 章投标人须知第 3.7.4 款规定。

(7) 投标文件的印刷与装订符合第 2 章投标人须知第 3.7.5 款规定。

(8) 形式评审其他标准见评标办法前附表。

2.1.2　资格评审标准（适用于未进行资格预审的）：

(1) 具备有效的营业执照。

(2) 具备有效的安全生产许可证。

(3) 具备有效的资质证书且资质等级符合第 2 章投标人须知第 1.4.1 款规定。

(4) 财务状况符合第 2 章投标人须知第 1.4.1 款规定。

(5) 业绩符合第 2 章投标人须知第 1.4.1 款规定。

(6) 信誉符合第 2 章投标人须知第 1.4.1 款规定。

(7) 项目经理资格符合第 2 章投标人须知第 1.4.1 款规定。

(8) 联合体投标人符合第 2 章投标人须知款 1.4.2 款规定。

(9) 企业主要负责人具备有效的安全生产考核合格证书。

(10) 技术负责人资格符合第 2 章投标人须知第 1.4.1 款规定。

(11) 委托代理人、安全管理人员（专职安全生产管理人员）、质量管理人员、财务负责人应是投标人本单位人员，其中安全管理人员（专职安全生产管理人员）具备有效的安全生产考核合格证书。

(12) 资格评审其他标准见评标办法前附表。

2.1.3　响应性评审标准：

(1) 投标范围符合第 2 章投标人须知第 1.3.1 款规定。

(2) 计划工期符合第 2 章投标人须知第 1.3.2 款规定。

(3) 工程质量符合第 2 章投标人须知第 1.3.3 款规定。

(4) 投标有效期符合第 2 章投标人须知第 3.3.1 款规定。

(5) 投标保证金符合第 2 章投标人须知第 3.4 条规定。

(6) 权利义务符合第 2 章合同条款及格式规定的权利义务。

(7) 已标价工程量清单符合第 5 章工程量清单填写的有关要求。

(8) 技术标准和要求符合第 7 章技术标准和要求（合同技术条款）的规定。

(9) 响应性评审其他标准见评标办法前附表。

2.2　分值构成与评分标准

2.2.2　采用有效报价的平均数确定评标基准价（适用于招标人不提供标底的）：

$$S=\begin{cases}\dfrac{a_1+a_2+\cdots+a_n-M-N}{n-2}(n\geqslant 5)\\[2ex]\dfrac{a_1+a_2+\cdots+a_n}{n}(n\leqslant 4)\end{cases}$$

式中　S——评标基准价；

a_i——投标人的有效报价（$i=1, 2, \cdots, n$），有效报价约定见评标办法前附表；

n——有效报价的投标人个数；

M——最高的投标人有效报价；

N——最低的投标人有效报价。

2.2.2　采用复合标底确定评标基准价（适用于招标人提供标底的）：

$$S=TA+\frac{a_1+a_2+\cdots+a_n}{n}(1-A)$$

式中　S——评标基准价；

a_i——投标人有效报价（$i=1, 2, \cdots, n$），有效报价约定见评标办法前附表；

T——招标人标底；

A——招标人标底在评标基准价中所占的权重，权重约定见评标办法前附表；

n——有效报价的投标人个数。

2.2.3　投标报价的偏差率计算方法：

$$偏差率=\frac{投标人报价-评标基准价}{评标基准价}\times 100\%$$

2.2.4　评分标准

评分标准见下表。

评　分　标　准

序号	评分因素	分　值	评分标准	赋分
一	施工组织设计			
1	内容完整性和编制水平			
2	施工方案与技术措施			
2.1	施工导流			
2.2	土方工程			
2.3	砌石工程			
2.4	混凝土工程			
2.5	基础处理工程			
2.6	设备安装工程			

续表

序号	评分因素	分　值	评分标准	赋分
2.7	观测工程			
	……			
3	质量管理体系与措施			
3.1	质量计划			
3.2	岗位职责			
3.3	材料采购			
3.4	过程控制及检验			
3.5	分项措施的针对性			
	……			
4	安全管理体系与措施			
4.1	安全体系建设			
4.2	安全预案可靠性			
4.3	安全经费保障			
	……			
5	环境保护管理体系与措施			
5.1	环境保护管理体系健全			
5.2	污染物处理和排放与国家和地方环境保护标准的符合性			
5.3	技术及管理措施可行性			
	……			
6	工程进度计划与措施			
6.1	进度计划			
6.2	关键路径			
6.3	逻辑关系			
6.4	措施保证计划			
	……			
7	资源配备计划			
7.1	设备配备计划			
7.2	劳动力配备计划			
7.3	其他施工生产资源类的配备计划			
7.4	资金使用计划			
	……			

续表

序号	评分因素	分　值	评分标准	赋分
二	项目管理机构			
1	项目经理学历、专业、职称和业绩			
2	技术负责人学历、专业、职称和业绩			
3	质量管理人员学历、专业、职称和业绩			
4	安全管理人员（专职安全生产管理人员）学历、专业、职称和业绩			
5	财务负责人学历、专业、职称和业绩			
	……			
三	投标报价			
1	投标总价			
2	投标分项报价			
2.1	基础价格			
2.2	费用构成			
2.3	主要工程项目的单价			
2.4	总价项目（措施项目）			
2.5	分项报价			
	……			
四	其他因素			
1	投标人的业绩			
2	综合实力			
3	财务状况			
	……			

注　本评分标准供招标人参考。

3. 评标程序

本节全文引用《标准施工招标文件》（2007年版）相应条款，并补充以下内容。

3.4　评标结果

3.4.1　评标委员会依据本章第2.2条评分标准进行评分，按评标办法前附表的约定计算投标人最终得分，根据得分由高到低的顺序推荐3名中标候选人，并标明推荐顺序。

第4章　专用合同条款

1. 一般约定

1.1　词语定义

1.1.2　合同当事人和人员

1.1.2.2　发包人：____（填入发包人的名称）____。

1.1.2.3　承包人：＿＿（签约后填入承包人的名称）＿＿。

1.1.2.5　分包人：＿＿（签约后填入分包人的名称）＿＿。

1.1.2.6　监理人：＿＿（填入监理人名称）＿＿。

1.1.4　日期：＿＿＿＿＿＿。

1.1.4.5　缺陷责任期（工程质量保修期）：＿＿＿＿＿＿。

1.4　合同文件的优先顺序

进入合同文件的各项文件及其优先顺序是＿＿＿＿＿＿。

1.7　联络

1.7.2　来往函件均应按技术标准和要求（合同技术条款）约定的期限送达＿＿（填写文件送达地点）＿＿。

2. 发包人义务

2.3　提供施工场地

2.3.2　发包人提供的施工场地范围为＿＿＿＿＿＿。

2.3.3　承包人自行勘察的施工场地范围为＿＿＿＿＿＿。

2.8　其他义务

根据发包人的合同管理要求补充：

（1）……

（2）……

3. 监理人

3.1　监理人的职责和权力

3.1.1　监理人须根据发包人事先批准的权力范围行使权力，发包人批准的权力范围：（填写监理人须经发包人批准才能行使的权力，以下示例供参考）

（1）按第4.3款约定，批准工程的分包。

（2）按第11.3款约定，确定延长完工期限。

（3）按第15.6款约定，批准暂列金额的使用。

（4）……

4. 承包人

4.1　承包人的一般义务

4.1.10　其他义务

（1）……

（2）……

4.3　分包

4.3.2　允许承包人分包的工程项目、工作内容与分包金额限额如下：

（1）工程项目：＿＿＿＿＿＿。

（2）工作内容：＿＿＿＿＿＿。

（3）分包金额限额：＿＿＿＿＿＿。

4.3.10　分包人项目管理机构的设立：＿＿＿＿＿＿。

4.11　不利物质条件

4.11.1　不利物质条件的范围：________________。

5. 材料和工程设备

5.2　发包人提供的材料和工程设备

5.2.1　发包人提供的材料和工程设备见下表：

发包人提供的材料表（参考格式）

序号	材料名称	材料规格	数量	交货地点	交货方式	计划交货日期	备注

发包人提供的工程设备表（参考格式）

序号	工程设备名称	型号及规格	数量	交货地点	交货方式	计划交货日期	备注

6. 施工设备和临时设施

6.2　发包人提供的施工设备和临时设施

（1）发包人提供的施工设备见下表：

发包人提供的施工设备表（参考格式）

序号	施工设备名称	型号及规格	设备状况	数量	移交地点	计划移交日期	备注

注　设备状况栏内填写该设备的新旧程度、购进时间、已使用小时数和最近一次的大修时间。

（2）发包人提供的临时设施：________________。

7. 交通运输

7.1　道路通行权和场外设施

道路通行权和场外设施的约定：________________。

8. 测量放线

8.1　施工控制网

8.1.1　施工控制网的约定：________________。

9. 施工安全、治安保卫和环境保护

9.1　发包人的施工安全责任

9.1.4　发包人提供________________资料，其余资料由承包人负责收集。

9.2　承包人的施工安全责任

9.2.12　下列工程应编制专项施工方案：____________，其中____________应组织专家论证和审查。

9.7　文明工地

9.7.1　本合同文明工地的约定：__________。

11. 开工和竣工（完工）

11.4　异常恶劣的气候条件

11.4.3　本合同工程界定异常恶劣气候条件的范围为：

（1）日降雨量大于__________mm的雨日超过__________天。

（2）风速大于__________m/s的__________级以上台风灾害。

（3）日气温超过__________℃的高温大于__________天。

（4）日气温低于__________℃的严寒大于__________天。

（5）造成工程损坏的冰雹和大雪灾害：__________。

（6）其他异常恶劣气候灾害。

11.5　承包人工期延误

（1）逾期完工违约金见下表。

逾期完工违约金表（参考格式）

序号	项目及其说明	要求完工日期	违约金/(元/天)

（2）全部逾期完工违约金的总限额为__________（不超过签约合同价的______%）。

11.6　工期提前

工期提前的奖金约定：__________。

12. 暂停施工

12.1　承包人暂停施工的责任

（5）承包人承担暂停施工责任的其他情形：__________。

12.2　发包人暂停施工的责任

（3）发包人承担暂停施工责任的其他情形：__________。

13. 工程质量

13.7　质量评定

13.7.4　重要隐蔽单元工程和关键部位单元工程质量评定的约定：__________。

13.7.7　工程合格标准为__________；优良标准为__________。达到优良的奖金为__________。

13.8　质量事故处理

13.8.4　工程竣工验收时，__________向竣工验收委员会汇报并提交历次质量缺陷处理的备案资料。

14. 试验和检验

14.1　材料、工程设备和工程的试验和检验

14.1.5　水工金属结构、启闭机及机电产品进场后的交货检查和验收中，承包人负责＿＿＿＿＿＿。

14.1.6　本工程实行见证取样的试块、试件及有关材料：＿＿＿＿＿＿。

15. 变更

15.1　变更的范围和内容

（6）增加或减少合同中关键项目的工程量超过其工程总量的＿＿＿＿＿＿%，关键项目：＿＿＿＿＿＿，单价调整方式：＿＿＿＿＿＿。

15.5　承包人的合理化建议

15.5.2　承包人实现合理化建议的奖励金额为＿＿＿＿＿＿。

15.8　暂估价

15.8.1　（1）发包人和承包人组织招标的暂估价项目：＿（签约后填入）＿；发包人组织招标的暂估价项目＿（签约后填入）＿。

（2）发包人和承包人以招标方式选择暂估价项目供应商或分包人时，双方的权利义务关系：＿＿＿＿＿＿。

16. 价格调整

16.1　物价波动引起的价格调整

物价波动引起的价格调整方式：＿＿＿＿＿＿。

16.1.2　采用造价信息调整价格差额

工程造价信息的来源：＿＿＿＿＿＿。

价格调整的项目和系数：＿＿＿＿＿＿。

17. 计量与支付

17.2　预付款

17.2.1　预付款：

（1）工程预付款的总金额为签约合同价的＿＿＿＿＿＿%，分＿＿＿＿＿＿次支付给承包人。

各次预付款的支付额度和付款时间为：

1）第一次预付款金额为工程预付款总金额的＿＿＿＿＿＿%，付款时间应在合同协议书签订后，由承包人向发包人提交了发包人认可的工程预付款担保，并经监理人出具付款证书报送发包人批准后14天内予以支付。

2）第二次预付款金额为工程预付款总金额的＿＿＿＿＿＿%。付款时间需待承包人主要设备进入工地后，其估算价值已达到本次预付款金额时，由承包人提出书面申请，经监理人核实后出具付款证书报送发包人批准后14天内予以支付。

3）第三次预付款……

……

（2）工程材料预付款的额度和预付办法约定为＿＿＿＿＿＿。

17.2.2　预付款保函（担保）

（2）工程材料预付款的担保约定为＿＿＿＿＿＿。

17.2.3　预付款的扣回与还清

(1) 工程预付款在合同累计完成金额达到签约合同价的__________%时开始扣款，直至合同累计完成金额达到签约合同价的__________%时全部扣清。

$$R=\frac{A}{(F_2-F_1)S}(C-F_1S)$$

式中　R——每次进度付款中累计扣回的金额；

A——工程预付款总金额；

S——签约合同价；

C——合同累计完成金额；

F_1——开始扣款时合同累计完成金额达到签约合同价的比例；

F_2——全部扣清时合同累计完成金额达到签约合同价的比例。

上述合同累计完成金额均指价格调整前未扣质量保证金的金额。

(2) 工程材料预付款的扣回与还清约定为________。

17.4　质量保证金

17.4.1　每个付款周期扣留的质量保证金为工程进度付款的________%，扣留的质量保证金总额为签约合同价的________%。

17.5　竣工（完工）结算

17.5.1　竣工（完工）付款申请单

(1) 承包人应提交完工付款申请单一式________份。

17.6　最终结清

17.6.1　最终结清申请单

(1) 承包人应提交最终结清申请单一式________份。

17.7　竣工财务决算

承包人应为竣工财务决算编制提供的资料：________。

18. 竣工验收（验收）

18.1　验收工作分类

本工程法人验收包括：________；政府验收包括：________。验收条件为________，验收程序为________。

18.2　分部工程验收

18.2.2　本工程由发包人主持的分部工程验收为________，其余由监理人主持。

18.3　单位工程验收

18.3.4　提前投入使用的单位工程包括：________、________、________。

18.5　阶段验收

18.5.1　本合同工程阶段验收类别包括：________、________、________。

18.6　专项验收

18.6.2　本合同工程专项验收类别包括：________、________、________。

18.7　竣工验收

18.7.3　本工程________（需要/不需要）竣工验收技术鉴定（蓄水安全鉴定）。

18.8　施工期运行

18.8.1 需要在施工期运行的单位工程或工程设备为________、________、________。

18.9 试运行

18.9.1 试运行的组织：________；费用承担：________。

19. 缺陷责任与保修责任

19.1 缺陷责任期（工程质量保修期）的起算时间

本工程缺陷责任期（工程质量保修期）计算如下：________。

20. 保险

20.1 工程保险

建筑工程一切险和（或）安装工程一切险投保人：________。

投保内容：________。

保险金额、保险费率和保险期限：________。

20.4 第三者责任险

20.4.2 第三者责任险保险费率：________；

第三者责任险保险金额：________。

20.5 其他保险

需要投保的其他内容：________；

保险金额、保险费率和保险期限：________。

20.6 对各项保险的一般要求

20.6.1 保险凭证

承包人提交保险凭证的期限：________。

保险条件：________。

20.6.4 保险金不足的补偿

承包人负责补偿的范围与金额：________。

发包人负责补偿的范围与金额：________。

24. 争议的解决

24.1 争议的解决方式

合同当事人友好协商解决不成、不愿提请争议评审或不接受争议评审组意见的，约定的合同争议解决方式：________。

第5章 工程量清单

1. 工程量清单说明

1.1 工程量清单应与招标文件中的投标人须知、通用合同条款、专用合同条款、技术标准和要求（合同技术条款）、图纸等一起阅读和理解。

1.2 工程量清单仅是投标人投标报价的共同基础。除另有约定外，工程量清单中的工程量是根据招标设计图纸计算的用于投标报价的估算工程量，不作为最终结算工程量。最终结算工程量是承包人实际完成并符合技术标准和要求（合同技术条款）规定，按施工图纸计算的有效工程量。

1.3 工程量清单中各项目的工作内容和要求应符合相关技术标准和要求（合同技术条款）的规定。

1.4　工程价款的支付遵循合同条款的约定。

2. 投标报价说明

2.1　工程量清单报价表组成

工程量清单报价表由以下表格组成：

1. 投标总价。
2. 工程项目总价表。
3. 分组工程量清单报价表。
4. 计日工项目报价表。
5. 工程单价汇总表。
6. 工程单价费（税）率汇总表。
7. 投标人生产电、风、水、砂石基础单价汇总表。
8. 投标人生产混凝土配合比材料费表。
9. 招标人供应材料价格汇总表（若招标人提供）。
10. 投标人自行采购主要材料预算价格汇总表。
11. 招标人提供施工机械台时（班）费汇总表（若招标人提供）。
12. 投标人自备施工机械台时（班）费汇总表。
13. 总价项目分解表。
14. 工程单价计算表。
15. 人工费单价汇总表。

2.2　工程量清单报价表填写规定

1. 除招标文件另有规定外，投标人不得随意增加、删除或涂改招标文件工程量清单中的任何内容。工程量清单中列明的所有需要填写的单价和合价，投标人均应填写；未填写的单价和合价，视为已包括在工程量清单的其他单价和合价中。

2. 工程量清单中的工程单价是完成工程量清单中一个质量合格的规定计量单位项目所需的直接工程费、间接费、企业利润和税金，并考虑到风险因素。投标人应根据规定的工程单价组成内容确定工程单价。除另有规定外，对有效工程量以外的超挖、超填工程量，施工附加量，加工、运输损耗量等，所消耗的人工、材料和机械费用，均应摊入相应有效工程量的工程单价内。

3. 投标金额（价格）均应以人民币表示。

4. 投标总价应按工程项目总价表合计金额填写。

5. 工程项目总价表中组号和工程项目名称按招标文件工程量清单中的相应内容填写，并按分组工程量清单报价表中相应项目合计金额填写。暂列金额按招标文件工程项目总价表中的相应内容填写。

6. 分组工程量清单报价表中的序号、项目名称、计量单位、工程数量，按招标文件分组工程量清单报价表的相应内容填写，并填写相应项目的单价和合价。

7. 计日工项目报价表的序号，人工，材料，机械的名称、型号规格以及计量单位，按招标文件计日工项目清单报价表中的相应内容填写，并填写相应项目单价。

8. 辅助表格填写：

（1）工程单价汇总表，按工程单价计算表中的相应内容、价格（费率）填写。

（2）工程单价费（税）率汇总表，按工程单价计算表中的相应内容、费（税）率填写。

（3）投标人生产电、风、水、砂石基础单价汇总表，按基础单价分析计算成果的相应内容、价格填写，并附相应基础单价的分析计算书。

（4）投标人生产混凝土配合比材料费表，按表中工程部位、混凝土强度等级（附抗渗、抗冻等级）、水泥强度等级、级配、水灰比、相应材料用量和单价填写，填写的单价必须与工程单价计算表中采用的相应混凝土材料单价一致。

（5）招标人供应材料价格汇总表，按招标人供应的材料名称、型号规格、计量单位和供应价格填写，并填写经分析计算后的相应材料预算价格，填写的预算价格必须与工程单价计算表中采用的相应材料预算价格一致（若招标人提供）。

（6）投标人自行采购主要材料预算价格汇总表，按表中的序号、材料名称、型号规格、计量单位和填写的预算价格，填写的预算价格必须与工程单价计算表中采用的相应材料预算价格一致。

（7）招标人提供施工机械台时（班）费汇总表，按招标人提供的机械名称、型号规格和招标人收取的台时（班）折旧费填写；投标人填写的台时（班）费用合计金额必须与工程单价计算表中相应的施工机械台时（班）费单价一致（若招标人提供）。

（8）投标人自备施工机械台时（班）费汇总表，按表中的序号、机械名称、型号规格、一类费用和二类费用填写，填写的台时（班）费合计金额必须与工程单价计算表中相应的施工机械台时（班）费单价一致。

（9）投标人应对工程量清单中的总价项目编制总价项目分解表，每个总价项目一份，项目编号和名称应与工程量清单一致。

（10）投标金额大于或等于投标总标价万分之五的工程项目，必须编报工程单价计算表。工程单价计算表按表中的施工方法、序号、名称、型号规格、计量单位、数量、单价、合价填写，填写的人工、材料和机械等基础价格，必须与人工费单价汇总表、基础材料单价汇总表、主要材料预算价格汇总表及施工机械台时（班）费汇总表中的单价相一致，填写的其他直接费、现场经费、间接费、企业利润和税金等费（税）率必须与工程单价费（税）率汇总表中的费（税）率相一致。

（11）人工费单价汇总表应按人工费单价计算表的内容、价格填写，并附相应的人工费单价计算表。

3. 工程量清单表格（略）

第6章　图纸（招标图纸）

1. 招标图纸组成

附入招标文件中的图纸应包括以下各项图纸（不限于）：

（1）本工程流域水系有关测站的洪峰、洪量，以及工程场址的水位、流量、泥沙等的水文图表。

（2）本工程水库和各项工程建筑物（包括天然建筑材料场地）的平面地质总图、平面地质填图、地质剖面和平切面图，以及各永久工程建筑物基础与天然建筑材料的物理力学试验成果。

（3）工程枢纽建筑物布置总图、各项工程建筑物总布置图、体形图、结构布置详图、开挖和支护图、基础处理及灌浆与排水详图、边坡处理图、各项工程建筑物的典型钢筋配置图、压力输水管道和其他钢结构的制造安装图、工程建筑物细部的典型大样图，以及各项工程建筑物的安全监测详图等。

（4）本工程机电设备和金属结构的布置及制造安装总图、消防、采暖通风、火灾报警，以及计算机控制等的布置和系统安装图等。

（5）工程枢纽建筑物施工组织设计所需的工程位置和对外交通图、施工场地范围图（包括土料场、砂石料场、存渣场和弃渣场）等。

（6）施工总布置图，以及各项施工临时辅助设施布置图等。

（7）施工导流工程方案布置图、导流工程建筑物施工布置图、施工期通航方案布置图。

（8）施工控制性进度表，以及发包人建议的施工总进度网络图。

2. 招标图纸编绘

2.1　图纸的幅面及图框尺寸，应符合《水利水电工程制图标准　基础制图》（SL 73.1—1995）等有关规定的要求。招标文件附图的幅面，推荐采用A3。

2.2　图纸的幅面及图框尺寸见表1和图（略）。

2.3　图纸的加长应遵守《水利水电工程制图标准　基础制图》（SL 73.1—1995）的规定。

2.4　标题栏

标题栏设在图纸右下角，其格式和尺寸应遵守《水利水电工程制图标准　基础制图》（SL 73.1—1995）的规定。

表1　　**幅面及图框尺寸**

幅面代号	A0	A1	A2	A3	A4
$B\times L$/mm	841×1189	594×841	420×594	297×420	210×297
c/mm	10			5	
a/mm	25				

3. 招标图纸目录

招标图纸目录

序号	图名	图号	版本	出图日期	备注

注　招标图纸另册。

第7章　技术标准和要求

（略）

第8章 投标文件格式

（见单元三任务四）

思 考 题

（1）《水利水电工程标准施工招标文件》包括哪些内容？

（2）《水利水电工程标准施工招标文件》有几种评标办法？

习 题

一、单项选择题

（1）采用公开招标方式的项目，招标人应当在国家发展计划委员会指定的媒介发布招标公告，其中大型水利工程建设项目以及国家重点项目、中央项目、地方重点项目同时还应当在（ ）发布。

A.《中国水利报》 B. 水利部网站

C. 水利工程协会网站 D. 各地政府部门网站

（2）投标文件澄清通知由（ ）签署。

A. 招标人 B. 评标委员会负责人

C. 招标代理人 D. 监督机构

（3）招标文件中专用合同条款是（ ）意思表达。

A. 招标人 B. 投标人

C. 招标代理人 D. 上级领导

（4）《水利工程工程量清单计价规范》（GB 50501—2007）项目编码采用十二位阿拉伯数字表示（由左至右计位）。一至九位为统一编码，其中三、四位为（ ）顺序码。

A. 水利工程 B. 专业工程

C. 分类工程 D. 分项工程

二、案例分析

某大型水利工程货物招标项目，其招标文件规定如下：

（1）投标文件正本、副本分开包装，并在封套上标记“正本”或“副本”字样，否则不予接收。

（2）“投标保证金仅接受无条件保函或电汇。投标保函随投标文件递交给招标人；采用电汇的，应于投标文件递交截止时间前，将投标保证金由投标人的基本账户一次性汇入招标人指定账户，否则投标保证金无效。”有A、B、C、D、E、F、G、H、I、和J共10个投标人投标。投标文件接收情况如下：

投标人B的正本与副本封装在了一个文件箱内，招标人认为其不影响评标予以接收；投标人C的投标文件在招标文件规定的投标截止时间后1分钟送到，招标人不予接受；投标人G在投标截止时间前提交了投标文件，但其投标保证金——电汇款在投标截止时间后20分钟才汇入招标人指定账户，招标人接收了其投标文件及其保证金。最终，招标人接受了除投标人C以外的其他投标人的投标文件。

招标人在规定的开标时间宣布开标，由纪检人员对投标人资格进行审查。招标人宣读了评标办法，该办法对招标文件中的一些主要评标因素、标准进行了修改。投标人A认为招标人变动评标因素和标准对其不公平，当场提出异议，要求撤销其投标。招标人征得纪检人员同意，对A提交的投标文件不退还、不拆封、不唱标。

唱标时发现，投标人D以担保公司保函形式提交投标保证金，担保条件满足招标文件要求；投标人E提交的银行保函中声明：履行保函载明的担保义务时，应提供索赔报告并取得该项目监理人书面同意；投标人F以其分公司独立账户电汇提交投标保证金，并于投标截止期前一天到账。

投标人H的投标函没有盖投标人单位章，但有法定代表人签字，招标人宣布H的投标为无效标；投标人I的投标函上有两个投标报价，注明以第一个报价为准，但招标人认为投标人I报了两个报价，宣布其投标无效；投标人J在投标函上填写的报价，大写与小写不一致，招标人查对了其投标文件中报价汇总表，发现投标函上报价的小写数值与投标报价汇总表一致，于是按照其投标函上小写数值进行了唱标。

该项目有5个投标人通过初步评审，但技术部分评审结算后，合格投标人仅剩下了2个，招标人认为无法保证竞争性，通知评标委员会不再继续评标，并决定否决所有投标。

问题：

(1) 投标人D、E、F递交的投标担保是否合格？如不合格请说明理由。

(2) 逐一指出招标投标过程中的不妥之处，并说明理由。

任务3.4　水利工程建设项目标底及其编制

1. 标底的概念

标底是招标人对招标工程的预测价格。标底由招标人自行编制或委托经有关部门批准的具有编制标底资格和能力的中介机构代理编制。

2. 标底的作用

《招标投标法》中没有明确规定招标工程是否必须设置标底价格，招标人可根据实际工程的情况决定是否编制标底。招投标制度的本质就是竞争，而价格的竞争是投标竞争的最重要因素之一。为了防止投标人以低于成本的报价展开恶性竞争，我国的一般工程项目施工招标中大多设置标底。标底在确定承包商的过程中起着一种“商务标准”的作用，合理的标底是业主以合理的价格获得满意的承包商、中标人获取合法利润的基础。标底的作用主要体现在以下几个方面：

(1) 能够使招标人预先明确其在拟建工程上应承担的财务义务。

标底的编制过程是对项目所需费用的预先自我测算过程，通过标底的编制可以促使招标人事先加强工程项目的成本调查和预测，做到对价格和有关费用心中有数。

(2) 标底是控制投资、核实建设规模的依据。

标底必须控制在批准的概算或投资包干的限额之内（指扣除该项工程的建设单位管理费、征地拆迁费等所有不属于招标范围内各项费用的余额）。在实际工作中，如果按规定的程序和方法编制的标底超过批准的概算或投资包干的限额，应进行复核和分析，对其中不合理部分应剔除或调整；如仍超限额，应会同设计单位一起寻找原因，必要时由设计单位调整原来的概算或修正概算，并报原批准机关审核批准后，才能进行招标工作。

(3) 标底是评标的重要尺度。

《中华人民共和国招标投标法实施条例》(简称《实施条例》) 第二十七条规定：招标人可以自行决定是否编制标底。一个招标项目只能有一个标底。标底必须保密。招标人设有最高投标限价的，应当在招标文件中明确最高投标限价或者最高投标限价的计算方法。招标人不得规定最低投标限价。

第五十条规定：招标项目设有标底的，招标人应当在开标时公布。标底只能作为评标的参考，不得以投标报价是否接近标底作为中标条件，也不得以投标报价超过标底上下浮动范围作为否决投标的条件。

《实施条例》淡化了标底的作用。无论如何，只有编制了标底，才能正确判断投标者所投报价的合理性和可靠性，否则评标就是盲目的。只有制定了准确合理的标底，才能在定标时作出正确的抉择。

(4) 标底编制是招标中防止盲目报价、抑制低价抢标现象的重要手段。

盲目压低标价的低价抢标者，在施工过程中则采取或偷工减料，或无理索赔等种种不正当手段以避免自己的损失，使工程质量和施工进度无法得到保障，业主的合法权益受到损害。在评标过程中，剔除低价抢标是防止此现象有效措施。

标底的性质和作用要求招标工程必须遵循一定的原则，以严肃认真的态度和科学的方法来编制标底，使之准确、合理，保证招标工作的健康开展。

3. 标底的编制原则

编制标底应遵循以下原则：

(1) 标底编制应遵守国家有关法律、法规和水利行业规章，兼顾国家、招标人和投标人的利益。

(2) 标底应符合市场经济环境，反映社会平均先进功效和管理水平。

(3) 标底应体现工期要求，反映承包商为提前工期而采取施工措施时增加的人员、材料和设备的投入。

(4) 标底应体现招标人的质量要求，标底的编制要体现优质优价。

(5) 标底应体现招标人对材料采购方式的要求，考虑材料市场价格变化因素。

(6) 标底应体现工程自然地理条件和施工条件因素。

(7) 标底应体现工程量大小因素。

(8) 标底编制必须在初步设计批复后进行，原则上标底不应突破批准的初步设计概算或修正概算。

(9) 一个招标项目只能编制一个标底。

4. 标底的编制依据

(1) 招标人提供的招标文件，包括商务条款、技术条款、图纸以及招标人对已发出的招标文件进行澄清、修改或补充的书面资料等。

(2) 现场查勘资料。

(3) 批准的初步设计概算或修正概算。

(4) 国家及地区颁发的现行工程定额及取费标准(规定)。

（5）设备及材料市场价格。

（6）施工组织设计或施工规划。

（7）其他有关资料。

5. 标底的编制程序

（1）准备阶段。

1）项目初步研究。为了编制出准确、真实、合理的标底，必须认真阅读招标文件和图纸，尤其是招标文件商务条款中的投标人须知、专用合同条款、工程量清单及说明，技术条款中的施工技术要求、计量与支付及施工材料要求，招标人对已发出的招标文件进行澄清、修改或补充的书面资料等，这些内容都与标底的编制有关，必须认真分析研究。

工程量清单说明及专用合同条款，规定了该招标项目编制标底的基础价格、工程单价和标底总价时必须遵照的条件。

2）现场勘察。通过现场勘察，了解工程布置、地形条件、施工条件、料场开采条件、场内外交通运输条件等。

3）编写标底编制工作大纲。通常标底编制大纲应包括以下内容：

a. 标底编制原则和依据。

b. 计算基础价格的基本条件和参数。

c. 计算标底工程单价所采用的定额、标准和有关取费数据。

d. 编制、校审人员安排及计划工作量。

e. 标底编制进度及最终标底的提交时间。

4）调查、搜集基础资料。搜集工程所在地的劳资、材料、税务、交通等方面资料，向有关厂家搜集设备价格资料；搜集工程中所应用的新技术、新工艺、新材料的有关价格计算方面的资料。

（2）编制阶段。

1）计算基础单价。基础单价包括人工预算单价、材料预算价格、施工用电风水单价、砂石料预算价格、施工机械台时费以及设备预算价格等。

2）分析取费费率、确定相关参数。

3）计算标底工程单价。根据施工组织设计确定的施工方法，计算标底工程单价。工程单价的取费通常包括其他直接费、现场经费、间接费、利润及税金等，应参照现行水利工程建设项目设计概（估）算的编制规定，结合招标项目的工程特点，合理选定费率。税金应按现行规定计取。

4）计算标底的建安工程费及设备费。要注意临时工程费用的计算与分摊。

临时工程费用在概算中主要由三部分组成：① 单独列项部分，如导流、道路、房屋等；② 含在其他临时工程中的部分，如附属企业、供水、通信等；③ 含在现场经费中的临时设施费。在标底编制时应根据工程量清单及说明要求，除单独列项的临时工程外，其余均应包括在工程单价中。

（3）汇总阶段。

1）汇总标底。按工程量清单格式逐项填入工程单价和合价，汇总分组工程标底合价和标底总价。

2）分析标底的合理性。明确招标范围，分析本次招标的工程项目和主要工程量，并与初步设计的工程项目和工程量进行比较，再将标底与审批的初步设计概算作比较分析，分析标底的合理性，调整不合理的单价和费用。

广义的标底应包括标底总价和标底的工程单价。标底总价和标底的工程单价所包括的内容、计算依据和表现形式，应严格按招标文件的规定和要求编制。通常标底工程单价将其他临时工程的费用摊入工程单价中，这与初设概算单价组成内容是不同的；标底总价包括的工程项目和费用也与概算不同。在进行标底与概算的比较分析时应充分考虑这些不同之处。

6. 标底文件的组成

标底文件一般由标底编制说明和标底编制表格组成。

（1）标底编制说明。标底编制说明主要内容如下：

1）工程概况。

2）主要工程项目及标底总价。

3）编制原则、依据及编制方法。

4）基础单价。

5）主要设备价格。

6）标底取费标准及税、费率。

7）需要说明的其他问题。

（2）标底编制表格。

表1　工程施工招标分组标底汇总表

表2　分组工程标底计算表

附表1　工程单价分析表

附表2　总价承包项目分解表

附表3　人工预算单价计算表

附表4　主要材料（设备）预算价格汇总表

附表5　施工机械台时费汇总表

附表6　混凝土、砂浆材料单价计算表

附表7　施工用水、电价格计算表

附表8　应摊销临时设施费计算表

附表9　主要材料用量汇总表

其他表格。

考虑招标人的特殊要求，根据具体情况确定需增加的表格。根据需要可增列概算与标底工程量对比表、工程单价对比表等。

7. 工程标底的编制方法

水利工程建设项目招标标底的编制方法通常采用以定额法为主、实物量法和其他方法为辅、多种方法并用的综合分析方法。标底编制应充分发挥各方法的优点和长处，以达到提高标底编制质量的目的。

（1）定额法。定额法是参照现行部、省市的定额和取费标准（规定），确定完成单位产品的工效和材料消耗量，计算工程单价，以工程单价乘以工程量计算总价的编制方法。定额法的主要优点是计算简单、操作方便，因此目前水利工程的标底编制主要考虑采用定额法。采用定额法编制初设概算时选用的定额是按全国水利行业平均工效水平制定的；而标底需要考虑具体工程的技术复杂程度、施工工艺方法、工程量大小、施工条件优劣、市场竞争情况等因素，因此在采用定额法编制标底时，可以根据工程具体情况适当调整现行的定额和取费标准。

一个合理的标底要有一个比较先进、切合实际的施工组织设计，包括合理的施工方案、施工方法、施工进度安排、施工总平面布置和施工资源估算，在分析国内的施工水平和可能前来投标的施工企业的实际水平基础上，认真分析现行的各种定额，从而选用比较合理的标底编制定额和取费标准。

定额法的具体步骤和方法如下：

1）基础价格编制。基础价格的编制方法一般参照水利行业现行初设概算编制方法。基础资料准备得是否充分，基础单价的编制是否准确合理，对标底编制的准确程度和质量高低起着极其重要的作用。基础价格主要指人工、主要材料、施工用水、施工用电等的价格。必须保证选取的各种资源的数量和质量均能符合规定并满足招标人的要求。

如招标文件规定招标人供应主要材料、设备，提供大部分临时房屋，供应砂石料和混凝土等，在编制标底时，应考虑从这些项目中无获利机会的因素，其余工程项目的单价及费率相对可提高，反之相对可降低。

a. 人工预算单价。如招标文件没有特别的要求，人工预算单价一般可参照现行水利行业初设概算人工预算单价的编制方法。由于初步设计与招标设计深度不同，初设概算涵盖一个完整的工程项目（如水利枢纽、水闸、河道堤防工程等），而招标项目一般只是一个二级项目或三级项目，因此标底的人工预算单价可以根据招标项目的工程特点适当调整。以人力施工为主或人工费比例较高的项目如浆砌石、干砌石、砂石料（反滤料）铺筑、钢筋制安、钢管制安及各种圬工拆除项目等，人工预算单价相对可降低；而对工人技术熟练程度要求较高的项目，人工预算单价相对可提高。

b. 主要材料预算价格。主要材料的品种应结合招标工程项目确定。凡是本招标项目中用量多或总价值高的材料，均应作为主要材料逐一落实价格，如钢材、水泥、木材、柴油、炸药、粉煤灰、砂、石子、块石等。材料预算价格准确与否，对标底的影响很大。工程标底编制人员必须列出工程需用材料计划表，然后要调查有能力供应符合技术条件和数量要求的材料供货商，并获取各种材料的报价、各种运输方式的运输费标准。

首先，确定主要材料的来源地，调查材料的批发价或出厂价；其次，确定运输方式、运输线路和运距，准确计算运杂费；最后，合理选用采购保管费费率。采购保管费要考虑损耗、损坏、被盗及供货差错等影响，对于某些材料这些因素的影响可能会达到较高的比例；同时还须考虑用于卸料和贮料的附加费用以及其他附加费。材料的采购保管费费率可根据实际情况适当调整，如在材料价格较高、采购地点离工地较近、采购条件较好时，采购保管费率应相对较低，反之相对较高。

c. 施工用电价格。在招标文件中，一般都明确规定了投标人的接线起点和计量电表的位置，并提供了基本电价，因此编制标底时应按照招标文件的规定，确定电能损耗范围、损耗率及供电设施维护摊销费。如供电范围没有高压线路，就不应计高压线路损耗；在变配电线路较短、用电负荷较集中时，变配电设备及输配电损耗率及供电设施摊销费均可降低，反之应提高。

d. 施工用水价格。招标文件中常见的施工供水方式有两种：一是招标人指定水源点，由投标人自行供水；二是招标人按指定价格在指定接水口向投标人供水。

第一种供水方式应根据施工组织设计所配置的供水系统，设备组时总费用和设备组时总有效供水量计算施工供水价格，计算方法与初设概算相同。在编制标底时，可根据具体供水范围、扬程高低，几级供水及供水设备、设施质量的优劣等，适当选定供水损耗率和供水设施维修摊销费。

第二种供水方式，应以招标人供应的价格为原价，根据供水的具体情况，再计入水量损耗和供水设施维护摊销费，不应简单照搬初设概算中的水量损耗和设施维修摊销费参数。

e. 施工机械台时费。施工机械台时费计算方法可参照初设概算的编制方法。

在编制标底时如招标人免费提供某些大型施工机械（如缆机、拌和楼等）则不应计算折旧费，但应根据提供的施工机械新旧程度和施工工期决定修理费的高低。养路费、牌照税、车船使用税及保险费等费用，不宜按年工作台时计入施工机械台时费中，可在间接费中考虑或摊销在工程单价中。在工程规模大、工期长的工程中使用的大型机械如大型汽车、挖掘机、推土机、装载机、钻机等的折旧费、修理费、安拆费均可适当调整。

2）建筑工程单价编制。工程单价一般由直接工程费、间接费、企业利润、税金和临时设施摊销费等组成。水利工程招标项目一般工程量大、项目繁多，在编制标底工程单价时可根据工程的具体情况，集中精力研究主要工程单价。应与施工组织设计人员共同研究施工方案，确定适当的施工方法、运距、辅助人员配备及施工机械的效率等。在编制标底单价时应根据工程量的大小、施工条件的优劣等因素调整定额中人工、材料及施工机械消耗量。当工程规模大、施工条件较好、市场竞争激烈时，人工、机械效率均可适当提高，反之可适当降低。下面介绍几种常遇到的工程单价。

a. 土方工程单价

土方工程主要分土方开挖和土方填筑两大类。影响土方工程单价的因素主要有土的级别、取（运）土的距离、施工方法、施工条件、质量要求等。根据工程所在地的气候条件、施工工期的长短，是否夜间施工等情况可适当调整其他直接费费率；根据工程量大小、场地集中程度、机械化程度高低等情况可适当调整现场经费费率、间接费费率及利润率。

运输是土方工程的主要工序之一，它包括集料、装土、运土、卸土及卸土场整理等子工序。影响工程单价的主要因素如下：

（a）运输距离：运输距离越长，平均车速越快，折合每公里运费越低。如在道路等级及车型相同的情况下，在一定范围内远距离运输比近距离运输机械效率高，在编制标底时应考虑此项因素。

（b）施工条件：装卸车的条件、道路状况、卸土场的条件等都影响运土的工效。在运输道路级别较高、装卸车地点的场地较宽阔的条件下，运输效率较高，可以调整定额中自卸汽车的台时数量。

土方填筑包括取土和压实两大工序。

计算取土工序单价时要注意：①料场覆盖层清理应按相应比例摊入土料填筑单价内；②对不符合含水量标准的土料，要采取挖排水沟、扩大取土面积、分层取土、翻晒、分区集中堆存、加水处理等措施，在单价中应计入土料处理的费用；③考虑土料损耗和体积变化，包括开采、运输、雨后清理、削坡、沉陷等的损耗，以及超填和施工附加量；④对于有开挖利用料的工程，要注意不得在开挖和填筑单价中重复计算土方运输工序费用。在确定利用料数量时应充分考虑开挖和填筑在施工进度安排上的时差，一般不可能完全衔接，二次转运是经常发生的，二次转运的费用应计入土方工程单价中。

计算土方压实工序单价时要注意：直接影响压实工效的主要因素有土类级别、设计要求、碾压工作面、铺土厚度、碾压次数等。现行的压实定额通常是按坝体拟定的，而堤身压实与坝体有所不同，可根据堤防等级、堤身高度等适当调整人工、机械效率，使压实单价符合实际。

b. 砌筑工程单价。砌筑工程主要指浆砌石、干砌石、反滤料填筑、过渡料填筑、堆石体填筑等。

(a) 反滤料填筑、过渡料填筑、堆石体填筑单价。

砌筑工程主要由砂石料采备、运输及压实三道工序组成。

应重点研究砂石料的直接上坝（堤）与二次转运的比例，尽可能直接上坝（堤），对于堆石工程应多利用开挖料，以便降低堆石填筑单价。

砌筑工程受气候影响小，填筑效率高，对定额的人工、机械消耗量可进行调整；由于材料费用较多，现场经费和间接费的现行取费标准也可根据工程的实际情况适当调整。

(b) 砌石工程单价。砌石工程包括浆砌石、干砌石、抛石等，是以人力施工为主的项目，施工方法简单，技术含量相对较低，主要用于护坡、护脚、护基等工程。

编制标底单价时，可重点考虑两点：一是尽量利用拆除料和从开挖料中拣集石料；二是应考虑人工用量较多、材料原价高等因素，在选定各项取费费率和人工数量时可适当调整。

c. 混凝土工程单价。混凝土材料单价在混凝土工程单价中占有较大比重，在编制其单价时，要按照招标文件提供的配合比计算。混凝土材料消耗量是指完成每方成品混凝土计价工程的材料量。概算定额中的混凝土材料量包括结构断面工程量、场内施工操作、运输损耗量、超填量和施工附加量，而预算定额中不含超填量和施工附加量。在编制标底时，可根据工地混凝土运距、道路状况及生产管理水平适当调整施工操作、运输损耗率及超填和施工附加混凝土量。

编制拦河坝等大体积混凝土标底单价时，混凝土配合比应按招标文件提供的配合比数据。如果招标文件没有提供参考数据，应考虑掺加适量的粉煤灰或外加剂以节约水泥用量，其掺量比例应根据设计对混凝土的温度控制要求或试验资料选取。对现浇混凝土等级的选取，应根据设计对水工建筑物的不同要求，尽可能利用混凝土的后期强度（60天、90天、180天及360天）节省水泥用量。

d. 钢筋制安工程单价。钢筋制作安装包括钢筋加工、绑扎、焊接及场内运输等工序。

定额中一般包括切断及焊接损耗、截余短头废料损耗以及搭接帮条、架立筋、垫筋等附加量。在钢筋制安工作量较大时，钢筋材料的利用率高，损耗率相对较低，在编制标底钢筋制安工程单价时，根据工程部位的不同，可适当调整钢筋材料的附加量及人工数量。

3）设备价格编制。设备通常是生产厂家的产品，通过各种运输方式（铁路、公路、水路等）运至工地，设备费包括设备出厂价、运杂费、运输保险费、采购及保管费及其他费用。在编制设备的标底价格时要注意以下问题：

a. 向多家设备生产厂商询价，确定有竞争力的设备出厂价格。

b. 对于进口设备要计算到岸价、进口征收的税金、手续费、商检费及港口费等加上国内段的运杂费、保险费、采保费等各项费用。

c. 搜集有关设备重量、体积大小及运距等资料，确定合理的设备运输线路和运输方式。

d. 搜集有关设备在运输途中发生的调车费、装卸费、运输保险费、包装绑扎费、变压器充氮费及其他可能发生的杂费标准。

e. 合理计算运杂费用，要注意价格高的设备运杂费率要相对低。

f. 采保费的费率也可根据设备价格高低、运距远近、周转次数多少适当调整。

4）设备安装工程单价编制。以实物消耗量形式表现的定额计算工程单价时，量价分离，计算较准确，但相对繁琐。编制标底的主要设备安装单价时一般套用此类定额，同时可以适当调整人工和机械效率。

对于投资不大的辅助设备和次要设备，编制标底时可以采用安装费率形式计算安装工程单价。

金属结构设备有外购与自制两种方式。对于自制的设备价格需要套定额计算单价，根据设计提出的重量，计算金属结构的设备费。

闸门及埋件单价通常要划分为主材（钢材、铸件、锻件）、辅材、制造费、防腐、水封、利润、税金等项目。要注意闸门的水封、压板、压板螺栓、锁定梁、拉杆的价值要计入设备费；闸门喷锌、喷铝防腐不要漏项。

启闭机单价通常要划分为结构件、外购件、电气部分、机械零部件及其他等项目。要注意负荷试验用的荷重物的制作和运输不要漏项。

设备安装费一般占设备费的5%～10%左右，对标底影响不大，可参考现行定额编制。但投标项目以机电和金属结构设备为主的，可适当调整人工数量、现场经费和间接费费率。

5）临时设施费编制。

a. 单独招标的临时工程项目。单独招标的项目包括导流工程、道路、桥梁、供电线路、缆机平台、大型砂石料系统、混凝土拌和系统、供水系统等，按工程量清单的数量乘标底工程单价计算。

对于砂石料系统、混凝土拌和系统和供水系统等临时工程，标底的编制通常只计算土建费和安装费，不包括设备费。设备费按折旧摊销计入相应的砂石料单价、混凝土拌和单价和施工用水单价中。

b. 应摊销的临时设施费用。凡未单独列项招标的临时工程项目及未包括在现场经费中的临时设施，而在施工中又必然发生的临时设施均包括在应摊销的临时设施费用中。主要指承包商的生活用房、办公用房、仓库等房屋建筑及场地平整，大型机械安拆，施工排水，施工临时支护及其他临时设施等项目。在编制标底时可根据工程的具体情况适当调整施工人员的生活、文化福利建筑费用和施工仓库面积等。

6）风险附加费的计取与分摊。根据施工承包合同种类不同计算和分摊风险附加费的方法也不同，对不调价合同标底应充分考虑风险因素，而可调价合同的标底可不计或少计风险附加费。

（2）实物量法。实物量法是把项目分成若干施工工序，按完成该项目所需的时间，配备劳动力和施工设备，根据分析计算的基础价格计算直接费单价，最后分摊间接费的工程造价计算方法。实物量法是针对每个工程的具体情况来计算工程造价，计算准确、合理；但相对复杂，且要求标底编制人员有较高的业务水平和较丰富的经验，还要掌握翔实的基础资料和经验数据，在编制时间相对紧张的标底编制阶段，不具备全面推广应用的条件；但是针对工程量清单中对标底影响较大的主要工程单价，在设计深度满足需求，施工方法详细具体、符合实际，资料较齐全的条件下，应采用实物量法进行编制，提高标底的准确性，保证标底的质量。

1）实物量法主要有五大优点。

a. 体现工程量的大小和工期的长短对工程单价的影响。

b. 体现施工条件的优劣对工程单价的影响。

c. 体现施工设备闲置时间对工程单价的影响。

d. 体现特殊施工设备的使用对工程单价的影响。

e. 体现施工技术水平对工程单价的影响。

2）实物量法的工作程序。制定施工组织设计或施工规划；确定各个工序需要的人员及设备的规格、数量、时间；计算人工费、施工设备费、材料费；计算直接费单价；计算并分摊间接费。

3）实物量法的工作步骤。

a. 项目研究。项目研究的工作主要是由造价人员和施工组织设计人员完成的。为完成这项工作，必须充分了解项目的工程内容，对招标文件、图纸、工程量表和其他招标补充文件进行认真地分析、研究。经过现场调查、进行多种施工方法比选，选定一种最有效且最经济的施工方法，根据这一施工方法制定施工组织设计或施工规划，并以此作为编制标底工程单价的基础。

b. 计算人工预算单价和机械台时费单价。如招标文件没有特别的要求，人工预算单价可参照现行水利行业初设概算人工预算单价的编制规定计算。

机械设备的使用可分为两类：自购和租赁。对于租赁的机械设备的台时费可以通过询价获得；对于自购的机械设备可在获取设备出厂价格并掌握设备的基本资料后，采用一定的分析方法计算台时费。

c. 计算直接费。所谓直接费是指人工、材料、机械的费用合计，不包括工地管理费、公司管理费和利润等附加费。确定一个直接费单价需要按一项或一组工程项目来选择合适的人工、机械和材料资源，然后按照作业类型先确定人工和机械资源的使用时间，再将这些数据与收集到的费用资料相结合，然后得到直接费及其单价。

d. 间接费的计算与分摊。在计算施工总费用时，必须把所有与工程有关的间接费分摊到直接费中去。间接费通常包括工地管理费、公司管理费（总部管理费）、利润和不可预见费等。

e. 按照招标文件要求，计算其他项目与费用。

f. 标底总价汇总、分析与调整。汇总人工、机械及材料总费用和数量，并将这些资源需要总量与施工组织设计的资源总量进行比较，如果两者之间有较大分歧，就必须进行慎重的分析与调整。

实物法的具体步骤和方法可参照水利部制订的《水利工程建设项目施工招标标底编制指南》，这里不再赘述。

（3）其他辅助方法。在采用定额法或实物量法编制标底时，可结合其他辅助方法进行，例如，招标工程量清单中对标底影响不大的次要工程项目和工程量较小的项目，可采取较为简便的费用计算分析方法，加快标底编制进度。主要方法如下：

1）分类抽样方法。这是用于次要项目的计价方法，做法是把费用项目划分为几类，把各类的成本价格估算出来。价格估算可用几种方式，其中包括：

a. 利用可能划分开来的大致工程量和各种单价，为每类项目计算出一笔总费用。

b. 把各类项目分成施工作业班组，估算每个班组的费用。

然后，利用以上计算的费用，根据经验，计算项目的总费用。

2）内含方法。一些次要、零星的项目或费用在认为没有必要单独列项计价时，可以包含到其他价格中去。

3）项目总额方法。在工程量表中有些项目没有表明数量时，通常需要估算出一笔总金额。这种方法是用来估算合同中所安排和规定的一般性项目的费用。

4）经验方法。根据已完工程的相关资料，借用所需数据。

5）概算价格调整方法。根据招标设计与初步设计的不同，对概算的价格进行调整，作为标底价格。

6）类比分析方法。根据已计算的主要工程单价，类比分析得出次要工程项目单价。

7）百分率方法。在已计算的主要工程项目的造价的基础上，乘以一个经验百分率得到次要工程项目造价。

8）参照其他行业方法。其他行业在某些项目上有较成熟的施工工艺和造价资料，在标底中可以参照引用。

8. 标底编制应注意的问题

（1）注重工程现场调查研究。必须充分考虑项目所在地域的自然环境与现场条件，应主动收集、掌握大量的第一手相关资料，必须适应建筑资源的供应变化与价格变动的可能，分析确定恰当的、切合实际的各种基础价格和工程单价，以确保编出合理的标底。

（2）注重施工机械设备选型。应根据工程特点和施工条件认真分析、合理选择，力求经济实用、先进高效，切忌生搬硬套、脱离实际，否则将直接导致定额选择和单价分析的偏差。

（3）注重施工组织设计。应通过详细的技术经济比较后再确定相关施工方案、施工总平面布置、进度控制网络图、交通运输方案等，标底必须适应目标工期的要求，必须适应招标方的质量要求，以利于所选择的施工组织设计安全可靠、科学合理，这是编制出科学合理的标底的前提。

(4) 注重总价承包项目的计算。工程量清单中常有一些项目没有给出工程量，要求填入一个承包总价，如临时工程等。这就要求造价人员根据招标文件和施工要求等具体情况，充分考虑各种风险因素，深入研究其项目组成和工作内容，避免漏项，确保项目取费合理。

思　　考

(1) 什么是标的？什么是标底？

(2) 标底有什么作用？

(3) 怎样编制水利水电工程施工招标项目的标底？

习　　题

一、单项选择题

(1) 标底是指由招标人对招标工程进行工程造价控制的一个（　　）。

A. 实际价格　　B. 最高价格

C. 预期价格　　D. 合理价格

(2) 下列有关标底编制说法中正确的是（　　）。

A. 标底价格应由成本、税金组成，不包括利润部分

B. 一个工程可根据需要编制多个标底

C. 标底的计价依据可由编制单位自主选择

D. 标底应根据招标文件中的工程量清单及有关要求、施工现场情况、合理的施工方案、工程单价组成内容和社会平均生产力水平，按市场价格进行编制

(3) 水利水电工程招标项目采用定额法编制标底时，工程单价中不包括（　　）。

A. 直接工程费和间接费　　B. 开办费

C. 企业利润　　D. 税金

(4) 以下编制标底遵循的原则不对的是（　　）。

A. 标底应符合市场经济环境，反映社会平均先进功效和管理水平

B. 标底应体现招标人的质量要求，标底的编制要体现优质优价

C. 标底应体现工程自然地理条件和施工条件因素

D. 标底应考虑招标人的资金状况

(5) 不属于工程招标标底价格的编制依据是（　　）。

A. 招标文件的商务条款　　B. 施工方案或施工组织设计

C. 施工现场地质、水文、地上情况等资料　　D. 企业定额

二、多项选择题

(1) 标底价格的编制依据一般包括（　　）。

A. 投标文件的商务条款

B. 工程施工图纸、标准图集，工程量计算规则
C. 施工方案或施工组织设计
D. 现行的相关定额、单价及有关调整计价的文件
E. 建筑安装材料及设备的市场价格

(2) 标底的编制原则有（　　）。
A. 编制依据具有可靠性　　B. 标底价应具有完整性
C. 标底价与投标报价的一致性　　D. 标底价格的合理性
E. 一个工程只能编制一个标底

(3) 编制一个合理、可靠的标底需要考虑的因素包括（　　）。
A. 目标工期的要求　　B. 不同的施工方案
C. 质量要求　　D. 材料差价
E. 工程的自然地理条件

(4) 对标底的理解正确的是（　　）。
A. 标底价格由工程成本和利润组成
B. 标底一般应该由第三人负责编制
C. 标底是招标人进行工程造价控制的预测价格
D. 一个工程只能编制一个标底
E. 所有招标工程都应有标底

(5) 采用复合标底确定评标基准价，其计算用到的数据有（　　）。
A. 投标人有效报价　　B. 有效报价的投标人个数
C. 招标人标底　　D. 最高的投标人报价
E. 标底所占评标基准价的权重

(6) 在《水利水电工程标准施工招标文件》中，评标基准价可采用（　　）。
A. 招标人组织编制的标底
B. 以全部或部分投标人报价的平均值作为评标基准价
C. 以招标人标底和全部或部分投标人报价的平均值的加权平均值作为评标基准价
D. 以进入有效标内投标人的报价平均值作为评标基准价
E. 招标人公布的最高限价

三、问答题

(1) 水利水电工程施工招标标底的编制程序是什么?
(2) 定额法编制水利水电工程施工招标标底的方法。

任务3.5　案　例　分　析

【案例3.2】 某堤防工程投资5000万元，于2005年3月6日发售监理招标文件。现将其招标文件中的《投标人须知》的要点摘录如下：

2. 对投标人的要求

2.1　资格要求

2.1.1　具有独立法人资格。

2.1.2　投标人的资质等级：省内具有水利工程建设监理甲级资质的监理单位。

2.2　投标人的资格审查

2.2.1　投标人应随同投标文件向招标人提交下列资料：

(1) 投标人的企业法人营业执照、资格证书及近三年审计报告。

(2) 投标人监理过和正在监理的与本项目同类型项目的监理合同文件和能证明监理服务业绩的资料。

(3) 投标人的组织机构、人员配备及执行本监理服务的主要人员和经历。

(4) 近三年有无经济诉讼案件等证明资料。

2.3　本项目不允许联合投标。

5. 现场踏勘

5.1　招标人不统一组织现场踏勘工作，若投标人要求进行现场踏勘，可提前通知招标人，招标人将单独予以安排。但现场踏勘费用由投标人自行承担。

7. 招标文件的澄清与修改

要求澄清招标文件的投标人，应在投标截止时间3日以前按投标邀请书写明的地址以书面形式通知招标人。招标人将以书面形式在开标时间2日前答复所有获得招标文件的投标人。该澄清或修改的内容作为招标文件的组成部分。

8. 招标文件的修改

8.1　招标人在投标截止日2日前，可以对招标文件进行修改。这种修改可能是招标人主动作出的，也可能是为解答投标人要求澄清的问题而作出的。

8.2　修改将以书面形式发给所有获得招标文件的投标人，并作为招标文件的组成部分。投标人收到修改后，应立即以书面形式通知招标人，确认已经收到修改通知。

17. 投标截止日期

17.1　本次招标的投标截止日期和时间为2005年6月8日北京时间18：00。

17.2　招标人有权按本须知第8条规定发出修改通知，延长投标文件递交的截止时间。在此情况下，招标人和投标人的权利和义务相应延长至新的投标截止时间。

18. 迟到的投标文件

招标人在本须知第17条所述的投标截止时间以后收到的任何投标文件，将退回投标人。

20. 开标

20.1　招标人将于2005年6月9日北京时间9：00时在×××会议室召开开标会。

问题：

通过阅读上述内容，指出《投标人须知》中哪些规定不符合《招标投标法》及其配套法规、规章的规定，并说明规定要点。

解析要点：

(1)“2.1.2”对投标人资格要求限定在“省内”不符合《招标投标法》规定。《招标投标法》规定：依法必须进行招标的项目，其招标投标活动不受地区或者部门的限制。任何单位和个人不得违法限制或者排斥本地区、本系统以外的法人或者其他组织参加投标。

（2）“5.1”规定不符合《工程建设项目施工招标投标办法》（2003年5月1日，国家发展计划委员会等8委部局令第30号）的规定：招标人不得单独或者分别组织任何一个投标人进行现场踏勘。

（3）“7”“8.1”中有关招标文件的澄清、修改的截止时间规定不符合《招标投标法》的规定。《招标投标法》规定：招标人对已发出的招标文件进行必要的澄清或者修改的，应当在招标文件要求提交投标文件截止时间至少15日前。

（4）“20.1”规定的开标时间比“17.1”规定的投标截止时间晚15个小时不符合《招标投标法》。《招标投标法》规定：投标截止时开标。

【案例3.3】 某市一隧道工程全部由政府投资。该项目为地方重点项目，且已列入地方年度固定资产投资计划，概算已经主管部门批准，征地工作已全部完成，施工图纸及有关技术资料齐全。现决定对该项目进行施工招标。业主委托咨询单位编制了两个标底，准备分别用于对本市和外省市施工企业投标价的评定。

业主对投标单位就招标文件所提出的所有问题统一作了书面答复，并以备忘录的形式分发给各投标单位。在书面答复投标单位的提问后，业主组织各投标单位进行了施工现场踏勘。在投标截止日期前10日，业主书面通知各投标单位，由于某种原因，决定将收费站工程从原招标范围内删除。

问题：

该项目施工招标在哪些方面存在问题或不当之处？请逐一说明。

要点分析：

该项目施工招标存在4个方面的问题（或不当之处），分述如下：①不应编制两个标底。根据规定，一个工程只能编制一个标底，不能对不同的投标单位采用不同的标底进行评标；②业主对投标单位的提问只能针对具体的问题作出明确答复，但不应提及具体的提问单位（投标单位）。因为按《中华人民共和国招标投标法》第二十二条规定：招标人不得向他人透漏已获取招标文件的潜在投标人的名称、数量以及可能影响公平竞争的有关招标投标的其他情况；③根据《中华人民共和国招标投标法》的规定，若招标人需改变招标范围或变更招标文件，应在投标截止日期至少15日前以书面形式通知所有招标文件授受人，若迟于这一时限发出变更招标文件的通知，则应将原定的投标截止日期适当延长，以便投标单位有足够的时间充分考虑这种变更对报价的影响。本案例背景资料未说明投标日期已相应延长；④现场踏勘应安排在书面答复投标提问之前，因为投标单位对施工现场条件也可能提出问题。

项目4 水利工程建设项目投标

【引例】 某混凝土重力坝建设工程项目，在初步设计文件完成后，建设单位准备采用公开招标方式择优选择施工单位，招标公告要求投标人是具有一级资质等级的施工企业。

背景1：经过资格预审后，已通过资格预审的投标人，按建设单位要求，到指定地点购买招标文件。投标人购买到的招标文件由以下内容组成：①投标邀请书；②招标图纸和技术条款；③工程量清单；④施工方案；⑤投标辅助资料；⑥保证工程质量、进度、安全的主要技术组织措施；⑦特殊工程的施工要求；⑧施工项目管理机构；⑨合同条款。

背景2：开标前，公证处倾向提出要对各投标人的资格进行审查。审查结束后，对于B投标人是由两家工程公司联合组成的联合体，其中一家公司为一级施工企业，另一家公司为二级施工企业，均被认为不符合投标资格。

【思考】

(1) 作为项目经理，你认为上述施工招标文件组成内容中有哪几项不正确？说明理由。除上述内容外，还应包括哪些内容？

(2) 标会上能否列入“审查投标人的资格”这一程序？为什么？

(3) 投标人被认定不符合投标资格是否正确？说明理由。

任务4.1 投标的组织与程序

模块4.1.1 投标的组织

1. 工程投标的概念

工程投标是指经过特定审查而获得投标资格的建筑项目承包单位，按照招标文件的要求，在规定的时间内向招标单位填报投标书，争取中标的法律行为。

2. 投标人的条件

法人或其他组织响应招标、参加投标竞争，是成为投标人的一般条件。要成为合格投标人，还必须满足两项资格条件：一是国家有关规定对不同行业及不同主体的投标人资格条件；二是招标人根据项目本身要求，在招标文件或资格预审文件中规定的投标人资格条件。

《工程建设项目施工招标投标办法》第二十条规定了投标人参加工程建设项目施工投标应当具备5个条件：

(1) 具有独立订立合同的权利。

（2）具有履行合同的能力，包括专业、技术资格和能力，资金、设备和其他物质设施状况，管理能力，经验、信誉和相应的从业人员。

（3）没有处于被责令停业，投标资格被取消，财产被接管、冻结，破产状态。

（4）在最近三年内没有骗取中标和严重违约及重大工程质量问题。

（5）法律、行政法规规定的其他资格条件。

招标人可以根据招标项目本身要求，在招标文件或资格预审文件中，对投标人的资格条件从资质、业绩、能力、财务状况等方面作出一些规定，并依此对潜在投标人进行资格审查。投标人必须满足这些要求，才有资格成为合格投标人，否则，招标人有权拒绝其参与投标。同时，《招标投标法》也禁止招标人以不合理条件限制或排斥潜在投标人，以及对潜在投标人实行歧视待遇。

3. 工程投标的组织

投标的组织主要包括组建一个强有力的投标机构和配备高素质的各类人才。投标人进行工程投标，需要有专门的机构和人员对投标的全部活动过程加以组织和管理，实践证明，这是投标获得成功的重要保证。

对于投标人来说，参加投标就会面临一场竞争。不仅比报价的高低，而且比技术、经验、实力和信誉。特别是在当前国际承包市场上，越来越多的是技术密集型工程项目，势必要给投标人带来两方面的挑战：一方面是技术上的挑战，要求投标人具有先进的科学技术，能够完成高、新、尖、难工程；另一方面是管理上的挑战，要求投标人具有现代先进的组织管理水平。

为迎接技术和管理方面的挑战，在竞争中取胜，投标人的投标班子应该有如下三种类型的人才组成：一是经营管理类人才；二是技术专业类人才；三是商务金融类人才。

（1）经营管理类人才。所谓经营管理类人才，是指专门从事工程承包经营管理、制订和贯彻经营方针与规划，负责工作的全面筹划和安排具有决策水平的人才。为此，这类人才应具备以下基本条件：

1）知识渊博、视野广阔。经营管理类人才必须在经营管理领域有造诣，对其他相关学科也应有相当的知识水平。只有这样，才能全面、系统地观察和分析问题。

2）具备一定的法律知识和实际工作经验。该类人员应了解我国乃至国际上有关的法律和国际惯例，并对开展投标业务所应遵循的各项规章制度有充分的了解。同时，丰富的阅历和实际工作经验，可以使投标人员具有较强的预测能力和应变能力，对可能出现的各种问题进行预测并采取相应的措施。

3）必须勇于开拓，具有较强的思维能力和社会活动能力。渊博的知识和丰富的经验，只有和较强的思维能力结合，才能保证经营管理人员对各种问题进行综合、概括、分析，并作出正确的判断和决策。此外，该类人员还应具备较强的社会活动能力，积极参加有关的社会活动，扩大信息交流，不断地吸收投标业务工作所必需的新知识和情报。

4）掌握一套科学的研究方法和手段，如科学的调查、统计、分析、预测的方法。

（2）专业技术人才。所谓专业技术人才，主要是指工程及施工中的各类技术人员，如建筑师、土木工程师、电气工程师、机械工程师等各类专业技术人员。他们应拥有本学科最新的专业知识，具备熟练的实际操作能力，以便在投标时能从本公司的实际技术水平出发，考虑各项专业实施方案。

（3）商务金融类人才。所谓商务金融类人才，是指具有金额、贸易、税法、保险、采购、保函、索赔等专业知识的人才。财务人员要懂税收、保险、涉外财会、外汇管理和结算等方面的知识。

以上是对投标班子三类人员个体素质的基本要求。一个投标班子仅仅做到个体素质良好，往往是不够的，还需要各方的共同参与，协同作战，充分发挥群体的力量。

除上述关于投标班子的组成和要求外，公司还需注意：保持投标班子成员的相对稳定，不断提高其素质和水平，对于提高投标的竞争力至关重要；同时，逐步采用或开发有关投标报价的软件，使投标报价工作更加快速、准确。如果是国际工程（包括境内涉外工程）投标，则应配备懂得专业和合同管理的外语翻译人员。

模块4.1.2　投标的程序

1. 水利水电工程施工投标的一般程序

从投标人的角度看，水利水电工程施工投标的一般程序，主要经历以下几个环节：

（1）参加资格预审。

（2）购买招标文件。

（3）组织投标班子。

（4）研究招标文件。

（5）参加踏勘现场和投标预备会。

（6）编制、递送投标文件。

（7）出席开标会议，填写投标文件澄清函。

（8）接受中标通知书，签订合同，提供履约担保。

投标详细程序如图4.1所示。

2. 投标活动的主要内容

当招标人通过新闻媒介发出招标公告后，承包商应首先认真研究招标工程的性质、规模、技术难度，结合自身主观影响因素，如技术实力、经济实力、管理实力、信誉实力等，认真分析业主、潜在竞争对手、风险问题等客观影响因素，决定是否参与投标。

投标人获取招标信息渠道是否通畅，往往决定该投标人是否在投标竞争中占得先机，这就需要投标人日常建立广泛的信息网络。投标人获取招标信息的主要途径有：①通过招标公告来发现投标目标；②通过政府部门或行业协会获取信息；③通过设计单位、咨询机构、监理单位等获取信息；④搞好公共关系，深入有关部门收集信息；⑤取得老客户的信任，从而承接后续工程或接受邀请，获取信息；⑥和业务相关单位经常联系，以获取信息或能够联合承包项目；⑦通过社会知名人士介绍获取信息等。

（1）参加资格预审。资格审查方式可分为资格预审和资格后审。如招标人发布资格预审公告，则投标人需要按照《水利水电工程标准施工招标资格预审文件》中规定的资格预审申请文件格式认真准备申请文件，参加资格预审。可见任务2.2内容。

（2）购买招标文件和有关资料，缴纳投标保证金。投标人经资格审查合格后，便可向

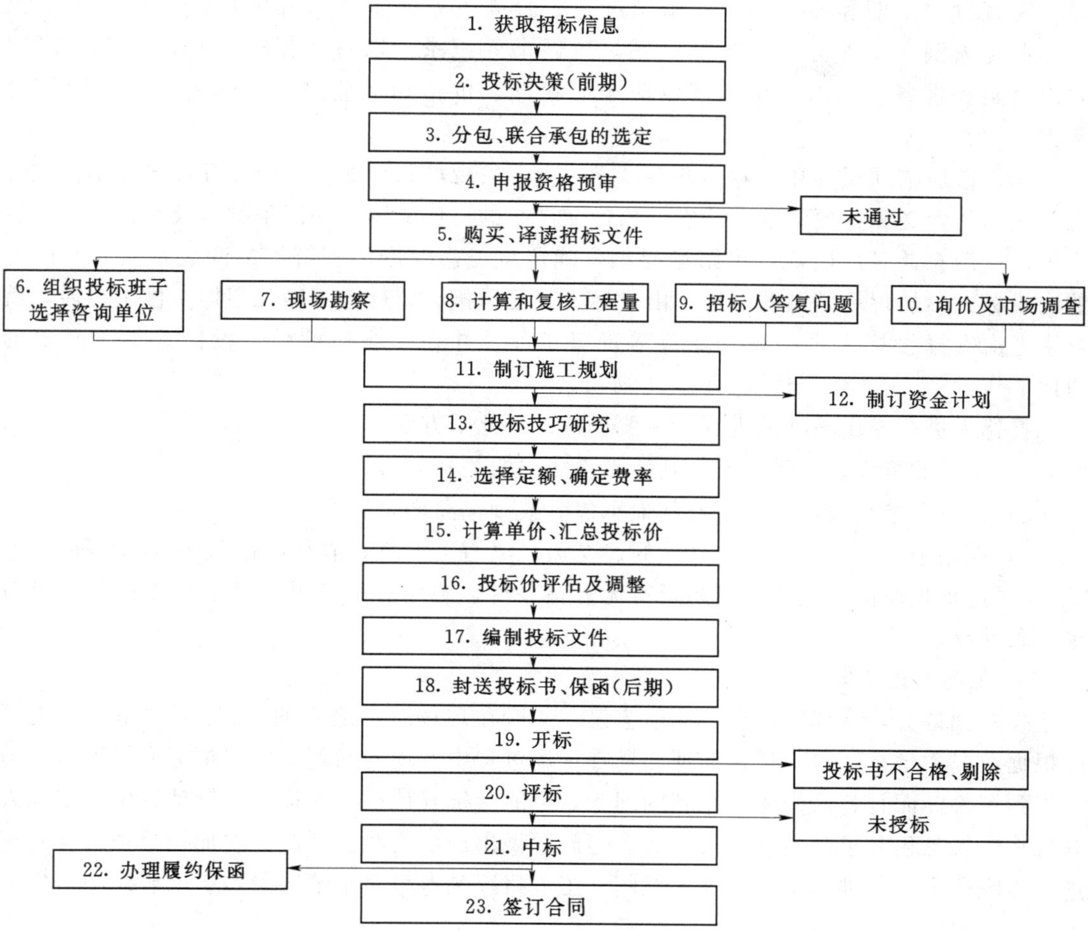

图4.1　工程项目投标程序图

招标人申购招标文件和有关资料，同时要按照招标文件规定的时间缴纳投标保证金。

投标保证金是为防止投标人对其投标活动不负责任而设定的一种担保形式。一般来说，投标保证金可以采用现金，也可以采用支票、银行汇票，还可以是银行出具的银行保函等

(3) 组织投标班子。实践证明，建立一个强有力的、内行的投标班子是投标获得成功的根本保证。施工企业必须精心挑选精明能干、富有经验的人员组成投标工作机构。

投标班子一般应包括下列三类人员：

1) 经营管理类人员。这类人员一般是从事工程承包经营管理的行家里手，熟悉工程投标活动的筹划和安排，具有相当的决策水平。

2) 专业技术类人员。这类人员是从事各类专业工程技术的人员，如建造师、造价工程师等。

3) 商务金融类人员。这类人员是从事有关金融、贸易、财税、保险、会计、采购、合同、索赔等项工作的人员。

(4) 研究招标文件。购买招标文件后，应认真研究文件中所列工程条件、范围、项

目、工程量、工期和质量要求、施工特点、合同主要条款等，弄清承包责任和报价范围，避免遗漏，发现含义模糊的问题，应做书面记录，以备向招标人提出询问。同时列出材料和设备的清单，调查其供应来源状况、价格和运输问题，以便在报价时综合考虑。

（5）参加踏勘现场和投标预备会。投标人在去现场踏勘之前，应先仔细研究招标文件有关概念的含义和各项要求，特别是招标文件中的工作范围、专用条款以及设计图纸和说明等，然后有针对性地拟定出踏勘提纲，确定重点需要澄清和解答的问题，做到心中有数。投标人参加现场踏勘的费用，由投标人自己承担。招标人一般在招标文件发出后，就着手考虑安排投标人进行现场踏勘等准备工作，并在现场踏勘中对投标人给予必要的协助。

投标人进行现场踏勘的内容，主要包括以下几个方面：

1）工程的范围、性质以及与其他工程之间的关系。

2）投标人参与投标的工程与其他承包商或分包商之间的关系。

3）现场地貌、地质、水文、气候、交通、电力、水源等情况，有无障碍物等。

4）进出现场的方式，现场附近有无食宿条件、料场开采条件、其他加工条件、设备维修条件等。

5）现场附近治安情况。

投标预备会，又称答疑会、标前会议，一般在现场踏勘之后的 1～2 天内举行，也可能根据情况不举行。研究招标文件和勘查现场过程中发现的问题，应向招标人提出，并力求得到解答，而且自己尚未注意到的问题，可能会被其他投标人提出；设计单位、招标人等也将会就工程要求和条件、设计意图等问题做出交底说明。因此，参加投标预备会对于进一步吃透招标文件、了解招标人意图、工程概况和竞争对手情况等均有重要作用，投标人不应忽视。

（6）编制和递交投标文件。经过现场踏勘和投标预备会后，投标人可以着手编制投标文件。投标人编制和递交投标文件的具体步骤和要求如下：

1）结合现场踏勘和投标预备会的结果，进一步分析招标文件。招标文件是编制投标文件的主要依据，因此，必须结合已获取的有关信息认真细致地加以分析研究，特别是要重点研究其中的投标人须知、专用条款、设计图纸、工程范围以及工程量清单等，要弄清到底有没有特殊要求或有哪些特殊要求。

2）校核招标文件中的工程量清单。投标人是否校核招标文件中的工程量清单或校核得是否准确，直接影响到投标报价和中标机会。因此，投标人应认真对待。通过认真校核工程量，投标人大体确定了工程总报价之后，估计某些项目工程量可能会增加或减少的，就可以相应地提高或降低单价。如发现工程量有重大出入的，特别是漏项的，可以在投标截止规定时间前以书面形式提出澄清申请，要求招标人对招标文件予以澄清。

3）根据工程类型编制施工规划或施工组织设计。投标文件中施工规划或施工组织设计是一项重要内容，它是招标人对投标人能否按时、按质、按价完成工程项目的主要判断依据。由于水利工程招标一般分标，这里通常认为应该是单位工程施工组织设计。一般包括施工程序、方案，施工方法，施工进度计划，施工机械、材料、设备的选定和临时生产、生活设施的安排，劳动力计划，以及施工现场平面和空间的布置。施工规划或施工组织设计的主要编制依据是设计图纸、技术规范，工程量清单，招标文件要求的开工、竣工日期，以及对市场材料、机械设备、劳动力价格的调查。编制施工规划或施工组织设计，要在保证工期和工程质量的前提下，尽可能使成本最低、利润最大。具体要求是：根据工程类型编制出最合理的施工程序，选择和确定技术上先进、经济上合理的施工方法，选择最有效的施工设备、施工设施和劳动组织，周密、均衡地安排人力、物力和生产，正确编制施工进度计划，合理布置施工现场的平面和空间。

4）根据工程价格构成进行工程估价，确定利润方针，计算和确定报价。投标报价是投标的一个核心环节，投标人要根据工程价格构成对工程进行合理估价，确定切实可行的利润方针，正确计算和确定投标报价。投标人不得以低于成本的报价竞标。

5）形成、制作投标文件。投标文件应完全按照招标文件的各项要求编制。投标文件应当对招标文件提出的实质性要求和条件作出响应，一般不能带任何附加条件，否则将导致投标无效。投标文件一般应包括以下内容：①投标函及投标函附录；②法定代表人身份证明或附有法定代表人身份证明的授权委托书；③投标保证金；④已标价工程量清单与报价表；⑤施工组织设计；⑥项目管理机构；⑦资格审查资料；⑧投标人须知前附表规定的其他材料。

6）递送投标文件。递送投标文件，也称递标，是指投标人在招标文件要求提交投标文件的截止时间前，将所有准备好的投标文件密封送达投标地点。招标人收到投标文件后，应当签收保存，不得开启。投标人在投标截止时间之前，可以对所递交的投标文件进行补充、修改或撤回，并书面通知招标人，但所递交的补充、修改或撤回通知必须按招标文件的规定编制、密封和标志。补充、修改的内容为投标文件的组成部分。

(7) 出席开标会议，填写投标文件澄清函。投标人在编制、递交了投标文件后，要积极准备出席开标会议。参加开标会议对投标人来说，既是权利也是义务。投标人参加开标会议，要注意其投标文件是否被正确启封、宣读，对于被错误地认定为无效的投标文件或唱标出现的错误，应当现场提出异议。

在评标期间，评标委员会要求澄清投标文件中不清楚问题的，投标人应积极予以说明、解释、澄清。澄清投标文件一般由评标委员会向投标人发出投标文件澄清通知，由投标人书面作出说明或澄清的方式进行。说明、澄清和确认的问题，作为投标文件的组成部分。在澄清过程中，投标人不得更改报价、工期等实质性内容，开标后和定标前提出的任何修改声明或附加优惠条件，一律不得作为评标的依据。但评标委员会按照评审办法，对确定为实质上响应招标文件要求的投标文件进行校核时发现的计算上或累计上的计算错误，应进行修改并取得投标人的认可。

(8) 接受中标通知书，签订合同，提供履约担保。投标人被确定为中标人后，应接受招标人发出的中标通知书。未中标的投标人有权要求招标人退还其投标保证金。自中标通知书发出之日起30日内，招标人和中标人应当按照招标文件和中标人的投标文件订立书面合同，中标人提交履约保函。招标人和中标人不得另行订立背离招标文件实质性内容的其他协议。当确定的中标人拒绝签订合同时，招标人可与确定的候补中标人签订合同，并按项目管理权限向水行政主管部门备案。

思　考　题

在投标活动中，需要做些什么工作来增加中标概率？

习　题

一、单项选择题

（1）投标班子，一般应包括（　　）人员组成。

A. 经营管理类人员　　B. 专业技术类人员

C. 商务金融类人员　　D. A 、B 和 C

（2）自中标通知书发出之日起（　　）日内，招标人和中标人应当按照招标文件和中标人的投标文件订立书面合同，中标人提交履约保函。

A. 7　　B. 14　　C. 28　　D. 30

二、案例分析

某国家大型水利工程，由于技术难度大，要求施工工艺先进，对施工单位的施工设备和同类工程施工经验要求高，而且对工期的要求也比较紧迫，业主决定仅邀请三家国有水利水电施工总承包一级企业参与投标。

工作程序确定为：成立招标工作小组；发出投标邀请书；编制招标文件；编制标底；发放招标文件；招标答疑；组织现场踏勘；接受投标文件；开标；确定中标单位；评标；签订承发包合同；发出中标通知。

问题：

（1）业主仅邀请三家国有水利水电施工总承包一级企业参加投标是否合适？

（2）上述招标工作程序的先后顺序是否妥当？如果不妥，请确定合理的顺序。

三、问答题

（1）水利水电工程施工投标的一般程序是什么？

（2）投标活动包括哪些主要内容？

任务 4.2　水利工程建设项目施工投标文件的编制

1. 水利工程施工投标文件编制的基本内容

（1）投标文件的组成。投标文件是指承包人为完成合同规定的各项工作，在投标时按招标文件的要求向发包人提交的投标报价书、已标价的工程量清单、施工组织设计以及其他文件。投标文件主要包括下列内容：

1）投标函及投标函附录。投标函主要内容是投标报价、质量、工期目标、投标保证金数额等。投标函附录主要内容是投标人对开工工期、违约金以及招标文件规定其他要求的具体承诺。

2）法定代表人身份证明或附有法定代表人身份证明的授权委托书。

3）投标保证金。投标保证金的形式有现金、支票、汇票和银行保函等，但具体采用何种形式应根据招标文件规定。另外，投标保证金被视作投标文件的组成部分，未及时交纳投标保证金，该投标文件将被判为废标。

4）已标价工程量清单与报价表。本部分内容应严格按照招标文件的规定，填写所有表格。尤其注意不允许修改工程量清单中的所有内容。

5）施工组织设计。施工组织设计内容一般包括施工部署，施工方案，总进度计划，资源计划，施工总平面图，季节性施工措施，质量、进度保证措施，安全施工、文明施工、环境保护措施等。

6）项目管理机构

7）资格审查资料

8）其他材料

上述1）～4）项内容组成商务标，5）项为技术标的主要内容，6）～8）项内容组成资信标或并入商务标。具体根据招标文件规定。

招标文件中拟定的供投标人投标时填写的一套投标文件格式，详见本任务第4点内容。

（2）投标文件编制的主要依据。

1）招标文件、设计图纸。

2）施工组织总设计。

3）施工规范。

4）国家、部门、地方或企业定额。

5）国家、部门或地方颁发的各种费用标准。

6）工程材料、设备的价格及运费。

7）劳务工资标准。

8）当地生活物资价格水平等。

2. 水利水电工程施工投标文件编制步骤

在投标文件编制之前，必须明确对招标文件提出的实质性要求和条件作出响应（包括技术要求、投标报价要求、评价标准等）。

编制投标文件的一般步骤如下：

（1）编制投标文件的准备工作。包括熟悉招标文件、图纸、资料，对于图纸、资料有不清楚、不理解的地方，可以用书面形式向招标人询问、澄清；参加招标人组织的施工现场踏勘和答疑会；调查当地材料供应和价格情况，如所采用的规范、特殊施工和施工材料的技术要求等；了解交通运输条件和有关事项。

（2）实质性响应条款的编制。包括对合同主要条款的响应，对提供资质证明的响应，对采用的技术规范的响应等。如工期、拖期罚款、保函要求、保险、付款条件、货币、提前竣工奖励、争议、仲裁、诉讼法律等。

（3）复核、计算工程量。招标文件是投标的主要依据，应该进行仔细分析。分析应主要放在投标人须知、专用条款、设计图纸、工程范围以及工程量清单上，最好有专人或小组研究技术规范和设计图纸，明确特殊要求。

对于招标文件中的工程量清单，投标人一定要进行校核，因为这直接影响中标的机会和投标报价。在校核中如发现工程量相差较大，投标人不能随便改变工程量，而应致函业主进行澄清。投标人在核算工程量时，应结合招标文件中的技术规范明确工程量中每一具体内容，才不至于在计算工程单价时出现错误。

（4）编制施工组织设计，确定施工方案。施工组织设计是指导拟建工程施工全过程各项活动的技术、经济和组织的综合性文件。

施工组织设计要根据国家的有关技术政策和规定、业主的要求、设计图纸和组织施工的基本原则，从拟建工程施工全局出发，结合工程的具体条件，合理地组织安排，采用科学的管理方法，不断地改进施工技术，有效地使用人力、物力，安排好时间和空间，以期达到耗工少、工期短、质量高和造价低的最优效果。

在投标过程中，必须编制施工组织设计，这件工作对于投标报价影响很大。但此时所编制的施工组织设计其深度和范围都比不上中标后由项目部编制的施工组织设计，因此是初步的施工组织设计。初步的施工组织设计一般包括进度计划和施工方案等内容。招标人将根据施工组织设计的内容评价投标人是否采取了充分和合理的措施，保证按期完成工程施工任务。另外，施工组织设计对投标人自己也是十分重要的，因为进度安排是否合理，施工方案选择是否恰当，对工程成本与报价有密切关系。

（5）计算投标报价，投标决策确定最终报价。投标人在研究了招标文件并对现场进行了考察之后，即进入投标报价计算阶段，其方法与编制施工图预算的方法基本相同，但应注意以下问题：

1）工程量计算。目前，由于各省、自治区、直辖市的预算定额都有自己的规定，从而引起单价、费用、工程项目定额内容不尽相同。参加一个地区的投标报价，必须首先熟悉当地使用的定额及规定，才能将计算工程量时的项目划分清楚。

2）正确分析单价。正确分析单价的基础是要掌握定额单位所包含的工作内容，同时又要与其施工工艺和操作过程相一致。这就需要造价人员除掌握定额外，还要对施工组织设计或施工方案有较深的了解。同时，又要熟悉本企业主要项目施工工艺的一般做法。

3）准确计算各种数据。工程量、单价、合价以及各种费用的计算，都属于数据的计算，这些数据的运算一般都比较简单。但是，许多数字是相互关联的，一处错误就会引起一系列的错误。应当指出的是，投标报价是竞争激烈的商务活动，它不同于一般的施工图预算编制，投标人由于计算上的失误而失标，或中标后引起企业亏损的事例很多。因此，精明的投标人，在完成计算后，一定要耐心细致地复核，以减少运算上的失误。

以上计算得出的价格只是特定的暂时报价，须经多方面分析后，才能作出最终报价决策。报价时，投标人要客观而慎重地分析本行业的情况和竞争形势，在此基础上，对报价进行深入细致地分析，包括分析竞争对手、市场材料价格、企业盈亏、企业当前任务情况等，最后作出报价决策。确定报价上浮或下浮的比例，决定最终报价。

报价是确定中标人的条件之一，而不是唯一的条件。一般来说，在工期、质量、社会信誉等相同的条件下，招标人选择低价中标。

（6）编制投标书，装订成册。

3. 水利水电工程施工投标文件编制的注意事项

（1）投标人编制投标文件时必须使用招标文件提供的投标文件表格格式。但表格可以按同样格式扩展。投标保证金、履约保证金的方式，按招标文件有关条款的规定可以选择。投标人根据招标文件的要求和条件填写投标文件的空格时，凡要求填写的空格都必须填写，不得空着不填；否则，即被视为放弃意见。重要的项目或数字（如工期、质量等级、价格等）未填写的，将被作为无效或作废的投标文件处理。

(2) 当招标文件规定投标保证金为合同总价的某百分比时，开具投标保函不要太早，以防泄漏报价。但有的投标人提前开出并故意加大保函金额，以麻痹竞争对手的情况也是存在的。

(3) 投标文件应严格按照招标文件的要求进行密封，避免由于密封不合格造成废标。

(4) 认真对待招标文件中关于废标的条件，以免被判为废标而前功尽弃。

4. 水利水电工程施工投标文件格式

投标文件包括：①投标函及投标函附录；②授权委托书；③联合体协议书；④投标保证金；⑤已标价工程量清单；⑥施工组织设计；⑦项目管理机构表；⑧拟分包项目情况表；⑨资格审查资料；⑩原件的复印件；⑪其他材料。

1. 投标函及投标函附录

（一）投标函

________________（招标人名称）：

1. 我方已仔细研究了__________（项目名称）__________（标段名称）招标文件的全部内容，愿意以人民币（大写）__________元（¥__________元）的投标总报价，工期__________日历天，按合同约定实施和完成承包工程，修补工程中的任何缺陷，工程质量达到__________。

2. 我方承诺在投标有效期内不补充、修改、替代或者撤回本投标文件。

3. 随同本投标函递交投标保证金一份，金额为人民币（大写）__________元（¥__________元）。

4. 如我方中标：

(1) 我方承诺在收到中标通知书后，在中标通知书规定的期限内与你方签订合同；

(2) 随同本投标函递交的投标函附录属于合同文件的组成部分；

(3) 我方承诺按照招标文件规定向你方递交履约担保；

(4) 我方承诺在合同约定的期限内完成并移交全部合同工程。

5. 我方在此声明，所递交的投标文件及有关资料内容完整、真实和准确，且不存在第2章投标人须知第1.4.3款规定的任何一种情形。

6. __________（其他补充说明）。

投标人：________________（盖单位章）

法定代表人或其委托代理人：__________（签字）

地址：

网址：

电话：

传真：

邮政编码：

________年______月______日

（二）投标函附录

序号	条款名称	合同条款号	约定内容	备注
1	项目经理	1.1.2.4	姓名：	
2	工期	1.1.4.3	天数：　　日历天	
3	缺陷责任期（工程质量保修期）	1.1.4.5		
4	分包	4.3		
5	价格调整的差额计算	16.1.1	见价格指数权重表	
……	……	……	……	

价格指数权重表

基本价格指数的基准日：

名　称		基本价格指数		权　重			价格指数来源
		代号	指数值	代号	允许范围	投标人建议值	
定值部分				A			
变值部分	人工费	F_{01}		B_1	____至____		
	钢材	F_{02}		B_2	____至____		
	水泥	F_{03}		B_3	____至____		
	……	……		……	……		
	合计					1.00	

注　除另有约定外，可调因子、定值权重和变值权重的允许范围以及基本价格指数的基准日期由招标人在招标文件中确定，变值权重建议值由投标人填写。可调因子的价格指数或价格指数的计算参数的选择由招标人在招标文件中确定。

2. 授权委托书

本人________（姓名）系 （投标人名称）________的法定代表人，现委托________（姓名）为我方代理人。代理人根据授权，以我方名义签署、澄清、说明、补正、递交、撤回、修改________（项目名称）____________（标段名称）投标文件、签订合同和处理有关事宜，其法律后果由我方承担。

委托期限：______。

代理人无转委托权。

附：法定代表人身份证明

投标人：________________（盖单位章）
法定代表人：________________（签字）
身份证号码：
委托代理人：________________（签字）
身份证号码：

________年______月______日

3. 联合体协议书

____________（所有成员单位名称）自愿组成____________（联合体名称），共同参加________（项目名称）________（标段名称）投标。现就联合体投标事宜订立如下协议。

1. ____________（某成员单位名称）为________（联合体名称）牵头人。

2. 联合体牵头人合法代表联合体各成员负责本标段施工招标投标文件递交和合同谈判活动，并代表联合体提交和接受相关的资料、信息及指示，处理与之有关的一切事务，并负责合同实施阶段的主办、组织和协调工作。

3. 联合体将严格按照招标文件的各项要求，编制投标文件，履行合同，并对外承担连带责任。

4. 联合体内部各成员单位的职责分工如下：____________。

5. 本协议书自签署之日起生效，合同履行完毕后自动失效。

6. 本协议书一式__________份，联合体成员和招标人各执一份。

牵头人名称：__________________________（盖单位章）
法定代表人或其委托代理人：____________（签字）
成员单位一名称：__________________（盖单位章）
法定代表人或其委托代理人：____________（签字）
成员单位二名称：__________________（盖单位章）
法定代表人或其委托代理人：____________（签字）

……

________年______月______日

注：本协议书由委托代理人签字时，应附法定代表人签字的授权委托书。

4. 投 标 保 证 金

________________（招标人名称）：

鉴于__________（投标人名称，以下称“投标人”）已于________年______月______日参加______（项目名称）____________（标段名称）的投标，____________（担保人名称，以下简称“我方”）无条件地、不可撤销地保证：投标人在规定的投标文件有效期内补充、修改、替代或撤回其投标文件的，或者投标人在收到中标通知书后无正当理由拒签合同或拒交规定履约担保的，我方承担保证责任。收到你方书面通知后，在7日内无条件向你方支付人民币（大写）__________________元（￥__________________元）。

本担保在投标有效期内保持有效。要求我方承担保证责任的书面通知应在投标有效期内送达我方。

担保人：______________（盖单位章）
法定代表人或其委托代理人：________（签字）
地址：
邮政编码：
电话：

________年______月______日

注 1：投标保证金采取汇票、电汇、支票的，附上述票据的复印件；采取担保的，应采用上述格式。

注 2：委托代理人应附授权委托书。

5. 已标价工程量清单

（略）

6. 施工组织设计

1. 投标人编制施工组织设计时应采用文字并结合图表形式说明工程的施工组织、施工方法、技术组织措施，同时应对关键工序、复杂环节重点提出相应技术措施，如冬雨季施工技术、减少噪音、降低环境污染、地下管线及其他地上地下设施的保护加固措施等。施工组织设计还应结合工程特点提出切实可行的工程质量、工程进度、安全生产、防汛度汛、文明施工、水土保持、环境保护管理方案。

施工组织设计应附的文字说明及附图见下表（不限于，仅供参考）：

序号	名　　称	备注
1	施工围堰设计说明书及附图（包括加高、维护、拆除）	
2	施工排水设计说明书及附图（包括降水方案、场地排水等）	
3	材料采购（黄砂、碎石、块石的产地、矿名等均应明示，钢材、水泥的生产厂家，转运方案：卸料、短驳、运输、道路维护等）	
4	土方工程施工说明书及附图（施工工艺及质量保证措施和有关试验要求，施工进度工期计划等）	
5	基坑支护、地基加固工程施工说明书及附图（施工工艺及质量保证措施和有关试验要求，施工进度工期计划等）	
6	主体建筑物工程施工说明书及附图（施工工艺及质量保证措施和有关试验要求，施工进度工期计划等）	
7	金属结构制造和安装计划、措施及附图	
8	机电设备安装、调试方案、施工进度计划说明书	
9	建筑与装修工程施工说明书（施工工艺及质量保证措施，施工进度工期计划等）	
10	工程质量管理方案	
11	安全生产管理方案	
12	防汛度汛	

续表

序号	名称	备注
13	文明工地建设措施，为其他承包人提供方便的措施等	
14	水土保持、环境保护管理方案	
15	其他有关工程的施工工艺及进度计划	
16	有关施工建议	

2. 施工组织设计除采用文字表述外应附下列图表，图表及格式要求附后（略）。

附件一：拟投入本标段的主要施工设备表

附件二：拟投入本标段的试验和检测仪器设备表

附件三：拟投入本标段的劳动力计划表

附件四：计划开工日期、完工日期和施工进度网络图

附件五：施工总平面图

附件六：临时用地表

7. 项目管理机构表

（一）项目管理机构组成表

<table>
<tr><th rowspan="2">职务</th><th rowspan="2">姓名</th><th rowspan="2">职称</th><th colspan="5">执业或职业资格证明</th><th rowspan="2">备注</th></tr>
<tr><th>证书名称</th><th>级别</th><th>证号</th><th>专业</th><th>社会保险</th></tr>
<tr><td></td><td></td><td></td><td></td><td></td><td></td><td></td><td></td><td></td></tr>
<tr><td></td><td></td><td></td><td></td><td></td><td></td><td></td><td></td><td></td></tr>
<tr><td></td><td></td><td></td><td></td><td></td><td></td><td></td><td></td><td></td></tr>
<tr><td></td><td></td><td></td><td></td><td></td><td></td><td></td><td></td><td></td></tr>
<tr><td></td><td></td><td></td><td></td><td></td><td></td><td></td><td></td><td></td></tr>
<tr><td></td><td></td><td></td><td></td><td></td><td></td><td></td><td></td><td></td></tr>
</table>

（二）主要人员简历表

<table>
<tr><td>姓名</td><td></td><td>年龄</td><td></td><td>学历</td><td></td></tr>
<tr><td>执业资格</td><td colspan="3"></td><td>安全生产考核合格证书</td><td></td></tr>
<tr><td>职称</td><td></td><td>职务</td><td></td><td>拟在本合同任职</td><td></td></tr>
<tr><td>毕业学校</td><td colspan="5">年毕业于 学校 专业</td></tr>
<tr><td colspan="6">主要施工管理经历</td></tr>
<tr><td>时间</td><td colspan="3">参加过的类似项目</td><td>担任职务</td><td>发包人及联系电话</td></tr>
<tr><td></td><td colspan="3"></td><td></td><td></td></tr>
<tr><td></td><td colspan="3"></td><td></td><td></td></tr>
<tr><td></td><td colspan="3"></td><td></td><td></td></tr>
<tr><td></td><td colspan="3"></td><td></td><td></td></tr>
<tr><td></td><td colspan="3"></td><td></td><td></td></tr>
<tr><td></td><td colspan="3"></td><td></td><td></td></tr>
</table>

注 主要人员指项目经理、技术负责人、安全管理人员（专职安全生产管理人员）、质量管理人员、财务负责人及其他主要人员。

8. 拟分包项目情况表

分包人名称		地　址	
法定代表人		电话	
营业执照号码		资质等级	
拟分包的工程项目	主要内容	预计造价（万元）	已经做过的类似项目

9. 资格审查资料

（一）投标人基本情况表

投标人名称						
注册地址				邮政编码		
联系方式		联系人		电话		
		传真		网址		
组织结构						
法定代表人	姓名		技术职称		电话	
技术负责人	姓名		技术职称		电话	
成立时间			员工总人数			
企业资质等级			其中	项目经理		
营业执照号				高级职称人员		
注册资金				中级职称人员		
开户银行				初级职称人员		
账号				技工		
经营范围						
备注						

注　相关材料复印件在“10. 原件的复印件”中提供。

（二）近3年财务状况

（近3年指________年________月至________年________月）

1. 财务状况表

财务状况表

名　　称	单位	年	年	年
一、注册资金				
二、净资产				
三、总资产				
四、固定资产				
五、流动资产				
六、流动负债				
七、负债合计				
八、营业收入				
九、净利润				

2. 拟投入本项目的流动资金函

拟投入本项目的流动资金函（格式）

______________（招标人名称）：

我方拟投入________（项目名称）________（标段名称）的流动资金为________万元，资金来源于________，资金来源证明文件附后。

投标人：______________（盖单位章）

________年______月______日

注：相关材料复印件在“10. 原件的复印件”中提供。资金来源填写银行存款、银行信贷或其他形式。

（三）近5年完成的类似项目情况表

（近5年指______年______月至______年______月）

合　同　名　称	
合同项目所在地	
发包人名称	
发包人地址	
发包人电话	
签约合同价	
开工日期	
完工日期	
承担的工作	
工程质量	
项目经理	
技术负责人	
监理人和总监理工程师以及电话	
合同项目描述	
备注	合同项目描述内容至少包括项目概况、本合同在项目中的地位（部位、合同价格所占比例）和合同工程完工验收鉴定书有关验收结论

注　相关材料复印件在“10. 原件的复印件”中提供。

（四）正在施工的和新承接的项目情况表

合　同　名　称	
合同项目所在地	
发包人名称	
发包人地址	
发包人电话	
签约合同价	
开工日期	
计划完工日期	
承担的工作	
工程质量	
项目经理	
技术负责人	
监理人和总监理工程师以及电话	
项目描述	
备注	合同所属项目描述内容至少包括项目概况、本合同在项目中的地位（部位、合同价格所占比例）

注　相关材料复印件在“10. 原件的复印件”中提供。

（五）近3年发生的诉讼及仲裁情况表

（近3年指______年______月至______年______月）

序号	诉讼或仲裁事项	诉讼或仲裁中的地位	缘由	结果	备注
一	诉讼事项				
二	仲裁事项				

注　相关材料复印件在“10. 原件的复印件”中提供。

（六）资格审查自审表

序号	审　查　因　素	审查标准	审查结果	引用的证明材料对应页码
1	营业执照			
2	安全生产许可证			
3	资质证书及等级			
4	财务状况			
5	类似项目业绩			
6	信誉			
7	项目经理资格			
8	联合体协议书			
9	企业主要负责人安全生产考核合格证书			
10	技术负责人资格			
11	委托代理人、安全管理人员（专职安全生产管理人员）、质量管理人员、财务负责人			
	……			

10. 原件的复印件

序号	名　称	备　注
1	营业执照	
2	安全生产许可证	
3	资质证书	
4	近3年经审计的财务会计报表	含流动资金来源证明
5	近5年已完成的类似项目业绩（中标通知书、合同协议书、合同工程完工证书或工程竣工证书副本、合同工程完工验收鉴定书有关验收结论）	
6	项目经理注册建造师证、身份证、职称证、学历证、业绩证明材料、社会保险证明、安全生产考核合格证书	
7	联合体（如有）的有关证明材料	
8	企业主要负责人安全生产考核合格证书	
9	委托代理人身份证及社会保险证明	
10	技术负责人身份证、职称证、学历证、业绩证明材料、社会保险证明、安全生产考核合格证书	
11	安全管理人员（专职安全生产管理人员）身份证、职称证、学历证、业绩证明材料、社会保险证明、安全生产考核合格证书	
12	质量管理人员身份证、职称证、学历证、业绩证明材料、社会保险证明	
13	财务负责人身份证、职称证、学历证、业绩证明材料、社会保险证明	
14	法律文书	
15	正在施工的和新承接的项目（中标通知书、合同协议书）	
16	认证体系证书	
17	其他	

11. 其他材料（略）

思 考 题

(1) 如果企业安排你从事水利水电工程施工投标工作，你首先应该从哪些方面着手？

(2) 你认为在编制水利水电工程施工投标文件的过程中，编制哪一部分困难最大？你准备如何克服？

习 题

一、单项选择题

(1) 投标文件的基本内容包括（ ）。

A. 商务标＋技术标　　B. 商务标＋价格标

C. 价格标＋技术标　　D. 商务标＋技术标＋价格标

(2) 投标文件的基本内容当中，属于技术标范畴的是（ ）。

A. 施工组织设计　　B. 已标价工程量清单与报价表

C. 投标保证金　　D. 投标函及投标附录

(3) 在投标人依据踏勘项目现场及招标人介绍情况作出的判断和决策，由（ ）负责。

A. 招标人　　B. 项目法人

C. 投标人自行　　D. 监理人

(4) 递交投标文件时，在投标截止时间与招标文件中规定的投标有效期终止日之间的这段时间内，如投标人准备撤回投标文件，会发生（ ）。

A. 招标人拒绝，必须参与投标　　B. 可以撤回，保证金退还

C. 可以撤回，保证金不予退还　　D. 不会有任何损失

(5) 编制投标文件时，对招标文件提供的表格格式描述正确的是（ ）。

A. 投标人严格按照招标文件表格格式，不允许有任何改变

B. 投标人必须使用招标文件提供的投标文件表格格式，但表格可以按同样格式扩展

C. 投标人参考招标文件提供的投标文件表格格式，表格可以根据施工项目实际情况做删减

D. 可以不用理会招标文件表格格式，可以以多种格式上报投标文件

二、多项选择题

(1) 开标时招标人不予受理的情况是（ ）。

A. 投标文件逾期送达的

B. 投标文件未送达指定地点的

C. 投标法人或法人委托代理人不在场的

D. 未按招标文件要求密封的

E. 未提交投标保证金的

(2) 编制投标文件过程中需要对招标文件提出的（ ）作出实质性响应。

A. 技术要求　　B. 辅助材料　　C. 评价标准

D. 提供资质证明　　E. 合同主要条款

(3) 编制投标文件应注意的问题是( )。

A. 投标保证金、履约保证金的方式,按招标文件有关条款的规定可以选择

B. 投标人根据招标文件的要求和条件填写投标文件的空格时,凡要求填写的空格都必须填写,不得空着不填

C. 当招标文件规定投标保证金为合同总价的某百分比时,开具投标保函不要太早,以防泄漏报价

D. 投标文件如果内外层包封没有按规定密封并加写标志,招标人将承担投标文件错放或提前开封的责任

E. 投标文件密封的内层和外层,外层应写明招标人名称和地址、合同名称、工程名称、招标编号,并注明开标时间以前不得开封,内层不需要

三、问答题

(1) 简述水利水电工程施工投标文件的基本内容。

(2) 简述编制水利水电工程施工投标文件注意的问题。

任务4.3 水利工程建设项目投标策略

1. 投标报价策略

在目前激烈的水利水电工程市场竞争中,投标报价显得至关重要,其好坏直接关系到企业能否中标及赢利。为了做到两方面兼顾,投标报价专业人员应该掌握如下一些投标报价决策方法与技巧。

(1) 报价决策。

1) 高价赢利策略。这是在报价过程中以较大利润为投标目标的策略。这种策略的使用通常基于以下情况:①施工条件差;②专业要求高、技术密集型工程,而本公司在此方面有专有技术以及良好的声誉;③总价较低的小工程;④特殊工程,如港口海洋工程等,需要特别或专有设备;⑤业主要求苛刻且工期相当紧的工程;⑥竞争对手少;⑦支付条件不理想。

2) 微利保本策略。指在报价过程中降低甚至不考虑利润。这种策略的使用通常基于以下情况:①工作较为简单,工作量大,但一般公司都可以做,比如大体积的土石方工程;②本公司在此地区干了很多年,现在面临断档,有大量的设备在该地区待处置;③该项目本身前景看好,为本公司创建业绩;④该项目后续项目较多或公司保证能以上乘质量赢得信誉,续签其他项目;⑤竞争对手多;⑥有可能在中标后将工程的一部分以更低价格分包给某些专业承包商;⑦长时间未中标,希望拿下一个项目激励人气,维持日常费用,缓解公司压力。

3) 低价亏损策略。指对某项目的最终报价低于公司的成本价的一种报价策略。使用该投标策略时应注意:第一,报价低在评标时得分较高;第二,这种报价方法属于正当的商业竞争行为。这种报价策略通常只用于:①市场竞争激烈,承包商又急于打入该领域创建业绩;②后续项目多,对前期工程以低价中标,占领阵地,工程完成得好则能获得业主信任,希望后期工程继续承包,补偿前期低价损失;③有信心中标后

通过变更索赔弥补损失甚至赢利。但此种报价方式有可能被评标委员会根据招标文件有关条款判为废标。

（2）注重投标报价中的细节。

1）认真研究招标文件，理解并“吃透”业主意图。

a. 分清承包商的责任和报价范围，不要发生任何遗漏。

b. 及时调查了解工程所在地工、料、机等的市场价格，以免因盲目估价而失误。

c. 工程款支付条件，有无工程预付款、结算方式、拖延付款的责任和利息支付等。

d. 弄清有无特殊材料、设备及施工方法要求，以便采取相应对策措施。

e. 弄清工程量清单中各个工程项目组成的内在含义，防止漏项发生。

f. 弄清总包与分包的规定，以便当自身施工能力不足时便于分包及协作。

g. 弄清施工期限内的涨价补偿规定，以便报价决策时充分考虑利益风险等因素。

h. 对含糊不清的问题，均应及时提请招标单位予以澄清。

2）仔细考察现场。业主通常会在投标单位购买招标文件后组织所有投标单位人员踏勘现场，并召开标前会，现场解答投标单位疑问。仅仅通过一次现场调查很难完全达到这一目的，因此，在工程现场考察之前应该做好充分的准备，进行一系列的调查，具体包括：政治情况、经济情况、法律情况、生产要素市场情况、交通运输和通信情况、自然条件、施工条件及其他情况调查等。

3）调查竞争对手。知己知彼才能百战不殆，在对自身情况和工程环境有了清楚的认识之后就要尽力弄清竞争对手的情况，全面地掌握其优势和缺点，明确本次投标的主要竞争对手，有针对性地制定投标方案、选择投标报价技巧，充分发挥自身优势，限制竞争对手，增加中标的把握性。

4）对报价进行周密计算。在对招标文件熟读之后，应根据本工程特点选取合适的定额及报价编制原则，根据本公司为该工程编制的施工方案，编制出一个完善的满取费报价，一般把此报价作为投标报价决策的上限。

5）对成本价进行准确预测。根据本公司目前施工水平及结合当前市场情况，对工程的施工成本予以准确预测。成本总价是项目报价决策的一个重要依据，影响整个项目的投标决策，在测算时一定要准确、全面、务实。如果成本价测算时漏项或部分项目成本考虑得不够，导致成本总价偏低，公司在报价决策时有可能产生以亏损价中标的风险；如果成本价测算时一味保守，最终测算的成本总价高于实际成本，公司在项目决策时就有可能会失去中标机会。

（3）报价技巧。

1）不平衡报价法。不平衡报价法是相对通常的平衡报价（正常报价）而言的，指在总价基本确定以后，通过调整内部清单项目的报价，以期既不提高总价影响中标，又能在结算时得到理想的经济效益。可以提高单价的项目包括：前期结算支付的项目、预计今后工程量会增加的项目、暂定项目中估计要做的项目等。但要注意：有些项目评标办法规定对主要单价进行评分，要评分的单价不能采取不平衡报价，以免弄巧成拙。

2）计日工单价法。计日工单价报价时可稍高，因为计日工不属于承包总价的范围，发生时可根据现场签证的实际工日、材料或机械台班实报实销。但如果招标文件中已经给定了计日工的“名义工程量”，并计入总价，则需要具体分析是否提高总报价。

3）突然袭击法。由于投标竞争激烈，为迷惑对方，可在整个报价过程中，仍然按照一般情况进行，甚至有意泄露一些虚假情况，如宣扬自己对该工程兴趣不大，不打算参加投标，或准备投标的价格，表现出无利可图等假象，到投标截止前几小时，突然前往投标，并改变投标价，从而使对手措手不及。

4）联营法。联营法比较常用，即两三家公司，其主营业务类似或相近，单独投标会出现经验、业绩不足或互相竞争压低报价，经两家或更多家商议后，组成联营体共同投标，可以做到优势互补、规避劣势、利益共享、风险共担，又可避免互相竞争压低报价。

（4）注重投标报价人员的素质。公司的决策主要依据报价人员提供的基础数据及有关建议，故在目前激烈的竞争中，每一个水利水电施工单位均应拥有一支优秀的投标报价队伍，建议报价人员在工作实际中注意以下几个方面。

1）认真学习研究，深刻理解招标文件所列各项条款。招标文件许多条款规定对报价起着极其重要的作用，报价时必须理解各条款的含义，以便在投标中严格按照招标文件要求，避免投标文件因未按照招标文件的要求而废标，或因未深刻理解招标文件某些条款，中标后给投标方造成经济损失等。如有些一次性包死的工程项目，招标文件中就规定：“投标人要认真研究招标文件，应在报价中充分考虑到正常施工情况下可能发生的所有费用（如设计变更、现场签证、固定总价时的工程量清单与实际发生的工程量有偏差以及政策性调价等）。对投标人没有填入的项目，招标人认为投标人的报价已经包括，在实施时招标人将不予另行支付。”对于这些内容，报价时就要逐项研究分析，并根据工程实际情况将可能发生的设计变更及现场签证费用计入报价中。如不认真研究条款，就有可能将应增加的费用未增加，一旦中标后发生上述情况，因为投标文件中标后将是合同的组成部分，将无法向业主追回相关费用，给企业带来不必要的经济损失。另外，招标文件所列的条款，中标后也将成为合同组成部分，同样具有法律效力。因此，准确理解招标文件中的每一条款，对于确定合理的有竞争力的报价是非常重要的。

2）了解施工方案，做到报价与方案的和谐统一。投标环境就是招标工程施工的自然、经济和社会条件。这些条件是工程制约因素，必然会影响工程成本，投标报价及编制施工方案时必须了解清楚。施工方案是投标报价的一个前提条件，投标单位制定施工方案时必须采用有效的、先进的施工技术提高工效，同时还要针对招标项目施工的重点提出特殊施工方案，做到技术上、工期上对招标单位有吸引力，同时有助于降低施工成本。还要注意施工方案（技术标）和商务标是相互统一的，二者相关内容要表述一致。参与编制施工方案（技术标）的技术人员、商务报价人员要相互兼顾，技术人员在编制施工方案时要有经济意识，商务报价人员编制报价时要熟悉施工过程，以便将费用考虑周全，做到准确报价。所以，只有将商务标与施工方案（技术标）有机结合起来，才能增强投标报价的竞争力。

3）提高投标报价基础计算的准确性。投标计算是投标单位对承建招标工程所要发生的各种费用的计算。投标报价基础性计算的准确与否直接关系到能否制定出正确的投标报价策略，能否作出合理恰当的投标报价决策。所以，计算标价之前，应充分熟悉招标文件和施工图纸，了解设计意图、工程全貌，同时还要了解掌握工程现场情况，对整个计算过程要反复进行审核，保证据以报价的基础和工程总造价的正确无误。

4）建立公司成本资料库。从购买招标文件到投标，一般时间都较紧，报价人员既要准确计算报价，形成完善的投标文件，还要快速准确测算该项目的成本，强度很大，在时间上满足不了要求。因此，有必要建立公司成本资料库，需要时可从库中直接调用或参考、类比。

a. 常规项目单价或工序的成本价格。如土方挖运 1km 多少费用，增运 1km 多少费用。

b. 目前的市场价格，包括项目或工序的分包价格。

c. 已完工程结算资料，即根据已建成项目的经验，掌握公司在某些项目上的实际施工成本。

成本库建立后，因市场是不断变化的，报价人员要定期或不定期对成本库进行增补和更新。

5）提高投标报价人员的自身素质。报价人员应向综合型、复合型方向发展，这也是社会发展的需要。由于报价与技术方案是密切相关的，所以报价人员应懂施工技术，技术人员应懂经营，这样才能不断增强本单位参与投标报价的竞争实力。

思 考 题

（1）除教材上介绍的投标报价技巧外，还有哪些报价技巧？

（2）投标报价在投标文件中所处的地位如何？

习 题

一、多项选择题

（1）报价技巧有（　　）。

A. 不平衡报价　　B. 突然袭击法

C. 联营法　　D. 串通报价法

E. 先亏后盈法

（2）总价承包项目主要包括（　　）。

A. 进、退场　　B. 施工前期的临时建设

C. 主体项目　　D. 环境保护

E. 施工期间安全防护

（3）下面关于施工方案和投标报价和谐统一的论述正确的有（　　）。

A. 施工方案是投标报价的一个前提条件

B. 技术人员在编制施工方案时要有经济意识

C. 商务报价人员编制报价时要熟悉施工过程

D. 施工方案编制人员和投标报价人员分工独立，互不干扰

E. 投标报价与施工方案有机结合起来，才能增强投标报价的竞争力

任务4.4　水利工程建设项目投标报价

投标报价编制可以参考招标人编制标底的办法，二者既有联系又有区别。相同的是都必须充分考虑工程技术复杂程度、施工工艺方法、工程量大小、施工条件优劣、市场竞争激烈程度等情况。但投标报价是以投标人自身拥有的施工设备、技术优势和管理水平确定人工、材料、机械的消耗数量，以自己的采购优势确定材料预算价格，以自己的管理水平确定各项取费费率，即投标人报价是体现具体施工企业工效和管理水平的竞争价格；而招标标底是按社会平均先进工效和管理水平编制的价格。

1. 报价编制基本流程

报价编制流程为投标程序的一部分，具体流程如下：

（1）勘察现场、参加标前会、了解当地材料价格信息。

勘察现场常安排在购买招标文件之后，招标单位一般会在招标文件中载明勘察现场时间及集中出发地点，勘察现场一般由招标单位或招标代理机构主持，设计参与解说，邀请全体投标单位参加。因勘察现场、收集数据对报价编制很重要，报价人员最好能参与活动。在勘察现场中，如有疑问可直接询问业主或设计代表。

现场勘察完毕后，招标单位可能会组织返回召开标前会。主要解答投标单位在勘察现场中或在翻阅招标文件中发现的问题及不明事项，会后招标单位将以书面形式将标前会解答的问题发给每个投标单位。

标前会完毕后，参与勘察现场的报价人员还有一个重要任务，就是了解当地材料价。了解材料价的来源有两种主要方式：一是从当地造价部门购买造价信息；二是直接询价。建议先购买造价信息，可以获得常规材料的价格，然后对一些随市场波动较大的材料再单独询价，如柴油、钢筋、水泥等。

（2）阅读、理解招标文件。在报价编制之前，首先要认真阅读、理解招标文件，包括商务条款、技术条款、图纸及补遗文件，并对招标文件中有疑问的地方以书面形式向招标单位去函要求澄清。

（3）确定报价编制原则。在对招标文件有了比较详细的了解后，就可开始进行报价的编制工作。首先要确定该工程项目的报价编制原则，即选用何种定额及取费费率等问题。如招标文件对定额及取费费率有要求，就按招标文件要求进行编制；一般情况下对定额的选取及取费费率不作明确要求，可根据企业经验及习惯来确定定额及取费费率的选取。有企业定额的投标人可以依据企业定额进行报价，以便增加报价竞争优势。

（4）基础价格的确定。在确定了报价的编制原则后，需要确定报价的基础价格。基础价格包括人工预算单价和风、水、电及材料预算单价。人工预算单价可由编制原则的具体规定及计算方法来确定，风、水、电预算价也可由编制原则规定的计算方法结合施工方案来计算而得。材料预算单价则需根据材料的来源确定原价（如果为业主供应材料，业主供应价作为原价），并计入运杂费、采购及保管费等费用。

（5）施工方案交底。当施工方案编制人员在基本方案已初步形成之后，应向报价编制人员进行技术交底，提供报价编制人员编制报价所需施工工艺、施工手段及其他有关必需数据，以便报价编制人员根据该施工方案编制相应报价。

（6）报价的编制及调整。在上述工作全部完成之后，下一步就可对具体的单价进行编制，由于一般编标时间较短，加上单价的计算工作比较繁复，为提高效率及计算的准确度，现一般采用计算机程序进行报价的编制。只需将基础价格及材料价输入程序，选取相应的费率后，直接从程序中调用定额并自动计算，还可根据需要对报价进行调整。

（7）标书报价的形成。上述计算工作全部完成后，可对报价进行汇总，并完成招标文件要求的所有报价附录及表格，经检验校对无误后即可形成标书报价。

（8）投标前修改报价的编制。在递交标书的截止时间前，如投标单位认为有必要对投标报价进行调整，可以以修改报价书、降价函、调价函等方式来对总价进行调整，招标文件中明确注明不允许调价的除外。一般要求随调价函附上调价后的工程量清单（含单价分析表）。

2. 单价的编制及工程量清单汇总

建筑、安装工程单价，指完成建筑、安装工程单位工程量所耗用的直接工程费、间接费、企业利润和税金四部分的总和，是对应工程量清单的完全费用单价。工程单价是编制水利水电建筑安装工程投资及报价的基础，它直接影响工程总报价的准确程度。

（1）工程单价的编制步骤和方法。

1）编制步骤。

a. 了解工程概况，熟悉设计图纸，收集基础资料，弄清工程地质条件。

b. 根据工程特征和施工组织设计确定的施工条件、施工方法及设备情况，以及编制原则中已选定额版本正确选用定额子目。

c. 根据本工程的基础单价和有关费用标准，计算直接费、间接费、利润和税金，并加以汇总。

2）编制方法。工程单价的编制通常采用列表法。投标人应按招标文件的要求，编制工程量清单中主要项目的单价分析表，每种单价一份，项目编号和名称应与工程量清单一致。

（2）工程量清单编制。当各分项工程单价计算完毕后，将计算而得的各分项工程单价填入工程量清单中相应各项目，得到工程量清单的分组报价。

（3）投标报价汇总。将分组报价汇总填入投标报价汇总表汇总，从而得到投标总报价。

3. 总价承包项目分解表的编制

总价承包项目是指在投标报价中以总价包干形式结算的临时工程项目，通常称为“临时工程”“一般项目”或“措施项目”。这部分项目通常是业主不提供工程量，而由投标人自行编制方案、自行报价，业主在合同中总价包干结算的工程项目。因此在编制总价承包项目的时候，相应的施工方案设计非常重要，如果设计工程量偏小而实际工程量偏大，往往由于此部分项目是在开工建设初期进行从而导致前期资金紧张，项目施工资金周转陷入不良循环；如果设计工程量过大，使这部分报价过高，从而导致施工总体报价偏高，不利于投标竞争。

一般来说总价承包项目主要包括进退场，施工前期的临时建设，施工期间安全防护、环境保护等工程项目。此类项目均属于总价包干结算形式，业主在施工单位完成此类项目后分批结算或者在施工单位进场时一次或两次付清，无论施工单位实际施工发生的费用多少，均不再补偿。因此对于投标单位来说，如何正确列出总价承包项目中所包含的内容及相应内容的工程量是编制总价承包项目的重点。

4. 常见报价表格的编制

招标文件除了要求投标人提供投标报价汇总表、工程量清单和单价分析表之外，还需要编制一些投标辅助资料表格，主要有：总价承包项目分解表，人工、材料、机械预算单价计算表，混凝土砂浆配合比计算表，计日工表，分组工程报价组成表，资金流估算表，主要材料和水、电需用量计划表等。

思　考　题

简述编制投标报价与招标标底的区别。

习　题

(1) 简述投标报价的编制步骤。

(2) 简述投标报价的决策与技巧。

任务4.5　案　例　分　析

【案例4.1】 2000年5月，某县污水处理厂为了进行技术改造，决定对污水设备的设计、安装、施工等一揽子工程进行招标。考虑到该项目的一些特殊专业要求，招标人决定采用邀请招标的方式，随后向具备承包条件而且施工经验丰富的A、B、C三家承包商发出投标邀请。A、B、C三家承包单位均接受了邀请并在规定的时间、地点领取了招标文件，招标文件对新型污水设备的设计要求、设计标准等基本内容都作了明确的规定。为了把项目搞好，招标人还根据项目要求的特殊性，主持了项目要求的答疑会，对设计的技术要求作了进一步的解释说明，三家投标单位都如期参加了这次答疑会。在投标截止日期前10天，招标人书面通知各投标单位，由于某种原因，决定将安装工程从原招标范围内删除。

接下来三家投标单位都按规定时间提交了投标文件。但投标单位A在送出投标文件后发现由于对招标文件的技术要求理解错误造成了报价估算有较严重的失误，遂赶在投标截止时间前10分钟向招标人递交了一份书面声明，要求撤回已提交的投标文件。由于投标单位A已撤回投标文件，在剩下的B、C两家投标单位中，通过评标委员会专家的综合评价，最终选择了B投标单位为中标单位。

问题：

(1) 投标单位A提出的撤回投标文件的要求是否合理？为什么？

(2) 从所介绍的背景资料来看，在该项目的招投标过程中哪些方面不符合《招标投标法》的有关规定？

参考答案：

(1) 合理。根据《招标投标法》第二十九条规定，投标人在招标文件要求提交投标文件的截止时间前，可以补充、修改或者撤回已提交的投标文件，只要书面通知招标人即可。

（2）在该项目的招投标过程中有以下两方面不符合《招标投标法》的有关规定：

1）招标人不应该在投标截止日期前10天修改招标范围。根据《招标投标法》第二十三条规定，若招标人需改变招标范围或变更招标文件，应在投标截止日期前至少15天（而不是10天）前以书面形式通知所有招标文件收受人。

2）不应该仅从剩下的B、C两家投标单位中选择中标人。根据《招标投标法》的规定，投标人少于3个时，招标人应当依照本法重新招标。

【案例4.2】　某水利工程项目，建设单位通过招标选择了一具有相应资质的监理单位承担施工招标代理和施工阶段监理工作，并在监理中标通知书发出后第45天，与该监理单位签订了委托监理合同。之后双方又另行签订了一份监理酬金比监理中标价降低10%的协议。在施工公开招标中，有A、B、C、D、E、F、G、H等施工单位报名投标，经监理单位资格预审均符合要求，但建设单位以A施工单位是外地企业为由不同意其参加投标，而监理单位坚持认为A施工单位有资格参加投标。评标委员会由5人组成，其中当地建设行政管理部门的招投标管理办公室主任1人、建设单位代表1人、政府提供的专家库中抽取的技术经济专家3人。评标时发现，B施工单位投标报价明显低于其他投标单位报价且未能合理说明理由；D施工单位投标报价大写金额小于小写金额；F施工单位投标文件提供的检验标准和方法不符合招标文件的要求；H施工单位投标文件中某分项工程的报价有个别漏项；其他施工单位的投标文件均符合招标文件要求。建设单位最终确定G施工单位中标，并按照《建设工程施工合同（示范文本）》与该施工单位签订了施工合同。

问题：

（1）指出建设单位在监理招标和委托监理合同签订过程中的不妥之处，并说明理由。

（2）在施工招标资格预审中，监理单位认为A施工单位有资格参加投标是否正确？说明理由。

（3）指出施工招标评标委员会组成的不妥之处，说明理由，并写出正确做法。

（4）判别B、D、F、H四家施工单位的投标是否为有效标？说明理由。

要点分析：

（1）在监理中标通知书发出后第45天签订委托监理合同不妥，依照《招标投标法》，应于30天内签订合同。在签订委托监理合同后双方又另行签订了一份监理酬金比监理中标价降低10%的协议不妥。依照招投标法，招标人和中标人不得再行订立背离合同实质性内容的其他协议。

（2）监理单位认为A施工单位有资格参加投标是正确的。以所处地区作为确定投标资格的依据是一种歧视性的依据，这是招投标法明确禁止的。

（3）评标委员会组成不妥，不应包括当地建设行政管理部门的招投标管理办公室主任。正确组成应为：评标委员会由招标人或其委托的招标代理机构熟悉相关业务的代表以及有关技术、经济等方面的专家组成，成员人数为5人以上单数，其中技术、经济等方面的专家不得少于成员总数的三分之二。

（4）B、F两家施工单位的投标不是有效标。B单位的情况可以认定为低于成本，F单位的情况可以认定为是明显不符合技术规格和技术标准的要求，属重大偏差。D、H两家单位的投标是有效标，他们的情况不属于重大偏差。

【案例4.3】 某承包商通过资格预审后，对招标文件进行了仔细分析，发现业主所提出的工期要求过于苛刻，且合同条款中规定每拖延1天工期罚合同价的1‰。若要保证实现该工期要求，必须采取特殊措施，从而大大增加成本；还发现原设计结构方案采用框架剪力墙体系过于保守。因此，该承包商在投标文件中说明业主的工期要求难以实现，因而按自己认为的合理工期（比业主要求的工期增加6个月）编制施工进度计划和据此报价；还建议将框架剪力墙体系改为框架体系，并对这两种结构体系进行了技术经济分析和比较，证明框架体系不仅能保证工程结构的可靠性和安全性，增加使用面积，提高空间利用的灵活性，而且可降低造价约3%；在规定的投标截止日即开标时间前1小时，该承包商又递交了一份补充材料，其中声明将原报价降低4%。

问题：

（1）该承包商运用了哪几种投标策略？

（2）其策略运用是否得当？请逐一加以说明。

参考答案：

承包商运用了三种投标策略，即多方案报价法、增加建议方案法和突然降价法。其中，多方案报价法运用不当，因为运用该投标策略时，必须对原方案（本案例指业主的工期要求）报价，而该承包商在投标时仅说明了该工期要求难以实现，却并未报出相应的投标价。

增加建议方案法运用得当，通过对两个结构体系方案的技术经济分析和比较（这意味着对两个方案均报了价），论证了建议方案（框架体系）的技术可行性和经济合理性，对业主有很强的说服力。

突然降价法也运用得当，原投标文件的递交时间比规定的投标截止时间仅提前1天多，这既是符合常理的，也起到了迷惑竞争对手的作用。若提前时间太多，会引起竞争对手的怀疑，又为竞争对手调整、确定最终报价留有一定的时间。在开标前1小时突然递交一份补充文件，这时竞争对手已不可能再调整报价了。

项目5 水利水电工程开标、评标与定标

【引例】 黑龙江省某市某区河治理工程招标公告

1. 招标条件

本项目某市某区河治理工程已由以某市发展和改革委员会和某市水务局、黑龙江省财政厅发改〔2012〕317号和黑财指（建）〔2013〕450号文件给予批复建设，建设资金来源为中央投资和地方配套资金。招标人为某市某区河治理工程建设管理处。招标代理机构为国信招标集团股份有限公司。项目已具备招标条件，已向黑龙江省水利厅递交招标报告，招标编码：167，现对该项目的施工进行公开招标。

2. 项目概况与招标范围

2.1 建设地点：某市某区

2.2 计划工期：计划开工日期为2015年5月4日，计划竣工日期为2016年5月3日。

2.3 此次招标内容：

加高培厚干流堤防3.121km、新建干流堤防0.04km、新建回水堤0.266km；穿堤建筑物新建1座、拆除重建1座；盖重1.574km、压渗1.853km；新建护坡1.748km。

3. 投标人资格要求

3.1 投标人资格要求：潜在投标人须具备水利水电工程施工总承包一级（含一级）以上资质，且近三年内具有承担过类似工程项目的施工业绩，并在人员、设备、资金等方面具有承担本标段施工的能力，投标人拟派项目经理（注册建造师）未承建其他在建项目，不存在违规、违纪、违法现象。

3.2 本项目不接受联合体投标。

4. 招标文件的获取

本次招标实行网上免费下载招标文件。定于2015年4月4日上午9：00至2015年4月8日下午16：00（北京时间，下同），潜在投标人通过本企业在黑龙江省水利公共资源交易市场的投标报名电子密钥，在黑龙江水利网上的电子投标报名系统登陆，报名并下载电子版招标文件。（注：首次进场的投标企业需在黑龙江省水利公共资源交易市场获取投标报名电子密钥后方可投标。）

5. 投标文件的递交

5.1 投标文件递交的截止时间为2015年4月27日9：30，地点为黑龙江省水利公共资源交易市场开标大厅（哈尔滨市香坊区农林街40号五楼）。

5.2　逾期送达的、未送达指定地点的和未按招标文件密封的投标文件，招标人不予受理。

6. 踏勘现场和答疑安排

招标人不统一组织踏勘现场，由潜在投标人自行前往踏勘。2015年4月9日9：00—16：00为集中答疑时间（潜在投标人在集中答疑时间之外提出的问题招标人将不予回复），投标人可通过企业的投标联系专用信箱将需要咨询的问题传送至黑龙江省水利公共资源交易市场的投标联系专用信箱，由黑龙江省水利公共资源交易市场的工作人员转达相关招标代理机构，招标代理机构将答复函递交至黑龙江省水利公共资源交易市场，由黑龙江省水利公共资源交易市场的工作人员上传至网上电子投标报名系统，潜在投标人使用投标报名电子密钥自行下载答复函或澄清函等（潜在投标人的投标报名联系人应经常进入报名系统查看是否有需下载的答复函或澄清函等，如未能及时下载答复函或澄清函等，后果自负），并在递交投标文件同时递交正式回复函，未能递交回复函的，其投标文件将不予受理。

7. 发布公告的媒介

本次招标公告在中国采购与招标网（www.chinabidding.com.cn）和黑龙江水利网（http：//www.hljsl.gov.cn）发布。

8. 联系方式

黑龙江省水利公共资源交易市场

联系电话：0451-××××××

联系电子信箱：×××@163.com

【思考】 根据以上资料，招标人如何进行开标、评标和定标的工作，完成过程中需要哪些文件和表格？

任务5.1　开　　标

模块5.1.1　开　标　活　动

（1）开标时间、地点、参会人员。

招标单位应在前附表规定的开标时间和地点举行开标会议，投标单位的法人代表或授权的代表应签名报到，以证明出席开标会议。投标人的法定代表人或其委托代理人未参加开标会的，招标人可将其投标文件按无效标处理。

时间：投标人须知前附表规定的投标截止时间。

地点：投标人须知前附表规定的地点，如：水利公共资源交易市场开标大厅。

参会人员：招标人、投标人、招标代理机构、建设行政主管部门及监督机构等。

（2）投标保证金的形式。

开标会议在招标管理机构监督下，由招标单位组织主持，对投标文件开封进行检查，确定投标文件内容是否完整和按顺序编制、是否提供了投标保证金、文件签署是否正确。

按规定提交合格撤回通知的投标文件不予开封。

投标保证金的形式包括现金、银行汇票、银行本票、支票、投标保函。根据《工程建设项目施工招标投标办法》第三十七条规定：投标保证金不得超过投标项目估算价的2%，但最高不得超过80万元人民币。

(3) 投标文件有下列情形之一的，招标人不予受理：

1) 逾期送达的或者未送达指定地点的。

2) 未按招标文件要求密封的。

3) 未经法定代表人签署或未盖投标单位公章或未盖法定代表人印鉴的。

4) 未按规定格式填写，内容不全或字迹模糊、辨认不清的。

5) 投标单位未参加开标会议。

(4) 投标文件有下列情形之一的，由评标委员会初审后按废标处理：

1) 无单位盖章并无法定代表人或法定代表人授权的代理人签字或盖章。

2) 未按规定的格式填写，内容不全或关键字迹模糊、无法辨认的。

3) 投标人递交两份或多份内容不同的投标文件，或在一份投标文件中对同一招标项目报有两个或多个报价，且未声明哪一个有效，按招标文件规定提交备选投标方案的除外。

4) 投标人名称或组织结构与资格预审时不一致的。

5) 未按招标文件要求提交投标保证金的。

6) 联合体投标未附联合体各方共同投标协议的。

模块5.1.2　开　标　程　序

主持人按下列程序进行开标。

(1) 宣布开标纪律。

(2) 公布在投标截止时间前递交投标文件的投标人名称，并确认投标人法定代表人或其委托代理人是否在场。

(3) 宣布主持人、开标人、唱标人、记录人、监标人等有关人员姓名。

(4) 除投标人须知前附表另有约定外，由投标人推荐的代表检查投标文件的密封情况。

(5) 宣布投标文件开启顺序：按递交投标文件的先后顺序的逆序。

(6) 设有标底的，公布标底。

(7) 按照宣布的开标顺序当众开标，公布投标人名称、标段名称、投标保证金的递交情况、投标报价、质量目标、工期及其他招标文件规定开标时公布的内容，并进行文字记录。

(8) 主持人、开标人、唱标人、记录人、监标人、投标人的法定代表人或其委托代理人等有关人员在开标记录上签字确认；开标记录表（格式）见表5.1。

(9) 开标结束。

表 5.1　　　　**开标记录表（格式）**

（项目名称）________（标段名称）

开标时间：　年　月　日　时　分

序号	投标人	密封情况	投标保证金	投标报价（元）	质量目标	工期	备注	投标人法定代表人或其委托代理人签名
招标人编制的标底								

开标结束时间：________年________月________日________时

主持人：________开标人：________唱标人：________记录人：________监标人：________

________年______月______日

注　可以根据招标项目的实际需要对本开标记录表进行适当修改。

任务 5.2　评　　标

建设工程评标应由招标代理、建设单位上级主管部门协商，按有关规定成立评标委员会，在招标管理机构监督下，依据评标原则、评标方法，对投标单位报价、工期、质量、主要材料用量、施工方案或施工组织设计、以往业绩、社会信誉、优惠条件等方面进行综合评价，公正合理择优选择中标单位。

模块 5.2.1　评标活动组织及要求

1. 评标活动组织

（1）评标由评标委员会负责。评标委员会的负责人由招标单位的法定代表人或者其代理人担任。评标委员会的成员由招标单位、上级主管部门和受聘的专家组成（如果委托招标代理或者工程监理的，应当有招标代理、工程监理单位的代表参加)，为5人以上的单数。其中技术、经济等方面的专家不得少于三分之二。

(2) 省、自治区、直辖市和地级以上城市（包括地、州、盟）建设行政主管部门，应当在建设工程交易中心建立评标专家库。评标专家须由从事相关领域工作满8年，并具有高级职称或者具有同等专业水平的工程技术、经济管理人员担任，并实行动态管理。评标专家库应当拥有相当数量符合条件的评标专家，并可以根据需要、按照不同的专业和工程分类设置专业评标专家库。

(3) 招标单位根据工程性质、规模和评标的需要，可在开标前若干小时之内从评标专家库中随机抽取专家聘为评委。工程招标投标监督管理机构依法实施监督。专家评委与该工程的投标单位不得有隶属或者其他利害关系。

(4) 专家评委在评标活动中有徇私舞弊、显失公正行为的，应当取消其评委资格。

(5) 评标委员会可以要求投标单位对其投标文件中含义不清的内容作必要的澄清或者说明，但其澄清或者说明不得更改投标文件的实质性内容。

(6) 任何单位和个人不得非法干预或者影响评标的过程和结果。

(7) 评标委员会成员有下列情形之一的，应当回避。

1) 招标人或投标人的主要负责人的近亲属。

2) 项目主管部门或者行政监督部门的人员。

3) 与投标人有经济利益关系，可能影响对投标公正评审的。

4) 曾因在招标、评标以及其他与招标投标有关活动中从事违法行为而受过行政处罚或刑事处罚的。

2. 评标过程的保密

(1) 公开开标后，直到宣布授予中标单位为止，凡属于评标机构对投标文件的审查、澄清、评比和比较的有关资料和授予合同的信息都不应向投标单位和与该过程无关的人员泄露。

(2) 在评标和授予合同过程中，投标单位对评标机构的成员施加影响的任何行为，都将导致投标资格被取消。

(3) 合同授予后，招标人不对未中标人就评标过程情况以及未能中标原因作任何解释。未中标人不得向评委或其他有关人员处获取评标过程的情况和材料。

3. 评标原则

评标办法应当体现《招标投标法》规定的招标投标活动遵循的公开、公平和公正原则，以及《评标委员会和评标办法暂行规定》中规定的评标活动遵循公平、公正、科学和择优的原则。

模块5.2.2　评　标　程　序

建设工程项目评标一般按照以下程序进行：

(1) 评标准备工作。包括组建评标委员会主任（组长）、评标委员会成员分工、熟悉相关文件资料、清标工作安排以及“暗标”编号等，如果评标办法所附评标表格不能满足评标需要，还应准备相应的补充表格。

(2) 初步评审，也称为符合性和完整性评审。只有通过初步评审被判定为合格的投标，方可进入后续的投标文件评审；实行资格后审的，还应当包括投标人资格审查工作，这也是采用资格预审和资格后审两种不同的资格审查方法对具体评标办法在评审程序和内容上的唯一差别。

投标文件的符合性鉴定如下：

1) 在详细评标之前，评标机构将首先审定每份投标文件是否实质响应招标文件的要求。所谓实质响应招标文件的要求，应与招标文件所规定的要求、条件、条款和规范相符，无显著差异或保留。所谓显著差异或保留是指对工程的发包范围、质量标准及运用产生实质影响，或者对合同中规定的招标单位权利及投标单位的责任造成实质性限制，而且纠正这种差异或保留，将会对其他实质上响应要求的投标单位的竞争地位产生不公正的影响。

2) 如果投标文件没有实质上响应招标文件的要求，其投标将被予以拒绝，并且不允许通过修正或撤销其不符合要求的差异或保留使其成为具有响应性的投标。

通过符合性审查的主要条件：①投标文件按照招标文件规定的格式、内容填写，字迹清晰可辨；②投标文件上法定代表人或法定代表人授权代理人的签字齐全；③投标文件上标明的投标人与通过资格预审的投标申请人未发生实质性改变，联合体成员未发生变化；④按照招标文件的规定提供了投标保函或保证金；⑤按照招标文件的规定提供了授权代理人授权书；⑥以联合体形式投标时，提交了联合体协议；⑦有分包计划的提交了分包协议；⑧按照工程量清单要求填报了单价和总价；⑨除按招标文件规定在提供替代技术方案的同时，提交选择性报价外，同一份投标文件中，仅有一个报价。

(3) 商务部分评审。商务部分评审是详细评审的内容之一。评审目的是判断各投标人的投标报价的合理性以及是否低于其个别成本，低于个别成本的投标应作为无效投标文件处理，采用综合评估法或最低投标价法的，还包括在评审基础上的量化评分工作。

(4) 技术部分评审。技术部分评审是详细评审的内容之一。一般采用量化的评审。有些地方技术部分评审被判定为不合格的投标，不能进行后续的投标文件评审。

(5) 投标文件质疑和澄清、说明及修正，也是详细评审的内容之一。一般在技术部分和商务部分评审过程中进行，包括评标委员会汇总初步评审意见、确定需要质疑的问题、编制质疑问卷或清单、启动质疑程序、对投标人所作的澄清、说明和修正结果进行评审，对评标委员会要求修正，投标人拒不修正的处理等；招标文件约定进行投标人或项目经理答辩的，一般也在本阶段进行。

为了有助于对投标文件的审查评比和比较，评标机构可以个别要求投标单位澄清其投标文件。有关澄清的要求与答复，均须以书面形式进行，在此不涉及投标报价的更改和投标的实质性内容。

1) 评标机构将对确定为实质响应的投标文件进行校核。看其是否有计算和累加的错误。若发现算术错误，按以下方法修正：

a. 如果用数字表示的数额与用文字表示的数额不一致时，以文字数额为准。

b. 当单价与合价不一致时，以单价为准，除非评估机构认为有明显的小数点错位，此时应以标出的合价为准，并修改单价。

2）按上述修改错误的方法，调整投标书的投标报价须经投标单位同意后，调整后的报价才对投标单位起约束作用。如果投标单位不同意调整投标报价，则视投标单位拒绝投标，没收其投标保证金。

(6) 根据评标办法中约定的定标原则和办法推荐中标候选人或直接确定中标人（如果招标文件规定由评标委员会直接确定中标人时）。

在评价与比较时应根据招标文件规定的评标方法和评标内容逐项进行。通常是对投标单位的投标报价、工期、质量标准、主要材料用量、施工方案或施工组织设计、优惠条件、社会信誉及以往业绩等进行综合评价。投标价格采用价格调整的，在评标时不考虑执行合同期间价格变化和允许调整的规定。

(7) 编制及提交评标报告。评标委员会成员共同整理好投标文件评审结果，履行签字确认手续后，递交给投标人，同时将一份副本递交给招标投标监管机构。

模块5.2.3　工程评标方法

评标办法是招标人根据项目的特点和要求，参照一定的评标因素和标准，对投标文件进行评价和比较的方法。工程评标的方法有专家评议法、百分制打分法、最低投标价法（简称“最低评标价法”）和综合评估法。（各个地区打分的分值根据地区及建筑工程的特点确定）。常用的水利工程施工招标评标办法包括经评审的最低投标价法和综合评估法两种。

1. 专家评议法

专家评议法是一种定性的优选法。对于标的额较小的中小型工程项目，各专家对招标单位的报价、工期、施工组织设计、工程质量保证和安全措施等进行分析比较和综合评议，选择各项条件都比较优良者为中标单位，但当各专家意见难以统一时，此方法失效。专家评议法是定性方法，很难说谁优谁劣，不一定是理想的选择方案。

2. 百分制打分法

百分制打分法是由评标委员对投标者的各项投标内容进行无记名打分，最后统计得分，得分超过投标标准分且是最高分者为中标单位。

(1) 评分内容和定分方法见表5.2。

表5.2　评分内容和定分方法

序号	评分内容	评分方法
1	评标价	以低于标底10%的评标价为最高得分，高于或低于该评标的按比例减分
2	施工能力	以拟投入本工程人力、财力和设备等因素定分
3	施工组织管理	以施工组织设计、关键工程技术方案和主要管理人员素质等因素定分
4	质量保证	以质量检测设备、质量管理体系等因素定分
5	业绩和信誉	以投标人近5年完成类似工程的质量、工期和履约表现等因素定分

(2) 评分分值范围见表5.3。

(3) 统计得分。把表5.3中5项得分相加得出总分，评标委员会根据投标人的最终得分，按高低次序确定投标人最终的排列名次，并按照招标文件中规定推荐不超过3名有排序的合格的中标候选人。

表5.3　　评分分值范围

序　号	项目名称	分值范围	均　值
1	评标价	50～70	60
2	施工能力	10～18	14
3	施工组织管理	8～12	10
4	质量保证	6～10	8
5	业绩和信誉	6～10	8

打分法虽然比较公正，但主观性强，也不是最科学的评标方法。针对这些情况有的学者提出了综合评估法，这种方法较前面几种方法具有合理性和科学性，但在评标时，对投标单位的评语缺少客观性，存在一定的主观性。

3. 最低评标价法

最低评标价法一般适用于具有通用技术、性能标准或者招标人对其技术、性能标准没特殊要求的招标项目。根据发改委56号令的规定，招标人编制施工招标文件时，应不加修改地引用《标准文件》规定的方法。评标办法前附表由招标人根据招标项目具体特点和实际需要编制，用于进一步明确未尽事宜，但务必与招标文件中其他章节相衔接，并不得与《标准文件》的内容相抵触，否则抵触内容无效。评标办法前附表见表5.4。

表5.4　　评标办法前附表

条款号		评审因素	评审标准
2.1.1 (8)	形式评审其他标准		
		……	……
2.1.2 (12)	资格审查其他标准		
		……	……
2.1.3 (9)	响应性评审其他标准		
		……	……
2.1.4	施工组织设计和项目管理机构评审标准	施工方案与技术措施	……
		质量管理体系与措施	……
		安全管理体系与措施	……
		工程进度计划与措施	……
		环境保护管理体系与措施	……
		资源配备计划	……
		其他主要人员	……
		施工设备	……
		试验、检测仪器设备	……
		……	……

续表

条款号		量化因素	量化标准
2.2	详细评审标准	单价遗漏	……
		付款条件	……
		……	……

（1）评标方法。

1）评审比较的原则。最低评标价法是以投标报价为基数，考量其他因素形成评审价格，对投标文件进行评价的一种评标方法。

评标委员会对满足招标文件实质要求的投标文件，根据详细评审标准规定的量化因素及量化标准进行价格折算，按照经评审的投标价由低到高的顺序推荐中标候选人，或根据招标人授权直接确定中标人，但投标报价低于其成本的除外，并且中标人的投标应当能够满足招标文件的实质性要求。经评审的投标价相等时，投标报价低的优先，投标报价也相等的，由招标人自行确定。

2）最低评标价法的基本步骤。首先按照初步评审标准对投标文件进行初步评审，然后依据详细评审标准对通过初步审查的投标文件进行价格折算，确定其评审价格，再按照由低到高的顺序推荐1～3名中标候选人或根据招标人的授权直接确定中标人。

（2）评审标准。

1）初步评审标准。根据《标准施工招标文件》的规定，投标初步评审为形式评审、资格评审、响应性评审、施工组织设计和项目管理机构评审标准四个方面。

a. 形式评审标准。初步评审的因素一般包括：投标人的名称、投标函的签字盖章、投标文件的格式、联合体投标人、投标报价的唯一性、其他评审因素等。审查、评审标准应当具体明了，具有可操作性。比如申请人名称应当与营业执照、资质证书以及安全生产许可证等一致；申请函签字盖章应当由法定代表人或其委托代理人签字或加盖单位公章等。对应于前附表中规定的评审因素和评审标准是列举性的，并没有包括所有评审因素和标准，招标人应根据项目具体特点和实际需要，进一步删减、补充和细化。

b. 资格评审标准。资格评审的因素一般包括营业执照、安全生产许可证、资质等级、财务状况、类似项目业绩、信誉、项目经理、其他要求、联合体投标人等。该部分内容分为以下两种情况：

（a）未进行资格预审的。评审标准须与投标人须知前附表中对投标人资质、财务、业绩、信誉、项目经理的要求以及其他要求一致，招标人要特别注意在投标人须知中补充和细化的要求，应在表5.4中体现出来。

（b）已进行资格预审的。评审标准须与资格预审文件资格审查办法详细审查标准保持一致。在递交资格预审申请文件后、投标截止时间前发生可能影响其资格条件或履约能力的新情况，应按照招标文件中投标人须知的规定提交更新或补充资料。

a）响应性评审标准。响应性评审的因素一般包括投标内容、工期、工程质量、投标有效期、投标保证金、权利义务、已标价工程量清单、技术标准和要求等。

表5.4中所列评审因素已经考虑到了与招标文件中投标人须知等内容衔接。招标人可以依据招标项目的特点补充一些响应性评审因素和标准，如投标人有分包计划的，其分包工作类别及工作量须符合招标文件要求。招标人允许偏离的最大范围和最高项数，应在响应性评审标准中规定，作为判定投标是否有效的依据。

b）施工组织设计和项目管理机构评审标准。施工组织设计和项目管理机构评审的因素一般包括施工方案与技术措施、质量管理体系与措施、安全管理体系与措施、环境保护管理体系与措施、工程进度计划与措施、资源配备计划、技术负责人、其他主要成员、施工设备、试验和检测仪器设备等。

针对不同项目特点，招标人可以对施工组织设计和项目管理机构的评审因素及其标准进行补充、修改和细化，如施工组织设计中可以增加对施工总平面图、施工总承包的管理协调能力等评审指标，项目管理机构中可以增加对项目经理的管理能力，如创优能力、创文明工地能力以及其他一些评审指标等。

2）详细评审标准。详细评审的因素一般包括单价遗漏、付款条件等。

详细评审标准对表5.4中规定的量化因素和量化标准是列举性的，并没有包括所有量化因素和标准，招标人应根据项目具体特点和实际需要，进一步删减、补充或细化。例如，增加算数性错误修正量化因素，即根据招标文件的规定对投标报价进行算数性错误修正。还可以增加投标报价的合理性量化因素，即根据本招标文件的规定对投标报价的合理性进行评审。除此之外，还可以增加合理化建议量化因素，即技术建议可能带来的实际经济效益，按预定的比例折算后，在投标价内减去该值。

（3）评标程序。

1）初步评审。

a. 对于未进行资格预审的，评标委员会可以要求投标人提交规定的有关证明以便核验。评标委员会依据上述标准对投标文件进行初步评审，有一项不符合评审标准的，应否决其投标。

对于已进行资格预审的，评标委员会依据评标办法中表5.4规定的评审标准对投标文件进行初步评审。有一项不符合评审标准的，应否决其投标。当投标人资格预审申请文件的内容发生重大变化时，评标委员会依据评标办法中表5.4规定的标准对其更新资料进行评审。

b. 投标报价有算术错误的，评标委员会按以下原则对投标报价进行修正，修正的价格经投标人书面确认后具有约束力。投标人不接受修正价格的，应当否决该投标人的投标。

（a）投标文件中的大写金额与小写金额不一致的，以大写金额为准。

（b）总价金额与依据单价计算出的结果不一致的，以单价金额为准修正总价，但单价金额小数点有明显错误的除外。

2）详细评审。

a. 评标委员会依据本评标办法中详细评审标准规定的量化因素和标准进价格折算，计算出评标价，并编制价格比较一览表。

b. 评标委员会发现投标人的报价明显低于其他投标报价，或者在设有标底时明显低于标底，使得其投标报价可能低于其成本的，应当要求该投标人作出书面说明并提供相应的证明材料。投标人不能合理说明或者不能提供相应证明材料的，由评标委员会认定该投标人以低于成本报价竞标，否决其投标。

3）投标文件的澄清和修正。

a. 在评标过程中，评标委员会可以书面形式要求投标人对所提交的投标文件中不明确的内容进行书面澄清或说明，或者对细微偏差进行修正。评标委员会不接受投标人主动提出的澄清、说明或修正。

b. 澄清、说明和修正不得改变投标文件的实质性内容（算术性错误修正的除外）。投标人的书面澄清、说明和修正属于投标文件的组成部分。

c. 评标委员会对投标人提交的澄清、说明或修正有疑问的，可以要求投标人进一步澄清、说明或修正，直至满足评标委员会的要求。投标文件澄清通知（格式）、投标文件澄清函（格式）见［范例5.1］和［范例5.2］。

【范例5.1】 投标文件澄清通知（格式）

编号：

____________（投标人名称）：

____________（项目名称）__________（标段名称）评标委员会对你方的投标文件进行了仔细的审查，现需你方对下列问题以书面形式予以澄清：

1. ……
2. ……

……

请将上述问题的澄清函于______年______月______日______时前递交至______（详细地址）或传真至______（传真号码）。采用传真方式的，应在______年______月______日______时前将原件递交至________（详细地址）。

评标委员会负责人：__________（签字）

______年______月______日

【范例5.2】 投标文件澄清函（格式）

编号：

____________（项目名称）__________（标段名称）评标委员会：

投标文件澄清通知（编号：______）已收悉，现就有关问题澄清如下：

1. ……
2. ……

……

投标人：__________盖单位章）

法定代表人或其委托代理人：__________（签字）

______年______月______日

4）评标结果。

a. 除授权评标委员会直接确定中标人外，还可以按照经评审的价格由低到高的顺序推荐中标候选人，但最低价不能低于成本价。

b. 评标委员会完成评标后，应当向招标人提交书面评标报告。

评标报告应当如实记载以下内容：基本情况和数据表；评标委员会成员名单；开标记录；符合要求的投标一览表；否决投标的情况说明；评标标准、评标方法或者评标因素一览表；经评审的价格一览表；经评审的投标人排序；推荐的中标候选人名单或根据招标人授权确定的中标人名单，签订合同前要处理的事宜；以及需要澄清、说明、修正事项纪要。

【案例5.1】 经评审的最低投标价法

某污水处理厂项目采用经评审的最低投标价法进行评标。共有3个投标人投标，且3个投标人均通过了初步评审，评标委员会对开标确认的投标报价进行详细评审。

评标办法规定，对提前竣工、污水处理成本偏差等因素进行价格折算。价格折算的办法如下：

该工程招标工期为30个月，承诺工期每提前1个月，给招标人带来的预期收益为50万元。污水处理成本比招标文件规定的标准高的，每高一个百分点投标报价增加2%，每低一个百分点投标报价减少1%。高于10%该投标将被否决。

投标人A：投标报价为4850万元，污水处理成本比规定标准高2个百分点，承诺的工期为30个月。

投标人B：投标报价为4900万元，污水处理成本比规定标准高1个百分点，承诺的工期为29个月。

投标人C：投标报价为5000万元，污水处理成本比规定标准低2个百分点，承诺的工期为28个月。

污水处理成本偏差因素的评标价格调整：

投标人A：4850×2×2%=194(万元)

投标人B：4900×1×2%=98(万元)

投标人C：5000×2×(−1%)=−100(万元)

提前竣工因素的评标价格调整：

投标人A：(30−30)×50=0(万元)

投标人B：(29−30)×50=−50(万元)

投标人C：(28−30)×50=−100(万元)

评标价格比较见表5.5。

表5.5　　评标价格比较

项　　目	投标人A	投标人B	投标人C
投标报价/万元	4850	4900	5000
污水处理成本偏差因素价格调整/万元	194	98	−100
提前竣工因素导致评标价格调整/万元	0	−50	−100
最终评标价/万元	5044	4948	4800
排序	3	2	1

投标人C是经评审的投标价最低，评标委员会推荐其为中标候选人。

4. 综合评估法

综合评估法是指评标委员会对满足招标文件实质性要求的投标文件，按照招标文件规定的评分标准进行打分，并按得分由高到低顺序推荐中标候选人，但投标报价低于其成本的除外。综合评分相等时，以投标报价低的优先；投标报价也相等的，由招标人自行确定。

综合评估法中，评审包括初步评审和详细评审。初步评审标准分为形式评审标准、资格评审标准、响应性评审标准。详细评审标准包括对施工组织设计、项目管理机构和投标报价等进行量化打分。

综合评估法是综合衡量价格、商务、技术等各项因素对招标文件的满足程度，按照统一的标准（分值或货币）量化后进行比较的方法。采用综合评估法，可以将这些因素折算为货币、分数或比例系数等，再做比较。

评标办法前附表见表5.6。

表5.6　　评标办法前附表

条款号		评审因素	评审标准
2.1.1（8）	形式评审其他标准		
		……	……
2.1.2（12）	资格评审其他标准		
		……	……
2.1.3（9）	响应性评审其他标准		
		……	……
条款号		条款内容	编列内容
2.2.1		分值构成（总分100分）	施工组织设计：　分 项目管理机构：　分 投标报价：　分 其他评分因素：　分
2.2.2		评标基准价计算	□招标人不提供标底 投标人有效报价 a_i： □招标人提供标底 投标人有效报价 a_i： 招标人标底在评标基准价中所占的权重A：
3.4.1		投标人最终得分的计算方法	

（1）初步评审。

1）形式评审标准

a. 投标人名称与营业执照、资质证书、安全生产许可证一致。

b. 投标文件的签字盖章符合招标文件规定。

c. 投标文件格式符合招标文件规定的“投标文件格式”的要求。

d. 联合体投标人须提交联合体协议书，并明确联合体牵头人（若有）。

e. 只能有一个报价。

f. 投标文件的正本、副本数量符合招标文件规定。

g. 投标文件的印刷与装订符合招标文件规定。

h. 投标文件的密封和标识符合招标文件规定。

2）资格评审标准

a. 具备有效的营业执照。

b. 具备有效的安全生产许可证。

c. 具备有效的资质证书且资质等级符合招标文件规定。

d. 财务状况符合招标文件规定。

e. 类似项目业绩符合招标文件规定。

f. 信誉符合招标文件规定。

g. 项目经理资格符合招标文件规定。

h. 联合体投标人符合招标文件规定（如有）。

i. 企业主要负责人具备有效的安全生产考核合格证书。

j. 技术负责人资格符合招标文件规定。

k. 委托代理人、安全管理人员（专职安全生产管理人员）、质量管理人员、财务负责人应是投标人本单位人员，其中安全管理人员（专职安全生产管理人员）具备有效的安全生产考核合格证书。

3）响应性评审标准。

a. 投标范围符合招标文件规定。

b. 计划工期符合招标文件规定。

c. 工程质量符合招标文件规定。

d. 投标有效期符合招标文件规定。

e. 投标保证金符合招标文件规定。

f. 权利义务符合招标文件合同条款及格式规定的权利义务。

g. 已标价工程量清单符合招标文件工程量清单的有关要求。

h. 技术标准和要求符合招标文件技术标准和要求（合同技术条款）的规定。

（2）详细评审。详细评审阶段需要评审的因素有施工组织设计、项目管理机构、投标报价和投标人综合实力。

1）赋分标准。

a. 施工组织设计一般占40%～60%。

b. 项目管理机构一般占15%～20%。

c. 投标报价一般占20% ～30%。

d. 投标人综合实力一般占10%。

2）投标报价评审。投标报价评审分为总价和分项报价合理性两个方面。

a. 总价评审。根据投标人报价与评标基准价的偏差率来计算。投标报价的偏差率按式（5.1），计算方法如下：

$$偏差率=\frac{投标人报价-评标基准价}{评标基准价}\times 100\% \tag{5.1}$$

评标基准价的计算有式（5.2）和式（5.3）两种方法：

(a) 采用有效报价的平均数确定评标基准价（适用于招标人不提供标底的）。

$$S=\begin{cases}\dfrac{a_1+a_2+\cdots+a_n-M-N}{n-2}, & n>5\\[2mm] \dfrac{a_1+a_2+\cdots+a_n}{n}, & n\leqslant 5\end{cases} \tag{5.2}$$

式中　S——评标基准价；

a_i——投标人的有效报价$(i=1,2,\cdots,n)$；

n——有效报价的投标人个数；

M——最高的投标人有效报价；

N——最低的投标人有效报价。

(b)采用复合标底确定评标基准价(适用于招标人提供标底的)。

$$S=TA\frac{a_1+a_2+\cdots+a_n}{n}(1-A) \tag{5.3}$$

式中　S——评标基准价；

a_i——投标人的有效报价（$i=1$，2，…，n）；

T——招标人标底；

A——招标人标底在评标基准价中所占的权重；

n——有效报价的投标人个数。

招标文件应明确约定投标人有效报价的计算范围和招标人标底在评标基准价中所占的权重。

某水利工程施工招标投标报价评分示例见表 5.7。

表 5.7　某水利工程施工标投标报价评分表

报价差百分率/%	…	−10	−9	−8	−7	−6		−5	−4	−3	−2	−1	1	…
得分	…	25	26	27	28	30		28	26	24	23	21	19	…

注　1. 偏差率＝[（投标报价－评标基准价）/评标基准价]×100%，百分率计算结果保留小数点后一位，小数点后第二位四舍五入。

2. 评标基准价的计算方法为：
评标基准价＝$A\times 0.7+B\times 0.3$；其中：A 为招标人标底；B 为投标人有效报价，$B=90\%<$在招标人标底$<105\%$范围内所有通过初步评审的投标人投标报价的算术平均值；若 $B=0$，则评标基准价为招标人的标底。

3. 偏差率＝－5%时得满分。在此基础上，偏差率大于－5%，每上升 1 个百分点扣 2 分，扣完为止；偏差率小于－5%，每下降 1 个百分点扣 1 分，扣完为止。报价得分可以插值，取小数点后一位数字，小数点后第二位四舍五入。

4. 上述评标基准价及投标报价均不含暂列金额，投标报价指经计算性算术错误修正后值。

b. 分项报价合理性。

分项报价合理性可从投标报价依据的基础价格、费用构成、主要工程项的单价和总价项目（指临时工程或措施项目）等方面评审，重点是评审有无不平衡报价、工程单价分析合理性、基础单价来源或计算可靠性或合理性和总价项目是否满足招标项目需要。分项报价合理性应结合投标人施工组织设计和项目管理机构的设置来评审。

(3) 投标文件的澄清和修正。该部分内容与经评审的最低投标价法一致。投标文件澄清通知（格式）、投标文件澄清函（格式）、评分标准格式见［范例5.3］和［范例5.4］以及表5.8。

(4) 评标结果。该部分内容与经评审的最低投标价法一致。

【范例5.3】 投标文件澄清通知（格式）

编号：

______________（投标人名称）：

______________（项目名称）__________（标段名称）评标委员会对你方的投标文件进行了仔细的审查，现需你方对下列问题以书面形式予以澄清：

1. ……

2. ……

……

请将上述问题的澄清函于________年________月________日________时前递交至________（详细地址）或传真至________（传真号码）。采用传真方式的，应在________年________月________日________时前将原件递交至______________（详细地址）。

评标委员会负责人：______________（签字）

________年______月______日

【范例5.4】 投标文件澄清函（格式）

编号：

______________（项目名称）__________（标段名称）评标委员会：

投标文件澄清通知（编号：________）已收悉，现就有关问题澄清如下：

1. ……

2. ……

……

投标人：________________（盖单位章）

法定代表人或其委托代理人：____________（签字）

________年______月______日

表5.8　　**评分标准格式**

序号	评分因素	分值	评分标准	赋分
一	施工组织设计			
1	内容完整性和编制水平			
2	施工方案与技术措施			
	模式一：分部工程			

续表

序号	评 分 因 素	分值	评分标准	赋分
2.1	施工导流			
2.2	上下游连接工程			
2.3	基础工程			
2.4	水下工程			
2.5	上部结构			
2.6	设备安装工程			
2.7	观测工程			
	模式二：专业工程			
2.1	施工导流			
2.2	土方工程			
2.3	砌石工程			
2.4	混凝土工程			
2.5	基础处理工程			
2.6	设备安装工程			
2.7	观测工程			
	……			
3	质量管理体系与措施			
3.1	质量计划			
3.2	岗位职责			
3.3	材料采购			
3.4	过程控制及检验			
3.5	分项措施的针对性			
	……			
4	安全管理体系与措施			
4.1	安全体系建设			
4.2	安全预案可靠性			
4.3	安全经费保障			
	……			
5	环境保护管理体系与措施			
5.1	环境保护管理体系健全			
5.2	污染物处理及排放与国家及地方环境保护标准的符合性			
5.3	技术及管理措施可行性			
	……			
6	工程进度计划与措施			
6.1	进度计划			

续表

序号	评　分　因　素	分值	评分标准	赋分
6.2	关键路径			
6.3	逻辑关系			
6.4	措施保证计划			
	……			
7	资源配备计划			
7.1	设备配备计划			
7.2	劳动力配备计划			
7.3	其他施工生产资源类的配备计划			
7.4	资金使用计划			
	……			
二	项目管理机构			
1	项目经理学历、专业、职称和业绩			
2	技术负责人学历、专业、职称和业绩			
3	质量负责人学历、专业、职称和业绩			
4	安全负责人（专职安全生产管理人员）学历、专业、职称和业绩			
5	财务负责人学历、专业、职称和业绩			
	……			
三	投标报价			
1	投标总价			
2	投标分项报价			
2.1	基础价格			
2.2	费用构成			
2.3	主要工程项目的单价			
2.4	总价项目（措施项目）			
2.5	分项报价			
	……			
四	其他因素			
1	投标人的业绩			
2	综合实力			
3	财务状况			
	……			

注　本评分标准供招标人参考。

任务5.3　定　　标

1. 定标方式

招标人可以根据评标委员会提出的书面评标报告和推荐的中标候选人确定中标人，也可以授权评标委员会直接确定中标人。经评标能当场定标的，应当场宣布中标人；不能当场定标的，中小型项目应在开标之后7天内定标，大型项目应在开标之后14天内定标；特殊情况需要延长定标期限的，应经招标投标管理机构同意。招标人应当自定标之日起15天内向招标投标管理机构提交招标投标情况的书面报告。

2. 定标的原则

定标的原则，即中标单位的投标应符合以下条件：

（1）能够最大限度地满足招标文件中规定的各项综合评价标准。

（2）能够满足招标文件的实质性要求，经评审的投标价格最低，但是投标价格低于成本的除外。

评标、定标应按照《招标投标法》和《评标方法暂行规定》的程序和原则进行。中标单位选定后由招标管理机构核准，获准后招标单位发出"中标通知书"。

3. 投标人提出异议

招标人全部或部分使用非中标单位投标文件中的技术成果和技术方案时，需征得其书面同意，并给予一定的经济补偿。如果投标人在中标结果确定后对中标结果有异议，甚至认为自己的权益受到了招标人的侵害，有权向招标人提出异议，如果异议不被接受，还可以向有关行政监督部门提出申诉，或者直接向法院提起诉讼。

4. 招投标结果的备案制度

招投标结果的备案制度，指的是依法必须进行招标的项目，招标人应当自确定中标人之日起15日内，向有关行政监督部门提交招标投标情况的书面报告。书面报告至少包含以下内容：

（1）招标范围。

（2）招标方式和发布招标公告。

（3）招标文件中的投标人须知、技术条款、评标标准和方法、合同主要条款等内容。

（4）评标委员会的组成和评标报告。

（5）中标结果。

5. 中标通知

经评标确定中标人后，招标人应当向中标人发出中标通知书，并同时将中标结果通知所有未中标的投标人。在实践中，招标人发出中标通知书，通常是与招标投标管理机构联合发出或经招标投标管理机构核准后发出。中标通知书对招标人和中标人具有法律效力。中标通知书（格式）见［范例5.5］，中标结果通知书（格式）见［范例5.6］。

【范例5.5】 中标通知书（格式）

编号：

______________（投标人名称）：

你方于__________（投标日期）所递交的______________（项目名称）__________（标段名称）投标文件已被我方接受，并被确定为中标人。

中标价：______________元。

工期：________日历天。

工程质量：符合________________________标准。

项目经理：______________（姓名）。

请你方在接到本通知书后的________日内到______________（指定地点）与我方签订施工合同协议书，在此之前按招标文件第二章“投标人须知”第7.3款规定向我方提交履约担保。

特此通知。

招标人：____________________（盖单位章）

法定代表人：____________________（签字）

________年______月______日

【范例5.6】 中标结果通知书（格式）

编号：

______________（投标人名称）：

我方已接受__________（中标人名称）于____________（投标日期）所递交的____________（项目名称）____________（标段名称）投标文件，确定____________（中标人名称）为中标人。

感谢你单位对我方工作的大力支持！

招标人：____________________（盖单位章）

法定代表人：____________________（签字）

________年______月______日

6. 履约担保

（1）在签订合同前，中标人应按投标人须知前附表规定的金额、担保形式和招标文件第四章“合同条款及格式”规定的履约担保格式向招标人提交履约担保。联合体中标的，其履约担保由牵头人递交，并应符合投标人须知前附表规定的金额、担保形式和招标文件第四章“合同条款及格式”规定的履约担保格式要求。

（2）中标人不能按招标文件第七章第7.3.1项要求提交履约担保的，视为放弃中标，其投标保证金不予退还，给招标人造成的损失超过投标保证金数额的，中标人还应当对超过部分予以赔偿。

7. 签订合同

（1）招标人和中标人应当自中标通知书发出之日起30天内，根据招标文件和中标人的投标文件订立书面合同。招标单位与中标单位签订合同后5个工作日内，向所有投标单位（中标和未中标的）退还投标保证金。中标人无正当理由拒签合同的，招标人取消其中标资格，其投标保证金不予退还；给招标人造成的损失超过投标保证金数额的，中标人还应当对超过部分予以赔偿。

（2）发出中标通知书后，招标人无正当理由拒签合同的，招标人向中标人退还投标保证金；给中标人造成损失的，还应当赔偿损失。

任务5.4　案　例　分　析

【案例5.2】 本案例是黑龙江省某市某区河治理工程招标公告实例的节选。

本案例的前面部分是引例所引用的，以下是本案例开标、评标、定标的内容。

5. 开标

5.1 开标时间和地点

招标人在本章第1.10.3项规定的投标截止时间（开标时间）和投标人须知前附表规定的地点公开开标，根据黑龙江省水利公共资源交易市场的进场要求，投标人的法定代表人或其在黑龙江省水利公共资源交易市场登记的委托代理人和注册建造师应携带本人身份证原件、法定代表人证明书原件（若为法定代表人）或授权委托书原件（若为委托代理人）、注册建造师证书原件（投标文件中确定本工程项目经理）准时参加开标会，否则其投标文件不予受理。（虽然在投标文件中已提供上述文件，但在开标前还应递交原件一份，并在招标人指定的登记册上签字。）

5.2　开标程序

主持人按下列程序进行开标：

（1）宣布开标纪律。

（2）公布在投标截止时间前递交投标文件的投标人名称，并确认投标人法定代表人或其委托代理人是否在场。

（3）宣布主持人、开标人、唱标人、记录人、监标人等有关人员姓名。

（4）除投标人须知前附表另有约定外，由投标人推荐的代表检查投标文件的密封情况。

（5）宣布投标文件开启顺序：按递交投标文件的先后顺序。

（6）设有标底的，公布标底。

（7）按照宣布的开标顺序当众开标，公布投标人名称、标段名称、投标保证金的递交情况、投标报价、质量目标、工期及其他招标文件规定开标时公布的内容，并进行文字记录。

（8）主持人、开标人、唱标人、记录人、监标人、投标人的法定代表人或其委托代理人等有关人员在开标记录上签字确认。

（9）开标结束。

6. 评标

6.1 评标委员会

6.1.1 评标由招标人依法组建的评标委员会负责。评标委员会由招标人或其委托的招标代理机构熟悉相关业务的代表，以及有关技术、经济等方面的专家组成。评标委员会成员人数以及技术、经济等方面专家的确定方式见投标人须知前附表。

6.1.2 评标委员会成员有下列情形之一的，应当回避。

（1）招标人或投标人的主要负责人的近亲属。

（2）项目主管部门或者行政监督部门的人员。

（3）与投标人有经济利益关系，可能影响对投标公正评审的。

（4）曾因在招标、评标以及其他与招标投标有关活动中从事违法行为而受过行政处罚或刑事处罚的。

6.2 评标原则

评标活动遵循公平、公正、科学和择优的原则。

6.3 评标

评标委员会按照第三章“评标办法”规定的方法、评审因素、标准和程序对投标文件进行评审。第三章“评标办法”没有规定的方法、评审因素和标准，不作为评标依据。

注：第三章“评标办法”内容如下。

（采用有限价无标底有竞争率的综合评估法）技术标采用暗标评审。

评标办法前附表

条款号	条款内容	编列内容
2.2.1	分值构成 （总分100分）	施工组织设计：34分 项目管理机构：6分 投标报价：54分 其他评分因素：6分
2.2.2	评标基准价计算方法	1. 本次招标无标底，设招标控制价，见前附表。 2. 有效投标报价：低于招标控制价并且经评标委员会初步评审合格的投标人的报价为有效投标报价。 3. 评标基准价：有效投标报价算术平均值乘以投标竞争率为评标基准价。若有效报价大于5家时，去掉一个最高报价和一个最低报价后进行计算
3.4.1	投标人最终得分的计算方法	每一投标人A、B、C、D各项得分按评委打分中去掉一个最高和一个最低分数后算术平均值进行计算，最终得分保留两位小数

1. 评标方法

本次评标采用有限价无标底综合评估法。分技术标暗标（施工组织设计部分）、技术标（附件部分）和商务标部分两部分评审。

1.1　评标委员会对满足招标文件实质性要求的投标文件商务标部分和投标文件技术标附件部分，按照本章第2.2款规定的评分标准进行打分。

1.2　技术标暗标（施工组织设计部分）的评审

1.2.1　在评标前，由招投标监管人员将技术标暗标（施工组织设计部分）的标书打乱后随机编号，编号标识于技术标暗标标书的封面上。

1.2.2　评标完成后，由招标人、代理机构、评委代表和监管人员当场对技术标暗标（施工组织设计部分）密封处进行拆封，宣布投标人与对应的编号及技术标暗标的打分结果。

1.2.3　评委在不知道投标人的情况下对技术标暗标（施工组织设计部分）进行评审，按照编号根据本章第2.2款规定的评分标准统计分数。

1.3　投标文件其他部分评分完成后，总计得分。

1.4　按总得分由高到低顺序排序，推荐排名第一的为中标候选人，但投标报价低于其成本的除外。综合评分相等时，以投标报价低的优先；投标报价也相等的，由招标人自行确定。

2. 评审标准

2.1　初步评审标准

2.1.1　形式评审标准

(1) 投标人名称应与营业执照、资质证书、安全生产许可证一致（评标委员会可以要求投标人按第八章投标文件格式表的要求提供相应的原件证明和材料，以便核验，有一项不符合评审标准的，作废标处理）。

(2) 投标文件的签字盖章符合第二章投标人须知第3.7.3项规定。

(3) 投标文件格式符合第八章投标文件格式的要求。

(4) 只能有一个报价。

(5) 投标文件的正本、副本数量符合第二章投标人须知第3.7.6项规定。

(6) 投标文件的印刷与装订符合第二章投标人须知第3.7.5项规定。

2.1.2　资格评审标准

(1) 具备有效的营业执照。

(2) 具备有效的安全生产许可证。

(3) 具备有效的资质证书且资质等级符合第二章投标人须知第1.4.1项规定。

(4) 财务状况符合第二章投标人须知第1.4.1项规定。

(5) 业绩符合第二章投标人须知第1.4.1项规定。

(6) 信誉符合第二章投标人须知第1.4.1项规定。

(7) 项目经理资格符合第二章投标人须知第1.4.1项规定。

(8) 企业主要负责人具备有效的安全生产考核合格证书。

(9) 技术负责人资格符合第二章投标人须知第1.4.1项规定。

(10) 安全管理人员（专职安全生产管理人员）、质量管理人员、财务负责人应是投标人本单位人员，其中安全管理人员（专职安全生产管理人员）具备有效的安全生产考核合格证书。

2.1.3　响应性评审标准

(1) 投标范围符合第二章投标人须知第1.3.1项规定。

(2) 计划工期符合第二章投标人须知第1.3.2项规定。

(3) 工程质量符合第二章投标人须知第1.3.3项规定。

(4) 投标有效期符合第二章投标人须知第3.3.1款规定。

(5) 投标保证金符合第二章投标人须知第3.4款规定。

(6) 权利义务符合第二章合同条款及格式规定的权利义务。

(7) 已标价工程量清单符合第五章工程量清单的有关要求。

(8) 技术标准和要求符合第七章技术标准和要求（合同技术条款）规定。

2.2　分值构成与评分标准

2.2.1　分值构成

(1) 施工组织设计：见评标办法前附表。

(2) 项目管理机构：见评标办法前附表。

(3) 投标报价：见评标办法前附表。

(4) 其他评分因素：见评标办法前附表。

2.2.2　评标基准价的确定（适用于招标人不提供标底的）

(1) 有效投标报价的算数平均值的确定：

$$s=\begin{cases}\dfrac{a_1+a_2+\cdots+a_n-M-N}{n-2}, & n>5\\[2ex]\dfrac{a_1+a_2+\cdots+a_n}{n}, & n\leqslant 5\end{cases}$$

式中　S——有效投标报价的算数平均值

a_i——投标人的有效报价（$i=1, 2, \cdots, n$），有效报价约定见评标办法前附表；

n——有效报价的投标人个数；

M——最高的投标人有效投标报价；

N——最低的投标人有效投标报价。

(2) 评标基准价的确定：

$$P=S\times(1-F_i\%)$$

式中　P——评标基准价；

S——有效报价的平均数；

$1-F_i\%$——投标竞争率，F_i取值为0。

2.2.3　投标报价的偏差率计算方法

偏差率=100%×（投标人报价－评标基准价）/评标基准价

2.2.4　评分标准

(1) 施工组织设计评分标准：见评分标准一。

(2) 项目管理机构评分标准：见评分标准二。

(3) 投标报价评分标准：见评分标准三。

（4）其他因素评分标准：见评分标准四。

评　分　标　准

序号	评分因素	分值	评　分　标　准
一	施工组织设计	34	
1	规范性和编制水平	3	文件编制规范、依据充分、符合技术要求和标准、无瑕疵得3分，一般得1～2分
2	施工方案与技术措施	11	
2.1	施工总体布置	2	施工总体布置合理2分，基本合理1～2分
2.2	施工方案合理性	3	切实可行有针对性得2～3分，基本可行1～2分
2.3	技术措施与技术水平	3	措施得当、水平先进得2～3分；基本得当、水平一般得0～2分
2.4	重点难点把握	2	重点难点突出、把握得体、有相应对策且操作性强得1～2分，把握水准一般则得0～1分
2.5	内容的完整性	1	方案考虑的对象和内容完整没有缺项得满分，完整性一般得0～1分
3	质量管理体系与措施	6	
3.1	质量计划	2	质量计划合理得1～2分，基本合理得0～1分
3.2	岗位职责	1	岗位职责明确得1分，否则不得分
3.3	材料采购	1	材料采购符合质量和施工进度要求得1分，否则不得分
3.4	过程控制及检验	1	过程控制方法可行、自检计划合理、检验设备齐全得1分；否则不得分
3.5	分项措施的针对性	1	分项措施的针对性强得1分；否则不得分
4	安全管理体系与措施	3	
4.1	安全体系建设	1	体系健全得1分，否则不得分
4.2	安全预案可靠性	1	预案可行得1分，否则不得分
4.3	安全经费保障	1	有经费保障得1分，否则不得分
5	环境保护管理体系与措施	3	
5.1	环境保护管理体系	1	体系健全得1分，否则不得分
5.2	污染物处理及排放与国家和地方环境保护标准的符合性	1	符合国家和地方环境保护标准得1分，否则不得分
5.3	技术及管理措施可行性	1	技术及管理措施可行得1分，否则不得分
6	工程进度计划与措施	5	
6.1	进度计划	2	进度计划合理得1～2分，基本合理得0～1分
6.2	逻辑关系	1	逻辑关系合理得1分，否则不得分

续表

序号	评分因素	分值	评分标准
6.3	措施保证计划	2	措施保证计划合理得2分，一般得0～1分
7	资源配备计划	3	
7.1	设备、劳动力配备计划	1	合理、能够满足施工要求得1分，否则不得分
7.2	其他施工生产资源类的配备计划	1	合理得1分，否则不得分
7.3	资金使用计划	1	合理得1分，否则不得分
二	项目管理机构	6	
1	项目经理职称和业绩	3	近5年具有类似工程管理经验一项得0.5分，最多得2.5分；高级及以上职称得0.5分（需提供验收鉴定书原件，不能提供原件者不得分）
2	技术负责人专业、职称	1	水利工程专业得0.5分，高级职称得0.5分（需提供原件，不能提供原件者不得分）
3	质量负责人专业和资格	1	水利工程专业得0.5分，具有水利检测证书者得0.5分（需提供原件，不能提供原件者不得分）
4	安全管理人员（专职安全生产管理人员）专业和资格	1	水利工程专业得0.5分，具有专职安全生产管理人员证书得0.5分（需提供原件，不能提供原件者不得分）。
三	投标报价	54	
1	投标总价	44	投标总价得分按2.2.3投标报价的偏差率（偏差率保留两位小数），采取下列办法计算投标总价得分，基准分为44分： 当偏差率小于0时：投标总价得分＝基准分－|偏差率|×基准分； 当偏差率大于0时：投标总价得分＝基准分－|偏差率|×基准分
2	报价合理性	10	
2.1	单价合理性	10	工程量清单中标记“*”的为主要工程单价，将所有投标人的每个主要工程单价进行平均值计算（若投标单位大于5家时，去掉一个最高工程单价和一个最低工程单价后进行计算），此平均值作为评价每个工程单价的基准价，然后计算所有投标人的此主要工程单价相对基准价的偏差率，偏差率＝100%×（投标人此主要单价报价－此单价基准价）/此单价基准价，每一主要工程单价得分＝（10/主要工程单价个数）－|偏差率|×（10/主要工程单价个数），若此值为负值则此主要单价合理性不得分。所有的主要工程单价合理性总分为所有主要工程单价合理性分项得分的总和

续表

序号	评分因素	分值	评 分 标 准
四	其他因素	6	
1	资质	1	具备本标段要求的资质等级的投标人得1分
2	投标人的业绩	4	近5年完成并通过政府验收或法人验收的类似工程项目，每项得1分，最多得4分（本项业绩不能与项目经理业绩重复计算，需提供验收鉴定书原件，不能提供原件者不得分）
3	财务状况	1	财务状况良好，2011—2014年无亏损得1分，否则不得分（需提供各年度审计报告原件，不能提供原件者不得分）

3. 评标程序

3.1 初步评审

3.1.1 评标委员会可以要求投标人提交第二章投标人须知第3.5.1项至第3.5.5项规定的有关证明和证件的原件，以便核验。评标委员会依据本章第2.1款规定的标准对投标文件进行初步评审。有一项不符合评审标准的，作废标处理。

3.1.2 投标人有以下情形之一的，其投标作废标处理。

(1) 第二章投标人须知第1.4.3项规定的任何一种情形的。

(2) 串通投标或弄虚作假或有其他违法行为的。

(3) 不按评标委员会要求澄清、说明或修正的。

3.1.3 投标报价有算术错误的，评标委员会按以下原则对投标报价进行修正，修正的价格经投标人书面确认后具有约束力。投标人不接受修正价格的，其投标作废标处理。

(1) 投标文件中的大写金额与小写金额不一致的，以大写金额为准。

(2) 总价金额与依据单价计算出的结果不一致的，以单价金额为准修正总价，但单价金额小数点有明显错误的除外。

3.2 详细评审

3.2.1 评标委员会按本章第2.2款规定的量化因素和分值进行打分，并计算出综合评估得分。

(1) 按本章第2.2.4 (1) 目规定的评审因素和分值对施工组织设计计算出得分A。

(2) 按本章第2.2.4 (2) 目规定的评审因素和分值对项目管理机构计算出得分B。

(3) 按本章第2.2.4 (3) 目规定的评审因素和分值对投标报价计算出得分C。

(4) 按本章第2.2.4 (4) 目规定的评审因素和分值对其他部分计算出得分D。

3.2.2 评分分值计算保留小数点后两位，小数点后第三位"四舍五入"。

3.2.3 投标人得分$=A+B+C+D$。

3.2.4 评标委员会发现投标人的报价明显低于其他投标报价，或者在设有标底时明显低于标底，使得其投标报价可能低于其个别成本的，应当要求该投标人作出书面说明并提供相应的证明材料。投标人不能合理说明或者不能提供相应证明材料的，由评标委员会认定该投标人以低于成本报价竞标，其投标作废标处理。

3.3 投标文件的澄清和修正

3.3.1 在评标过程中，评标委员会可以书面形式要求投标人对所提交投标文件中不明确的内容进行书面澄清或说明，或者对细微偏差进行修正。评标委员会不接受投标人主动提出的澄清、说明或修正。

3.3.2 澄清、说明和修正不得改变投标文件的实质性内容（算术性错误修正的除外）。投标人的书面澄清、说明和修正属于投标文件的组成部分。

3.3.3 评标委员会对投标人提交的澄清、说明或修正有疑问的，可以要求投标人进一步澄清、说明或修正，直至满足评标委员会的要求。

3.4 评标结果

3.4.1 评标委员会依据本章第2.2款评分标准进行评分，按评标办法前附表的约定计算投标人最终得分，推荐排名第一的为中标候选人。

3.4.2 评标委员会完成评标后，应当向招标人提交书面评标报告。

7. 合同授予

7.1 定标方式

评标委员会对投标人按综合得分由高到低顺序排序，并推荐排名第一的为中标候选人，招标人依据评标委员会推荐的中标候选人确定中标人。

7.2 中标通知

在本章第3.3款规定的投标有效期内，招标人以书面形式向中标人发出中标通知书，同时将中标结果通知未中标的投标人。

7.3 履约担保

7.3.1 在签订合同前，中标人应按投标人须知前附表规定的金额、担保形式和招标文件第四章“合同条款及格式”规定的履约担保格式向招标人提交履约担保。联合体中标的，其履约担保由牵头人递交，并应符合投标人须知前附表规定的金额、担保形式和招标文件第四章“合同条款及格式”规定的履约担保格式要求。

7.3.2 中标人不能按本章第7.3.1项要求提交履约担保的，视为放弃中标，其投标保证金不予退还，给招标人造成的损失超过投标保证金数额的，中标人还应当对超过部分予以赔偿。

7.3.3 为防止投标人低价抢标，以招标人公布的招标控制价的85%作为基准值。凡低于基准值中标的，中标人在提交7.3.1项要求履约担保的同时，必须额外提交中标价净值与基准值之差额3倍的履约现金担保，额外履约现金担保应由中标企业基本账户转账至建设方基本建设账户，待合同验收结束后由建设方转至中标企业基本账户。

7.4 签订合同

7.4.1 招标人和中标人应当自中标通知书发出之日起30天内，根据招标文件和中标人的投标文件订立书面合同。中标人无正当理由拒签合同的，招标人取消其中标资格，其投标保证金不予退还；给招标人造成的损失超过投标保证金数额的，中标人还应当对超过部分予以赔偿。

7.4.2 发出中标通知书后，招标人无正当理由拒签合同的，招标人向中标人退还投标保证金，并按投标保证金双倍的金额补偿投标人损失。

思 考 题

(1) 投标文件在哪些情形下，招标人不予受理？

(2) 投标文件在哪些情形下，初审后按废标处理？

(3) 简述水利项目开标程序。

(4) 简述水利项目评标程序。

(5) 工程评标方法有哪些？

(6) 简述最低评标价法、综合评估法的过程。

(7) 简述定标方式、原则及签订合同的时间。

习 题

一、单选题

(1) 招标文件应当载明投标有效期，投标有效期从（ ）起计算。

A. 发布招标公告　B. 发售招标文件

C. 提交投标文件截止日　D. 投标报名

(2) 我国招标投标法规定，开标时间应为（ ）。

A. 提交投标文件截止时间　B. 提交投标文件截止时间的次日

C. 提交投标文件截止时间的7日后　D. 其他约定时间

(3) 我国招标投标法规定，评标应由（ ）依法组建的评标委员会负责。

A. 地方政府相关行政主管部门　B. 招标代理人

C. 中介机构　D. 招标人

(4) 评标委员会中，技术、经济等方面的专家不得少于成员总数的（ ）。

A. 五分之三　B. 五分之四　C. 三分之一　D. 三分之二

(5) 中标人不按照招标文件的规定提交履约担保的，将失去订立合同的资格，其提交的投标担保（ ）。

A. 退还一部分　B. 全部退还

C. 不退还　D. 不退还并且追加罚金

(6) 评标委员会在对实质上响应招标文件要求的投标进行报价评估时，除招标文件另有约定外，应当按下述原则进行修正：用数字表示的金额与用文字表示的金额不一致时，以（ ）为准。

A. 数字金额　B. 文字金额

C. 数字金额与文字金额中小的　D. 数字金额与文字金额中大的

(7) 下列情况不属于重大投标偏差的是（ ）。

A. 所提供的投标担保有瑕疵

B. 投标文件没有投标人授权代表签字和加盖公章

C. 投标文件附有招标人不能接受的条件

D. 提供了不完整的技术信息和数据

(8) 施工项目定标，通常由（　　）决定。

A. 监理单位　　B. 评标委员会

C. 建设行政主管部门　　D. 招标人

(9) 某招标项目采用评标价法进行评标，有四家单位投标有效，其中（　　）的投标书为最优投标书。

A. 投标报价1000万元，评标价950万元

B. 投标报价1050万元，评标价940万元

C. 投标报价980万元，评标价970万元

D. 投标报价990万元，评标价960万元

(10) 下列哪项内容在开标前不应公开？（　　）

A. 招标信息公开　　B. 开标程序公开

C. 评标委员会成员的名单　　D. 评标标准的公开

(11) 甲、乙工程承包单位组成施工联合体参与某项目的投标，中标后联合体接到中标通知书，但尚未与招标人签订合同，联合体投标时提交了5万元投标保证金。此时两家单位认为该项目盈利太少，于是放弃该项目，对此，招标投标法的相关规定是（　　）

A. 5万元投标保证金不予退还

B. 5万元投标保证金可以退还一半

C. 若未给招标人造成损失，投标保证金可退还

D. 若未给招标人造成损失，投标保证金可以退还一半

二、多选题

(1)《评标委员会和评标方法暂行规定》中规定的废标包括（　　）。

A. 以虚假方式谋取中标　　B. 提供了不完整的技术信息

C. 拒不对投标文件澄清和说明　　D. 拒不对投标文件改正

E. 未能在实质上响应的投标

(2) 下列有关招标投标签订合同的说明，正确的是（　　）。

A. 应当在中标通知书发出之日起30天内签订合同

B. 招标人和中标人不得再订立背离合同实质性内容的其他协议

C. 招标人和中标人可以通过合同谈判对原招标文件、投标文件的实质性内容作出修改

D. 如果招标文件要求中标人提交履约担保，招标人应向中标人提供同等数额的工程款支付担保

E. 中标人不与招标人订立合同的，应取消其中标资格，但投标保证金应予退还

三、案例题

现有A、B、C、D、四家经资格预审合格的施工企业参加某综合楼招标项目的投标。与评标有关的数据见表5.9。

表 5.9　　**投 标 数 据 表**

投标单位	A	B	C	D
报价/万元	3420	3528	3600	3636
工期/天	460	455	460	450

经招标工作小组确定的评标指标及评分方法如下：

报价以标底价（3600 万元）的±3%以内为有效标，评分方法是：报价为标底价的 97%者得 100 分，报价每上升 1%扣 5 分。

定额工期为 500 天，评分方法是：工期提前 10%为 100 分，在此基础上每拖后 5 天扣 2 分。

企业信誉和施工经验均已在资格审查时评定，企业信誉得分情况为：C 单位为 100 分，A、B、D 单位均为 95 分；施工经验得分情况为：A、B 单位为 100 分，C、D 单位为 95 分。

上述四项评标指标得总权重分包为：投标报价 45%，投标工期 25%，企业信誉和施工经验均为 15%。

问题：

试在表 5.10 填制每个单位各项指标得分及总得分，并根据总得分列出名次，确定中标单位。

报价得分计算：

A 单位：相对报价

B 单位：相对报价

C 单位：相对报价

D 单位：相对报价

表 5.10　　**各项指标得分及总得分表**

投标单位项目	A	B	C	D	权重
投标报价/万元					
报价得分					
投标工期/天					
工期得分					
企业信誉					
施工经验					
总得分					
名次					

故中标单位是________企业。

第2篇　水利工程合同管理

项目6　水利建设工程民法典

【引例】 某百货公司甲书面授权其采购员乙赴丙公司代理其购买陶瓷制品，并向乙发放授权委托书，然后法定代表人向乙口头交代“不要购买韩国陶瓷”，丙公司在审查了乙的授权委托书后，按照乙的要求，签订了包括“500件韩国陶瓷”在内的总计20万元人民币的陶瓷制品购销合同。

此后，丙公司按合同约定的时间、地点、方式、品种、数量等全面、正确地向甲百货公司发货，而甲公司却拒绝受领乙“超越代理权”购买的500件韩国陶瓷，并拒付其货款。丙公司认为乙向其出示的授权委托书表明乙具有购买此货的代理权，坚持要求甲百货公司受领该500件韩国陶瓷并支付其货款。

【思考】

甲公司是否应受领丙公司的500件韩国陶瓷并付货款?

任务6.1　水利工程合同管理导论

模块6.1.1　水利项目采购模式的演变和发展

1. 项目采购模式的发展历程

现在通行的看法认为，项目采购模式是二战后的产物，主要是战后重建和冷战阶段为国防建设项目而创建的一种管理方法。项目采购模式的发展基本上可以划分为两个阶段：20世纪80年代之前被称为传统的项目管理阶段，20世纪80年代之后被称为现代项目管理阶段。

(1) 传统项目管理发展阶段。

1) 从20世纪40年代中期到20世纪60年代，项目管理主要是应用于发达国家的国防工程建设和工业或民用工程建设方面。此时采用的传统项目管理方法主要是致力于项目的预算、规划和为达到项目目标而借用的一些一般运营管理方法，在相对较小的范围内所开展的一种管理活动。当时的项目经理仅仅被看作是一个具体执行者，他们只是被动地接受一项给定的任务或工作，然后不断接受上级的指令，并根据指令去完成自己负责的项目。

2）从 20 世纪 60 年代起，国际上许多人对于项目管理产生了浓厚的兴趣。随后建立的两大国际性项目管理协会，即以欧洲国家为主的国际项目管理协会（International Project Management Association，IPMA）和以美洲国家为首的美国项目管理协会（Project Management Institute，PMI），以及各国相继成立的项目管理协会，为推动项目管理的发展发挥了积极的作用，做出了卓越的贡献。但是在这一传统项目管理阶段中，发达国家的国防部门对于项目管理的研究与开发占据了主导地位，他们创造的许多项目管理方法和工具一直沿用至今。例如，由美国空军最早开发的项目计划评审方法（project evaluation and review technique，PERT）、由美国国防部提出并推广的项目工期与造价管理规范（Cost/Schedule Control Systems Criteria，C/SCSC）等一大批项目管理的方法和工具现在仍然在广泛地使用。

（2）现代项目管理阶段。

20 世纪 80 年代之后项目管理进入现代项目管理阶段，随着全球性竞争的日益加剧，项目活动的日益扩大和更为复杂，项目数量的急剧增加，项目团队规模的不断扩大，项目相关利益者的冲突不断增加，降低项目成本的压力不断上升等一系列情况的出现，迫使作为项目业主或客户的一些政府部门与企业以及作为项目实施者的政府机构和企业先后投入了大量的人力和物力去研究和认识项目管理的基本原理，开发和使用项目管理的具体方法。

特别是进入 20 世纪 90 年代以后，随着信息系统工程、网络工程、软件工程、大型建设工程以及高科技项目的研究与开发项目管理新领域的出现，促使项目管理在理论和方法等方面不断地发展和现代化，使得现代项目管理在这一时期获得了快速的发展和长足的进步。同时，项目管理的应用领域在这一时期也迅速扩展到了社会生产与生活的各个领域和各行各业，而且项目管理在企业的战略发展和例外管理（这些都属于企业高层管理者所做的管理工作）中的作用越来越重要。

现代项目管理在这一阶段的高速发展主要表现在两个方面：其一是项目管理的职业化发展，其二是项目管理的学术性发展。在职业化发展方面，这一阶段的项目管理逐步分工细划，形成了一系列的项目管理的专门职业。例如，专业项目经理、造价工程师、监理工程师、营造师等。同时，在这一阶段还诞生了一系列的项目管理职业资格认证体系。例如，美国项目管理协会（PMI）和国际项目管理协会（IPMA）主办的项目管理专业人员职业资格认证，美国造价工程师协会（Association of American Cost Engineers，AACE）主办的造价工程师资格认证，英国皇家特许测量师协会（Royal Institute of Chartered Surveyor，RICS）主持的工料测量师、营造师资格认证等。

这些工作极大地推动了项目管理职业的细分和职业化的发展。例如，国际项目管理协会（IPMA）开展的项目管理专业人员资格认证就分为 A、B、C、D 四个级别，其中 A 级是工程主任级证书，B 级为项目经理级证书，C 级为项目管理工程师级证书，D 级为项目管理技术员级证书，对不同资格证书的要求也各异，获得证书者分别可负责大项目或国际项目、一般项目、一般项目的主要工作和一般项目工作的管理；虽然这些项目管理人员资格认证的侧重有所不同，方法有所不同，但是都为推进项目管理的职业化发展做出了很大的贡献。

现在，项目经理已经不再被认为是项目的执行者，他们拥有了正式的头衔和更大的权利与责任。他们不仅要实施项目，而且要他们参与项目决策，要与项目业主和客户一起高效率地工作，全面开展项目管理，并且要对项目的经济财务结果负责。现在的项目经理已经成为真正的项目负责人和企业中的主角，并且是一项非常热门的职业。

现代项目管理阶段在项目管理的学术发展方面主要体现在项目管理专业教育体系的建立和项目管理理论与方法的研究方面。在现代项目管理阶段，国际上有许多大学相继建立和完善了项目管理专业的本科生和研究生教育体系，美国的大学不但设立有项目管理的硕士学位，而且这种硕士学位大有取代工商管理硕士（MBA）专业学位的趋势。在这一阶段有许多项目管理的研究机构先后建立了起来，这些研究机构、大学、国际和各国的项目管理专业协会以及一些大型企业共同开展了大量的项目管理理论与方法的研究，并取得了丰硕的成果。像美国项目管理协会（PMI）、美国造价管理协会（AACE）等组织提出的项目管理知识体系（Project Management Body of Knowledge）、项目全面造价管理（Total Cost Management）、项目风险造价管理、已获价值管理（Earned Value Management）、项目合作伙伴式管理（Partnering Management）等都是在这一阶段创立和发展起来的。

通过这一阶段的学术发展，今天的现代项目管理在项目的范围管理、时间管理、成本管理、质量管理、人力资源管理、沟通管理、采购管理、风险管理和集成管理等方面已经形成了专门的理论和方法体系。另外，在这一阶段，国际标准化组织还以美国项目管理协会（PMI）的项目管理知识体系指南（Guide to Project Management Body of Knowledge）等文件为框架，制定了关于现代项目管理的标准（ISO10006）。所有这些现代项目管理在职业化和在学术性方面的发展，使得项目管理的理论和方法取得了长足的进步。

2. 现阶段主要的项目采购管理模式

（1）传统项目管理方式［traditional（general）management approach］。这种项目管理模式在国际上最为通用，世行、亚行贷款项目和采用国际咨询工程师联合会（FIDIC）的合同条件的项目均采用这种模式。

该方式是基于建筑师、咨询工程师和承包商三者之间的相互制约的关系，业主选择工程管理方式多数是依赖于咨询工程师的建议。待项目评估立项后再进行设计，在设计阶段进行施工招标文件准备，随后通过招标选择承包商。业主和承包商订立工程施工合同，有关工程部位的分包和设备、材料的采购一般都由承包商与分包商和供应商单独订立合同并组织实施。业主单位一般指派业主代表与咨询方和承包商联系，负责有关的项目管理工作，但在国外大部分项目实施阶段有关管理工作均授权建筑师/咨询工程师进行。建筑师/咨询工程师和承包商没有合同关系，但承担业主委托的管理和协调工作。

传统项目管理模式的优点是：①由于长期地、广泛地在世界各地采用，因而管理方法较成熟，各方都对有关程序熟悉；②可自由选择咨询设计人员，对设计要求可进行控制；可自由选择监理人员监理工程。传统项目管理模式的缺点是：项目周期长，业主管理费较高，前期投入较高；变更时容易引起较多的索赔。

（2）建筑工程管理方式（construction management approach）。建筑工程管理方式

(CM 方式) 模式又称"边设计、边施工"方式或快速轨道方式。CM 模式是由业主委托 CM 单位，以一个承包商的身份，采取有条件的"边设计、边施工"，即 Fast Track 的生产组织方式来进行施工管理，直接指挥施工活动，在一定程度上影响设计活动，而它与业主的合同通常采用"成本+利润"方式的这样一种承发包模式。此方式通过施工管理商来协调设计和施工的矛盾，使决策公开化。施工管理商早期介入工程项目，工程项目通过快速路径法，可以做到提前施工、提前竣工。它打破过去那种待设计图纸完全完成后，才进行招标建设的连续建设生产方式。其特点是由业主和业主委托的工程项目经理与工程师组成一个联合小组共同负责组织和管理工程的规划、设计和施工。完成一部分分项（单项）工程设计后，即对该部分进行招标，发包给一家承包商，无总承包商，由业主直接按每个单项工程与承包商分别签订承包合同。

建筑工程管理（CM）模式的优点是缩短工程从规划、设计、施工到交付业主使用的周期，节约建设投资，减少投资风险，业主可以较早获得效益。其缺点是分项招标导致承包费高，因而要做好分析比较，认真研究分项数目，选定最优结合点。这是近年在国外广泛流行的一种合同管理模式。

CM 模式的两种实现形式：

第一种形式为代理型建筑工程管理（"Agency" CM）方式。在此种方式下 CM 经理是业主的咨询和代理，业主和 CM 经理的服务合同规定费用是固定酬金加管理费。业主在各施工阶段和承包商签订工程施工合同。

第二种形式称为风险型建筑工程管理（"At Risk" CM）方式。采用这种形式，CM 经理同时也担任施工总承包商的角色，一般业主要求 CM 经理提出保证最大工程费用 (guaranteed maximum price，GMP)，以保证业主的投资控制，如最后结算超过 GMP，则由 CM 公司赔偿：如低于 GMP，则节约的投资归业主所有，但 CM 公司由于额外承担了保证施工成本风险，因而能够得到额外的收入。

(3) 设计-建造（Design - Build）方式。设计-建造方式（D - B）是一种简练的项目管理方式。设计-建造模式是在项目原则确定之后，业主选定一家公司负责项目的设计和施工。这种方式在投标和订立合同时是以总价合同为基础的。设计-建造总承包商对整个项目的成本负责，他首先选择一家咨询设计公司进行设计，然后采用竞争性招标方式选择分包商，当然也可以利用本公司的设计和施工力量完成一部分工程。

设计-建造模式是一种项目组织方式。此方式改变了建筑师、咨询工程师和承包商三者之间的制约关系，业主和设计-建造承包商密切合作，完成项目的规划、设计、成本控制、进度安排等工作，甚至负责土地购买和项目融资。使一个承包商对整个项目负责，避免了设计和施工的矛盾，可显著降低项目的成本和缩短工期。然而，业主关心的重点是工程按合同竣工交付使用，而不在乎承包商如何去实施。同时，在选定承包商时，把设计方案的优劣作为主要的评标因素，可保证业主得到高质量的工程项目。

(4) 设计-管理（Design - Manage）模式。设计-管理模式（D - M）是指同一实体向业主提供设计和施工管理服务的工程管理方式。采用设计-管理合同时，业主只签订一份既包括设计也包括类似 CM 服务在内的合同。设计-管理模式的实现可以有两种形式：一是业主与设计-管理公司和施工总承包商分别签订合同，由设计-管理公司负责设计并对项目的实施进行管理；另一种是业主只与设计-管理公司签订合同，由设计公司分别与各个单独的承包商和供应商签订合同，由他们施工和供货。

（5）设计-采购-建造（Engineering - Procurement - Construction）模式。设计-采购-建造（EPC）模式是一种简练的工程项目管理模式，是一种具有特殊性的设计-建造方式，即由承包商为业主提供包括项目科研、融资、土地购买、设计、施工直到竣工移交给业主的全套服务。采用此模式，在工程项目确定之后，业主只需选定负责项目的设计与施工的实体——交钥匙的承包商，该承包商对设计、施工及项目完工后试运行全部合格的成本负责。项目的供应商与分包商仍须在业主的监督下采取竞标的方式产生。

EPC总承包/交钥匙模式之所以在国际上被普遍采用，是因为和其他项目管理模式相比，具有明显的优点：①能充分发挥设计在建设过程中的主导作用，有利于整体方案的不断优化；②项目实施过程中保持单一的合同责任，在项目初期预先考虑施工因素，减少管理费用；③能有效地克服设计、采购、施工相互制约和脱节的矛盾，有利于设计、采购、施工各阶段工作的合理深度交叉；④由于工程公司实行的是以项目管理为核心的原则，和强有力的手段，能有效地对质量、费用和进度进行综合控制；⑤由于工程公司是长期从事项目总承包和项目管理的永久性专门机构，拥有一大批在这方面具有丰富经验的优秀人才，拥有世界上先进的项目管理集成信息技术，可以对整个建设项目实行全面的、科学的、动态的计算机管理，这是任何临时性的领导小组、指挥部、筹建处和生产厂直接进行项目管理无法实现的，从而达到业主所期望的最佳项目建设目标。

但是这种模式也有其缺点：业主无法参与建筑师、工程师的选择，降低了业主对最终设计和细节的控制力，业主代表担任监理角色，工程设计可能会受分包商的利益影响，由于同一实体负责设计与施工，减弱了工程师与承包商之间的检查和制衡。

（6）BOT（Build - Operate - Transfer）方式。BOT即建造-运营-移交模式。这种模式是20世纪80年代在国外兴起的一种依靠国外私人资本进行基础设施建设的一种融资和建造的项目管理方式，或者说是基础设施国有项目民营化。它是指东道国政府开放本国基础设施建设和运营市场，吸收国外资金，授给项目公司以特许权，由该公司负责融资和组织建设，建成后负责运营及偿还贷款。在特许期满时将工程移交给东道国政府。

BOT方式参与各方：

1）主要参与方包括政府、项目公司和金融机构。

2）其他参与方包括咨询公司、总承包商、工程监理公司、运营公司、开发公司、代理银行和供应商。

BOT方式有其优越性，不仅可以减少东道主国家的外债负担，又可解决基础设施不足和建设资金不足的问题。但也有其不足之处，比如项目发起人必须具备很强的经济实力，资格预审及招投标程序复杂。

（7）工程项目管理服务（Project Management Contractor，PMC）方式。工程项目管理服务（PMC）方式是20世纪50年代末、60年代初开始逐步在美国、西德和法国等国家广泛应用的一种国际通用的项目管理方法。它包括业主方的项目管理、设计方的项目管理和施工方的项目管理等三个方面。其中“业主方的项目管理”是指项目管理咨询公司受业主的委托，采用科学的管理思想、组织、方法和手段，对项目投资、建设周期和项目质量三大目标实施控制，并向业主提供合同管理、信息管理和组织协调等服务。项目管理咨询公司既不参与设计，也不参与施工活动，其基本属性是向业主提供咨询。它受业主的委托，在工作中代表业主的利益，是业主忠实的顾问。

工程项目管理服务（PMC）方式，是按照合同约定，在工程项目决策阶段，为业主编制可行性研究报告，进行可行性分析和项目策划；在项目实施阶段，为业主提供招标代理、设计管理、采购、施工管理和试运行等服务，代表业主对工程项目进行安全、质量、进度、费用、合同、信息管理和控制。

项目经理（Project Manager）的主要任务是自始至终对一个项目负责，这可能包括项目任务书的编制、预算控制、法律与行政障碍的排除、土地资金的筹集等，同时使设计者、工料测量师和承包商的工作正确地分阶段进行，在适当的时候引入指定分包商的合同和任何专业建造商的单独合同，以使业主委托的活动顺利进行。

（8）管理承包（Management Contracting）方式。管理承包商一方面与业主签订合同，另一方面与施工承包商签订合同，并须与业主的专业咨询设计单位（如建筑师、工程师、测量师等）进行密切合作，对工程进行管理、协调和控制。施工、设备采购由各施工承包商承担。

模块 6.1.2　水利工程合同文本及合同管理要点

1. 合同的概念与特征

（1）合同的概念。合同又称契约，是当事人之间确立一定权利义务关系的协议。广泛的合同，泛指一切能发生某种权利义务关系的协议。我国于1999年10月1日开始实施的《中华人民共和国民法典》中，对合同的主体及权利义务的范围都作了限定，即合同是平等主体之间确立民事权利义务关系的协议。采用了狭义的合同概念。

建设工程合同是承包方与发包方之间确立承包方完成约定的工程项目，发包方支付价款与酬金的协议，它包括工程勘察、设计、施工合同。它是《民法典》中记名合同的一种，属于《民法典》调整的范围。

计划经济期间，所有建设工程项目都由国家调控，工程建设中的一切活动均由政府统筹安排，建设行为主体都按政府指令行事，并只对政府负责。行为主体之间并无权利义务关系存在，所以，也无须签订合同。但在市场经济条件下，政府只对工程建设市场进行宏观调控，建设行为主体均按市场规律平等参与竞争，各行为主体的权利义务皆由当事人通过签订合同自主约定，因此，建设工程合同成为明确承发包双方责任、保证工程建设活动得以顺利进行的主要调控手段之一，其重要性已随着市场经济体制的进一步确立而日益明显。

需要指出，除建设工程合同以外，工程建设过程中，还会涉及许多其他合同，如设备、材料的购销合同，工程监理的委托合同，货物运输合同，工程建设资金的借贷合同，机械设备的租赁合同，保险合同等，这些合同同样也是十分重要的。它们分属各个不同的合同种类，分别由《民法典》和相关法规加以调整。

（2）合同的法律特征。

1）合同的主体是经法律认可的自然人、法人和其他组织。自然人包括我国公民和外国自然人，其他组织包括个人独资企业、合伙企业等。

2）合同当事人的法律地位平等。合同是当事人之间意思表示一致的法律行为，只有合同各方的法律地位平等时，才能保证当事人真实地表达自己的意志。所谓平等，是指当事人在合同关系中法律地位是平等的，不存在谁领导谁的问题，也不允许任何一方将自己的意志强加于对方。

3）合同是设立、变更、终止债权债务关系的协议。首先，合同是以设立、变更和终止债权债务关系为目的的；其次，合同只涉及债权债务关系；再次，合同之所以称为协议，是指当事人意思表示一致，即指当事人之间形成了合意。

2. 建设工程合同管理的概念

《民法典》规定："建设工程合同是承包人进行工程建设，发包人支付价款的合同。建设工程合同包括工程勘察、设计、施工合同。"建设工程合同管理，指在工程建设活动中，对工程项目所涉及的各类合同的协商、签订与履行过程中所进行的科学管理工作，并通过科学的管理，保证工程项目目标实现的活动。

建设工程合同管理的目标主要包括工程的工期管理、质量与安全管理、成本（投资）管理、信息管理和环境管理。其中，工期主要包括工程总工期、工程开工与竣工日期、工程进度及工程中的一些主要活动的持续时间等；工程质量主要包括其在安全、使用功能及其在耐久性能、环境保护等方面所有明显的、隐含的能力的特性总和。据此，可将建设工程质量概括为：根据国家现行的有关法律、法规、技术标准、设计文件的规定和合同的约定，对工程的安全、适用、经济、美观等特性的综合要求。工程成本主要包括合同价格、合同外价格、设计变更后的价格、合同的风险等。

3. 建设工程合同管理的原则

建设工程合同管理一般应遵循以下几个原则。

（1）合同第一位原则。在市场经济中，合同是当事人双方经过协商达成一致的协议，签订合同是双方的民事行为。在合同所定义的经济活动中，合同是第一位的，作为双方的高行为准则，合同限定和调节着双方的义务和权利。任何工程问题和争议首先都要按照合同解决，只有当法律判定合同无效，或争议超过合同范围时才按法律解决。所以在工程建设过程中，合同具有法律上的高优先地位。合同一经签订，则成为一个法律文件。双方按合同内容承担相应的法律责任，享有相应的法律权利。合同双方都必须用合同规范自己的行为，并用合同保护自己。

在任何国家，法律确定经济活动的约束范围和行为准则，而具体经济活动的细节则由合同规定。

（2）合同自愿原则。合同自愿是市场经济运行的基本原则之一，也是一般国家的法律准则。合同自愿体现在以下两个方面：

1）合同签订时，双方当事人在平等自愿的条件下进行商讨。双方自由表达意见，自己决定签订与否，自己对自己的行为负责。任何人不得利用权力、暴力或其他手段向对方当事人进行胁迫，以致签订违背当事人意愿的合同。

2）合同自愿构成。合同的形式、内容、范围由双方商定。合同的签订、修改、变更、补充和解释，以及合同争执的解决等均由双方商定，只要双方一致同意即可，他人不得随便干预。

(3) 合同的法律原则。建设工程合同都是在一定的法律背景条件下签订和实施的，合同的签订和实施必须符合合同的法律原则。它具体体现在以下三个方面：

1) 合同不能违反法律，合同不能与法律相抵触，否则合同无效。这是对合同有效性的控制。

2) 合同自由原则受法律原则的限制，所以工程实施和合同管理必须在法律所限定的范围内进行。超越这个范围，触犯法律，会导致合同无效、经济活动失败，甚至会带来承担法律责任的后果。

3) 法律保护合法合同的签订和实施。签订合同是一个法律行为，合同一经签订，合同以及双方的权益即受法律保护。如果合同一方不履行或不正确履行合同，致使对方利益受到损害，则不履行一方必须赔偿对方的经济损失。

(4) 诚实信用原则。合同的签订和顺利实施应建立在承包商、业主和工程师紧密协作、互相配合、互相信任的基础上，合同各方应对自己的合作伙伴、对合同及工程的总目标充满信心，业主和承包商才能圆满地执行合同，工程师才能正确地、公正地解释和进行合同管理。在工程建设实施过程中，各方只有互相信任才能紧密合作，才能有条不紊地工作，才可以从总体上减少各方心理上的互相提防和由此产生的不必要的互相制约。这样，工程建设就会更为顺利地实施，风险和误解就会较少，工程花费也会较少。

诚实信用有以下一些基本的要求和条件：

1) 签约时双方应互相了解，任何一方应尽力让对方正确地了解自己的要求、意图及其他情况。业主应尽可能地提供详细的工程资料、工程地质条件的信息，并尽可能详细地解答承包商的问题，为承包商的报价提供条件。承包商应尽可能提供真实可靠的资格预审资料、各种报价单、实施方案、技术组织措施文件。合同是双方真实意思的表达。

2) 任何一方都应真实地提供信息，对所提供信息的正确性负责，并且应当相信对方提供的信息。

3) 不欺诈，不误导。承包商按照自己的实际能力和情况正确报价，不盲目压价，并且明确业主的意图和自己的工程责任。

4) 双方真诚合作。承包商应正确全面地履行合同义务，积极施工，遇到干扰应尽量避免业主遭受损失，防止损失的发生和扩大。

5) 在市场经济中，诚实信用原则必须有经济的、合同的甚至是法律的措施，如工程保函、保留金和其他担保措施，对违约的处罚规定和仲裁条款，法律对合法合同的保护措施，法律和市场对不诚信行为的打击和惩罚措施等予以保证。没有这些措施保证或措施不完备，就难以形成诚实信用的氛围。

(5) 公平合理原则。建设工程合同调节双方的合同法律关系，应不偏不倚，维护合同双方在工程建设中的公平合理的关系。具体表现在以下几个方面：

1) 承包商提供的工程（或服务）与业主支付的价格之间应体现公平的原则，这种公平通常以当时的市场价格为依据。

2）合同中的责任和权利应平衡，任何一方有一项责任就必须有相应的权利；反之，有权利就必须有相应的责任。应无单方面的权利和单方面的义务条款。

3）风险的分担应公平合理。

4）工程合同应体现工程惯例。工程惯例是指建设工程市场中通常采用的做法，一般比较公平合理，如果合同中的规定或条款严重违反惯例，往往就违反了公平合理的原则。

5）在合同执行中，应对合同双方公平地解释合同，统一地使用法律尺度来约束合同双方。

4. 建设工程合同管理的工作内容

建设工程合同管理的过程是一个动态过程，是工程项目合同管理机构和管理人员为实现预期的管理目标，运用管理职能和管理方法对工程合同的订立和履行行为施行管理活动的过程。全过程包括如下工作内容。

（1）合同订立前的管理。合同订立前的管理也称为合同总体规划。合同签订意味着合同生效和全面履行，因此，必须采取谨慎、严肃、认真的态度，做好签订前的准备工作。具体内容包括市场预测、资信调查和决策，以及订立合同前行为的管理。

作为业主方，主要应通过合同总体策划对以下几方面内容作出决策：与业主签约的承包商的数量、招标方式的确定、合同种类的选择、合同条件的选择、重要合同条款的确定以及其他战略性问题（如业主的相关合同关系的协调等）。

作为承包商，承包合同的策划应服从于基本目标（取得利润）和企业经营战略。具体内容包括投标方向的选择、合同风险的总评价、合作方式的选择等。

（2）合同订立时的管理。订立合同是一种法律行为，双方应当认真、严肃地拟定合同条款，做到合同内容合法、有效、公平。

《民法典》规定，订立合同应当采用要约、承诺方式。要充分认识合同的严肃性。合同是对当事人各方的法律约束，宁愿不签合同，也别胡乱签合同，一定要摸透情况，谨慎从事。一旦签约，必须认真执行，即使赔得破产也得履行合同。如果签约后承包商不干了，业主首先要没收履约保函，并提交仲裁，要求承包商赔偿由此引起的全部经济损失。因此，对于合同的签订要特别慎重，好的合同可签，不利的合同千万别签。因此合同订立阶段是合同管理的重点。建设工程合同的订立有以下两种情形：

1）招标发包的工程项目。当事人双方经过工程招标投标活动达成一致，建立建设工程合同关系。合同订立管理的重点是招投标活动。

2）直接发包的工程项目。当事人双方通过谈判协商一致，建立建设工程合同关系。合同订立管理的重点是谈判过程。

（3）合同履行中的管理。合同依法生效后，当事人应认真做好履行过程中的组织和管理工作，严格按照合同条款履行义务，享有权利。合同管理人员（无论是业主方还是承包方）的主要工作有：建立合同实施的保证体系，对合同实施情况进行跟踪并进行诊断分析，进行合同变更管理等。

（4）合同发生纠纷时的管理。在合同履行中，当事人之间有可能发生纠纷。当争议或纠纷出现时，有关双方应从整体、全局利益的目标出发，做好有关的纠纷处理及索赔工作。

任务6.2 合同法基本原理

模块6.2.1 民法典概论

1.《中华人民共和国民法典》简介

《中华人民共和国合同法》(简称《合同法》)是1999年3月15日第九届全国人民代表大会第二次会议通过,中华人民共和国主席令第15号于1999年3月15日颁布并于1999年10月1日起开始正式施行的。同时《中华人民共和国经济合同法》《中华人民共和国涉外经济合同法》《中华人民共和国技术转让法》废止。

《合同法》分总则、分则、附则三部分,共计23章,428条。《合同法》总则部分包括一般规定、合同的订立、合同的效力、合同的履行、合同的变更和转让、合同的权利义务终止、违约责任和其他规定等内容。《合同法》分则部分分别对买卖合同、供用水电气热力合同、赠与合同、借款合同、租赁合同、融资租赁合同、承揽合同、建设工程合同、运输合同、技术合同、保管合同、仓储合同、委托合同、行纪合同、居间合同等进行了专门的规定。《合同法》分则中的第十六章为"建设工程合同",共19条,专门对建设工程中的合同关系作了法律规定。除《合同法》对建设工程合同作了专章规定外,《中华人民共和国建筑法》《中华人民共和国招标投标法》也有许多涉及建设工程合同的规定。这些法律是我国建设工程合同管理的依据。

2.《民法典》的立法目的和基本原则

(1)立法目的。《民法典》的立法目的是为了保护合同当事人的合法权益,维护社会经济秩序,促进社会主义现代化建设。

《民法典》所称的合同是平等主体的自然人、法人、其他组织之间设立、变更、终止民事权利义务关系的协议。婚姻、收养、监护等有关身份关系的协议,不适用本法的规定。

(2)基本原则。《民法典》的基本原则如下:

1)遵守法律、法规原则。签订合同的双方当事人的主体资格要合法。订立的合同条款不能违反法律、行政法规的强制性规定,否则所签订的合同无效。订立合同的程序和形式要合法。《民法典》规定:"当事人订立合同,采取要约、承诺方式;合同订立的形式也必须合法,即法律、行政法规规定采用书面形式的,就应当采用书面形式。"

2)自愿原则。《民法典》规定:"当事人依法享有自愿订立合同的权利,任何单位和个人不得非法干预。"

3)诚信原则。所谓诚实,就是订立合同的当事人的意思表示要真实、合法,不歪曲或隐瞒事实,不欺骗对方。所谓信用,就是信守合同条款,严格履行双方约定的合同条款,不失信,不违约。坚持诚实信用原则,有利于合同当事人权益实现,确保社会经济秩序稳定。

4)平等、公平原则。所谓平等,其含义为:合同当事人的法律地位平等,一方不得将自己的意志强加给另一方。而遵循公平原则就是要求合同双方在权利、义务的安排上大致相等，合同一方不得利用对方没有经验而签订显失公平的合同。

5）不损害社会公共利益和扰乱社会经济秩序的原则。《民法典》规定："当事人订立、履行合同，应当遵守法律、行政法规，尊重社会公德，不得扰乱社会经济秩序，损害社会公共利益。"

模块6.2.2　合同订立和履行

1. 合同订立的基本概念

所谓合同的订立，是指当事人之间互为意思表示并趋于一致的过程。在人们的实际生活中，订立合同的行为是人们社会交往、协作劳动、从事商品交换以实现自己实际目的的主要和重要的法律手段。

（1）合同的形式。合同的形式又称合同的方式，是当事人合意的表现形式，是合同内容的外在表现，是合同内容的载体。我国的合同形式主要有口头、书面和其他三种形式。

（2）合同的内容。

1）当事人的名称和住所。合同当事人包括自然人、法人、其他组织。合同当事人是自然人时，如果不写明当事人，就无法确定权利的享受者和义务的承担者，发生纠纷也无法解决。

2）标的。标的是合同权利义务指向的对象。没有标的或标的不明确时，权利义务就没有依托，所以标的是合同必备的内容。合同标的的种类有四种：有形财产、无形财产、劳务、工作成果，如建设工程、专利使用权、保管行为、有价证券等。但法律禁止的行为或禁止转让的物品，不得作为合同的标的。

3）数量和质量。数量是标的的计量，在大多数合同中，如果没有数量，合同就不能成立。对质量要有明确规定，国家有强制性标准的，必须按照规定的标准执行。

4）价款或者报酬。报酬又称为价金，是一方取得标的所支付的代价。在以物为标的的合同中，这一代价称为价款，如货款、财产租赁的租金等；在以劳务和工作成果为标的的合同中，这种代价称为报酬，如货物运输费、加工承揽费等。对于有偿合同来说，价金条款是关键的条款之一。

5）履行的期限、地点和方式。履行期限是指享有权利的一方要求对方履行义务的时间范围；履行地点是指合同当事人履行或接受履行合同规定义务的地点；履行方式是指当事人采取什么办法来履行合同规定的义务。

6）违约责任。违约责任是当事人不履行或者不适当履行合同规定的义务所应承担的法律责任。

7）解决争议的方法。当事人在合同订立、履行过程中发生争议如何解决，最好能在合同中载明，以利于合同争议的管辖和尽快解决。

2. 合同成立的时间和地点

（1）合同成立的时间。《民法典》规定："承诺生效时合同成立。"合同订立的方式决定合同成立的时间。

1）采用口头形式订立合同的，自口头承诺生效时成立。

2）采用合同书形式订立合同的，自双方当事人签字或者盖章时合同成立。当事人签字或盖章的时间不一致的，应当以后一方签字或盖章的时间作为合同成立的时间。

3）采用信件、数据电文形式订立合同的，一方要求在合同成立之前签订确认书的，签订确认书时合同成立。如果双方都未提出签订确认书，则仍然是承诺生效时合同成立。

4）法定或约定采用书面形式订立合同的，当事人未采用书面形式，或者采用合同书形式订立合同，在签字或盖章之前，一方已履行主要义务，对方接受的，该合同成立。

（2）合同成立的地点。合同成立的地点即承诺生效的地点。根据承诺的方式和承诺生效时间规定的不同，合同成立的地点也不同。

承诺需要通知的，要约人所在地为合同成立地。

承诺不需要通知的，受要约人根据交易习惯或者要约的要求作出承诺行为的地点为合同成立的地点。

1）采用合同书形式订立合同的，双方当事人签字或者盖章的地点为合同成立的地点。

2）采用数据电文形式订立合同的，收件人的主营业地为合同成立的地点；没有主营业地的，其经常居住地为合同成立的地点。当事人另有约定的，按照其约定。

3. 合同的效力

（1）合同的效力。合同的效力又称合同的法律效力，是法律赋予依法成立的合同具有约束当事人乃至第三人的强制力。

（2）合同生效的条件。

1）当事人须有签订合同的能力。当事人的缔约能力是指当事人应具备相应的民事权利能力和民事行为能力。民事权利能力是指法律赋予民事主体享有民事权利和承担民事义务的资格；民事行为能力是指民事主体独立实施民事法律行为的资格。

我国法律规定，我国公民从出生开始到死亡都享有民事权利能力；法人和其他组织从成立始至终止在其法定经营范围内享有民事权利能力。法人和其他组织的民事行为能力的享有与其民事权利能力相同；公民的民事行为能力则分为完全行为能力、限制行为能力和无行为能力三种。完全行为能力人方能订立合同，限制行为能力人订立的合同，经法定代理人追认后有效；如果是纯获利益的合同或者与当事人年龄、智力、精神健康状况相适应而订立的合同，不经法定代理人追认，也有效。

2）意思表示真实。意思表示真实是指当事人在自觉自愿的基础上，做符合其内在意志的表示行为。在正常情况下，行为人的意志是与其外在表现相符的，但有时由于某些主观或客观的原因，也可能出现两者不相符的情形，行为人的意思表示就会不真实，所订立的合同也不具有法律效力或者可以撤销。

3）不违反法律和社会公共利益。合同如果不具备合法性，只能归于无效。所以合同的内容和目的都不得违反国家法律和社会公共利益。

4）合同的形式合法。合同的形式合法是指订立合同必须采取符合法律规定的形式。法律规定用特定形式的，应当依照法律规定。

（3）合同生效的时间。

1）合同生效的时间的一般规定。依法成立的合同，自成立时生效。法律、行政法规规定应当办理批准、登记等手续生效的，依照其规定执行。

2）附条件和附期限合同的生效时间。当事人对合同的效力可以约定附生效条件。附生效条件的合同，自条件成就时生效。附解除条件的合同，自条件成就时失效。当事人为了自己的利益不正当地阻止条件成就的，视为条件已成就；不正当地促成条件成就的，视为条件不成就。

当事人对合同的效力可以约定附生效期限。附生效期限的合同，自期限届至时生效。附终止期限的合同，自期限届满时失效。

4. 无权代理和表见代理

（1）无权代理。行为人在无权代理的情况下（无代理权、超越代理权或代理权终止），与被代理人订立的合同，未经被代理人追认，对被代理人不发生效力，由行为人承担责任。相对人可以催告被代理人在一个月内予以追认。被代理人表示同意的，由被代理人承担合同责任，被代理人未做表示的，视为拒绝追认，合同对被代理人不发生效力。

（2）表见代理。行为人没有代理权、超越代理权或代理权终止后，以被代理人的名义订立合同，相对人“有理由”相信行为人有代理权的，该代理行为称为表见代理。表见代理行为有效。

引例解析：引例中乙与丙合同中的500件韩国陶瓷属于表见代理，因为甲对乙的口头指令，乙如果不说，丙怎么能知道，丙看到的是甲给乙的书面委托，甲公司应受领丙的500件韩国陶瓷并付货款。

5. 效力待定合同及类型

（1）效力待定合同的概念。效力待定的合同是指合同欠缺有效要件，能否发生当事人预期的法律效力尚未确定，只有经过有权人的追认，才能化欠缺有效要件为符合有效要件，发生当事人预期的法律效力。若有权人在一定期间内不予追认，合同归于无效。

（2）效力待定合同的类型。

1）限制行为能力人订立的合同。限制行为能力人订立的合同，经法定代理人追认后，该合同有效，但纯获利益的合同或者与其年龄、智力、精神健康状况相适应而订立的合同，不必经法定代理人追认。相对人可以催告法定代理人在一个月内予以追认。法定代理人未作表示的，视为拒绝确认。合同被追认之前，善意相对人有撤销该合同的权利。撤销应当以通知的方式作出。

2）无代理权人以他人名义订立的合同。行为人没有代理权、超越代理权或者代理权终止后以被代理人的名义订立的合同，未经被代理人追认，对被代理人不发生效力，由行为人承担责任。但相对人有理由相信行为人有代理权的，该代理行为有效。例如，相对人见到了行为人所持有效的某法人的介绍信，则应认定行为人与该单位之间的代理关系有效。这样规定的目的在于保护善意第三人的利益，维护交易安全，但却增加了被代理人的风险。相对人可以催告被代理人在一个月内予以追认，被代理人未作表示的，视为拒绝追认。合同被追认之前，善意相对人有撤销的权利。撤销应当以通知的方式做出。

3）无处分权人处分他人财产的合同。财产的处分权只能由享有处分权的人行使，无处分权的人不得擅自处分他人的财产。无处分权的人处分他人财产，经权利人追认或者无处分权的人订立合同后取得处分权的，该合同有效。

6. 无效合同及可撤销、可变更合同

（1）无效合同。无效合同的基本特征就是违反法律或者社会公共利益。无效合同天生有缺陷，自始不具有法律约束力，也称为绝对无效的合同。

除《民法典》规定的合同无效情形外，《民法典》还规定，有下列情形之一的，合同无效。

1）一方以欺诈、胁迫手段订立合同，损害国家利益。

2）恶意串通，损害国家、集体或第三人利益。

3）以合法形式掩盖非法目的。

4）损害社会公共利益。

5）违反法律、行政法规强制性规定。

《民法典》规定："民法典实施以后，人民法院确认合同无效，应当以全国人民代表大会及其常务委员会制定的法律和国务院制定的行政法规为依据，不得以地方法规、行政规章为依据。"

（2）可变更、可撤销合同的概念。可变更、可撤销的合同又称相对无效的合同，是指欠缺合同有效要件，一方当事人有权请求人民法院或仲裁机构予以变更或撤销的合同。其中，可变更是指因意思表示不真实，当事人之间通过协商改变原合同的某些内容，使合同仍然有效。可撤销是指因意思表示不真实，通过撤销权人行使撤销权，使已生效的合同归于无效。

（3）可变更、可撤销合同的种类。

1）因重大误解订立的合同。

2）在订立合同时显失公平的合同。

3）一方以欺诈、胁迫的手段或者乘人之危，使对方在违背真实意思的情况下订立的合同。

（4）撤销权的行使和消灭。对于可变更或可撤销的合同，当事人应通过诉讼或仲裁的方式，请求人民法院或仲裁机构予以变更或撤销。当事人请求变更的，人民法院或仲裁机构不得撤销。具有撤销权的当事人如果知道或应当知道撤销事由之日起一年内不行使撤销权的，该撤销权消灭。具有撤销权的当事人知道撤销事由后，可以明确表示或者以自己的行为放弃撤销权。

（5）合同无效或者被撤销后的法律后果。

1）无效合同或被撤销合同的法律效力。无效合同或者被撤销的合同自始没有法律约束力。合同部分无效，不影响其他部分效力的，其他部分仍然有效。

合同无效、被撤销或者终止的，不影响合同中独立存在的有关解决争议方法的条款的效力。

2）无效合同或被撤销合同的法律后果。合同无效或者被撤销后，因该合同取得的财产，应当予以返还；不能返还或者没有必要返还的，应当作价补偿。有过错的一方应当赔偿对方因此所受到的损失，双方都有过错的，应当各自承担相应的责任。

当事人恶意串通，损害国家、集体或者第三人利益的，因此取得的财产收归国家所有，或者返还集体、第三人。

7. 合同的履行

（1）合同履行的概念。合同的履行是指合同当事人按照合同的约定完成各自应尽的全部义务。为了保证合同履行的质量，就需要保证合同履行的原则和规则，注意行使合同履行中的权利和保证措施。

(2) 合同履行的基本规则。《民法典》规定，合同生效后，当事人就质量、价款或者报酬、履行地点等内容没有约定或者约定不明确的，可以协议补充；不能达成补充协议的，按照合同有关条款或者交易习惯确定。依照上述规定仍不能确定的，适用下列规定：

1) 质量要求不明确的，按照国家标准、行业标准履行；没有国家标准、行业标准的，按照通常标准或者符合合同目的的特定标准履行。

2) 价款或者报酬不明确的，按照订立合同时履行地的市场价格履行；依法应当执行政府定价或者政府指导价的，按照规定履行。

3) 履行地点不明确的，给付货币的，在接受货币一方所在地履行；交付不动产的，在不动产所在地履行；其他标的在履行义务一方所在地履行。

4) 履行期限不明确的，债务人可以随时履行，债权人也可以随时要求履行，但应当给对方必要的准备时间。

5) 履行方式不明确的，按照有利于实现合同目的的方式履行。履行费用的负担不明确的，由履行义务的一方负担。

6) 执行政府定价的在合同约定的交付期限内政府价格调整时，按照交付时的价格计价。逾期交付标的物的，遇到价格上涨时，按照原价格执行；价格下降时，按照新价格执行。逾期提取标的物或者逾期付款的，遇到价格上涨时，按照新价格执行；价格下降时，按照原价格执行。

8. 合同履行中的抗辩权

抗辩权又称异议权，是指对抗请求权或者否认他人权利主张的权利，其作用是使对方的权利受到阻碍或者消灭。

(1) 同时履行抗辩权。《民法典》规定：“当事人互负债务，没有先后履行顺序的，应当同时履行。一方在对方履行之前有权拒绝其履行要求。一方在对方履行债务不符合约定时，有权拒绝其相应的履行要求。”

同时履行抗辩权的适用条件包括如下几种：

1) 由同一双务合同产生互负的对价给付债务。

2) 合同中未约定履行的顺序。

3) 对方当事人没有履行债务或者没有正确履行债务。

4) 对方的对价给付是可能履行的义务。所谓对价给付是指一方履行的义务和对方履行的义务之间具有互为条件、互为牵连的关系并且在价格上基本相等。

实例分析：甲建筑公司与乙水泥厂签订一份买卖水泥的合同，约定提货时付款。甲建筑公司提货时称公司出纳员突发急病，支票一时拿不出来，要求先提货，过两天再把货款送来，乙水泥厂拒绝了甲公司的要求。乙水泥厂行使的这种权利在法律上称为同时履行抗辩权。

(2) 后履行抗辩权。《民法典》规定：“当事人互负债务，有先后履行顺序，先履行一方未履行的，后履行一方有权拒绝其履行要求。先履行一方履行债务不符合约定的，后履行一方有权拒绝其相应的履行要求。”

实例分析：甲建筑公司与乙建材公司订立的买卖合同约定：“甲公司向乙公司购买建材价值90万元，甲公司于8月1日前向乙公司预先支付货款60万元，余款于10月15日在乙公司交付全部建材后2日内一次付清。”甲公司以资金周转困难为由未按合同约定预先支付货款60万元。10月15日，甲公司要求乙公司交付建材。根据民法典律制度的规定，乙公司可以行使的权利是后履行抗辩权，即可以拒不交付建材。

(3) 先履行抗辩权。先履行抗辩权，又称不安抗辩权，是指合同中约定了履行的顺序，合同成立后发生了应当后履行合同一方财务状况恶化的情况，应当先履行合同一方在对方未履行或者提供担保前有权拒绝先为履行。

《民法典》规定：应当先履行债务的当事人，有确切证据证明对方有下列情形之一的，可以中止履行：

1) 经营状况严重恶化。

2) 转移财产、抽逃资金，以逃避债务。

3) 丧失商业信誉。

4) 有丧失或者可能丧失履行债务能力的其他情形。

实例分析：甲与乙订立挖掘机买卖合同，规定甲应于8月1日交货，乙应于同年8月7日付款。7月底，甲发现乙经营状况恶化，没有支付货款的能力，并有确切证据，遂要求乙提供担保，但乙不同意，于是甲于8月1日未按约定交货。依据《民法典》的有关规定，甲实行了不安抗辩权。

9. 合同履行中的代位权

债权人的代位权是指债务人怠于行使其到期债权，而危害到债权人的权利时，债权人可以取代债务人的地位，行使债务人的权利。债权人以自己的名义行使代位权时，应通过人民法院，即向人民法院请求以自己的名义代位行使债务人的债权。债权人行使该项权利时应以债务人的债权为限。债权人行使代位权的必要费用，由债务人负担。但是，债权人对专属于债务人自身的债权不能行使代位权。

10. 合同的转让

合同转让是指合同成立后，当事人一方依法将合同中的全部权利、部分权利，或者合同中的全部义务、部分义务转让或转移给第三人的法律行为。包括债权转让和债务转让，以及债权和债务同时转让。

(1) 债权转让。债权人可以将合同的权利全部或者部分转让给第三人。债权人转让权利的，应当通知债务人。未经通知的，该转让对债务人不发生效力。债权人转让权利的通知不得撤销，但经受让人同意的除外。债权人转让权利的，受让人取得与债权有关的从权利，但该从权利专属于债权人自身的除外。债务人接到债权转让通知后，债务人对让与人的抗辩，可以向受让人主张。债权人转让债权后，债务人对让与人享有债权，并且债务人的债权先于转让的债权到期或者同时到期的，债务人可以向受让人主张抵消。

有下列情形之一的债权人的债权不可转让：

1) 根据合同性质不得转让。

2) 按照当事人约定不得转让。

3）依照法律规定不得转让。

（2）债务转让。债务人可以将合同中的义务全部或部分转让给第三人，但必须经过债权人的同意，并按法律规定的程序办理批准、登记等手续。债务人转让义务的，新债务人应当承担与主债务有关的从债务，但该从债务专属于原债务人自身的除外。

（3）债权和债务同时转让。当事人一方经对方同意，可以将自己在合同中的权利和义务一并转让给第三人。债权和债务同时转让一般有两种情况：一是合同转让，对其的规定与前面的债权和债务单独转让的规定基本相同；二是因企业的合并或分立而发生的转让。当事人订立合同后合并的，由合并后的法人或者其他组织行使合同权利，履行合同义务。当事人订立合同后分立的，除债权人和债务人另有约定的以外，由分立的法人或者其他组织对合同的权利和义务享有连带债权，承担连带债务。

11. 合同的终止

合同终止的概念：合同权利义务终止，也称合同终止，是指合同当事人的权利和义务在客观上不复存在。合同权利义务的终止包括合同的债务已经履行、合同解除、合同撤销等内容。

《民法典》规定：有下列情形之一的，合同的权利义务终止：

（1）债务已经按照约定履行。

（2）合同解除。

（3）债务相互抵消。

（4）债务人依法将标的物提存。

（5）债权人免除债务。

（6）债权债务同归于一人。

（7）法律规定或者当事人约定终止的其他情形。

任务6.3　案　例　分　析

【案例6.1】　2007年9月24日，某房地产公司与某建筑工程公司四分公司签订施工合同，房地产公司将其开发的公寓1号楼工程由四分公司承建。后来，四分公司按约进场施工，完成了该工程的基础部分和主体的第一、二层。由于房地产公司方面的原因，2008年9月28日，双方达成决算协议：双方所签订的施工合同作废，四分公司已建部分工程量及材料费、人工费、保证金等款项在工程验收合格后一个月内付清（不计利息）。由于房地产公司拒不按约支付工程款，四分公司于2010年5月起诉至法院。

一审法院认为，双方签订的工程款决算协议，符合法律规定，应当有效。现该工程已实际验收合格，房地产公司未按决算协议书及书面承诺的验收时间付清工程款，应当承担民事责任，对四分公司要求支付工程款的主张予以支持。被告方房地产公司不服判决，上诉至当地中级人民法院。二审法院认为，上诉人所称工程未经验收，无充分证据，不予采纳，其上诉理由不能成立。判决驳回上诉，维持原判。而后，600余万元工程款和经济损失赔偿费，已全部汇入承包方账户。

目前，施工合同经济案件大幅度增加，在拖欠工程款严重威胁到施工企业生存的情况下，把希望寄托在建设单位发“善心”归还拖欠款，是无所作为、愚蠢的行为，在市场经济和法制日益完善的情况下是不可取的。只有拿起法律武器，向法院提起索赔诉讼请求，最后取得法律公正的解决，维护自己的利益，才是明智之举。但是如何能在法庭上胜诉，还取决于施工企业财务、技术、经营人员素质和合同条款完善程度，这是值得思考的问题。

本案四分公司之所以能胜诉是由于施工企业在合同管理上比较严密，合同是打官司的重要法律凭证。案例中，施工企业所以取得胜诉，是由于合同签订时条款比较完善和合同管理的资料齐全。施工企业在签订合同时，合同的条款要严密、完备，符合法律、法规，这样才能立于不败之地。签订合同条款时把今后可能出现的问题事先加以设防。一方面，认真考察对方，了解对方的情况；另一方面设想今后可能出现的问题和纠纷，尽量在合同中加以设定，使合同尽量完备和严密。一旦发生纠纷引起诉讼，设定协议管辖条款，由原告方的法院受理，为今后胜诉打下基础。

施工企业应充分利用法律赋予施工企业“优先受偿权”的权利，为自己解围。为了解决建设单位拖欠工程款的问题，使工程承包人的回报得到应有的保障，1999 年 10 月 1 日起实施的《民法典》对此作出了较明确的规定。发包人不按约定支付价款，经承包人催告后在合理期限内仍不支付的，承包人可以与发包人协议将该工程折价，也可以向人民法院申请将该工程依法拍卖。建设工程价款就该工程折价或者拍卖的价款优先受偿，承包人按照该条款规定行使优先受偿权。

当建设方资金紧张或企业运转不正常时，常将资金危机转嫁给施工企业，工程质量存在缺陷或工期拖延，是其拒付工程款的主要借口，因此在法庭上辩论焦点是隐蔽检查验收和竣工验收上的分歧。案例中的焦点是工程是否已经验收，双方约定的工程款给付条件是否已经具备。一方面，现行法律规定工程竣工验收由发包人组织进行。具体到本案中，公寓 1 号楼工程竣工后依法已由发包人房地产公司通过验收，法定代表人在决算协议上的签字已证实。根据我国法律规定，建设工程验收合格的，方可交付使用；未经验收的，不得交付使用。在二审过程中，四分公司还举证证实，公寓 1 号楼工程已交付使用。由此可见，该工程已竣工且确实已经验收。从此案例中，施工企业可得到如下启示，在施工和竣工验收时，均应及时办理质量验收手续，加强施工技术管理。在合同管理中，坚持建设方和监理方及时签字签证制度，保证合同手续的合法性，为以后解决合同纠纷和法庭上辩论提供充足的证据，确保胜诉。

【案例 6.2】“合同落空”（Frustration of Contract）是英美法的术语，指合同签订后由于双方不能控制的情况，使合同丧失了订立时的基础，双方得以免除合同义务。中国《民法通则》第五十九条第二款规定：“双方合同显失公平的，得请法院或仲裁机构予以撤销。”此规定与“合同落空”有相似之处。

但是，如果一方希望在国际贸易实践中援引此原则摆脱合同义务时，结果又如何呢？

本案为一仲裁案件。申请人为一家美国公司，被申请人为中国外贸公司。双方于 2009 年 11 月 12 日先后签订了 3 份售货合约，由被申请人向申请人出售总价值为 468000 美元的货物，价格术语为 CIF，最后交货期限为 2009 年 12 月 31 日。合同约定由中国国际经济贸易仲裁委员会仲裁。因市场发生剧烈变化，被申请人未能履行交货义务，申请人遂提起仲裁，请求仲裁庭裁决被申请人：①申请人遭受的利润损失567000美元；②支付信用证费用计2192.36美元；③赔偿申请人为此案支付的律师费；④承担全部仲裁费用。

被申请人辩称，因为国内国际市场价格飞涨，国内货源紧缺，到交货时价格已经上升了1～2倍。双方订立合同时所持有的根本目的已经落空，因此可以认为被申请人依合同价格交货的义务因履行合同时的环境与订立合同时的情况有本质的变化而得以免除。另外，根据《联合国国际货物销售合同公约》，被申请人应赔偿的损失为交货期满时交货地市场价格与合同价格的差价。对此，申请人进一步诉称，根据公约，申请人应得到的损害赔偿应包括申请人应得的利润。而且，申请人通过多种方式证明了当时存在国际市场价格，否认存在交货地的时价。仲裁庭意见：根据《公约》有关卖方义务的规定，被申请人的行为已经构成违约，申请人有权要求损害赔偿。被申请人援引合同落空理论来解释其不履行合同交货义务的行为是没有法律依据的。而且，被申请人未能合理证明交货地的时价，其抗辩被驳回。裁决被申请人赔偿申请人3份合同项下的利润损失共计550800美元以及被申请人向申请人支付其中两份合同项下的改证费和电传费、通知费683.31美元。

本案仲裁费，申请人分担10%，被申请人分担90%。

根据《公约》，发生当事人订立合同时所不能预见且不能控制的事件时，当事人可以免除合同义务。但本案法律实践没有认为合同订立后商品价格的变动是不可抗力事件，或价格上涨的幅度达到了不可抗力的程度。本案中，合同订立后仅仅过了不到两个月时间，商品价格已经上涨了超过一倍。

然而，这种情况并没有成为被申请人免责的理由。虽然被申请人竭力抗辩双方订立合同的情况已经产生了巨大的变化，如果在当时的市场情况下继续履行合同，将造成显失公平。但是，由于：①本案的适用法应为《公约》；②《公约》没有明示规定商品价格变化是不可抗力；③中国法律对于合同落空没有明示规定；④订立合同时双方可以预见到国际市场价格风险；⑤本案商品价格变动未达到“显失公平”的程度，仲裁庭认定被申请人的抗辩没有法律基础，裁决的赔偿金额超过合同价格。

可以看出，要引用“合同落空”这一理论来免除合同的义务是非常难的，必须有严格的条件。英国有关引用成功的判例是租用沿街房屋为观看皇家典礼，后因典礼取消，租方宣布合同落空。法庭判称，虽然合同中没有明示租房的目的，但是租方观看典礼的意图是显而易见的，支持合同落空，租方可以免责。

思　考　题

（1）现阶段主要的项目采购管理模式有哪些？

（2）简述合同的概念与特征。

（3）何为建设工程合同管理？其原则有哪些？

（4）什么是合同？合同有何法律特征？

（5）民法典有哪些基本原则？

（6）合同成立和生效有何区别？

(7) 合同生效有哪些要件?

(8) 什么是效力待定合同、无效合同和可撤销合同?

(9) 抗辩权有几种?

(10) 什么是合同的变更、转让和终止?

习　题

一、选择题

(1) 下列关于代理的叙述,(　　)是不正确的。

A. 无权代理行为的后果由被代理人决定是否有效

B. 无权代理在被代理人追认前相对人可以撤销

C. 无权代理的法律后果由被代理人承担

D. 代理人只能在代理权限内实施代理行为

(2)《民法典》中规定的合同履行抗辩权,是指合同履行过程中当事人任何一方因对方的违约而(　　)的行为。

A. 解除合同　　B. 变更合同　　C. 转让合同　　D. 中止履行合同义务

二、案例题

【案例1】 甲公司与乙公司签订一个供货合同,约定由乙公司在一个月内向甲公司提供一级精铝锭100吨,价值130万元,双方约定如果乙公司不能按期供货的,每逾期一天须向甲公司支付货款价值0.1%的违约金。由于组织货源的原因,乙公司在两个月后才给甲公司交付了100吨精铝锭,甲公司验货时发现不是一级精铝锭,而是二级精铝锭,就以对方违约为由拒绝付款,要求乙公司支付一个月的违约金39000元,并且要求乙公司重新提供100吨一级精铝锭。但是乙公司称逾期供货不是自己的过错,而是国家的产业政策调整所然,不应该支付违约金,而且所提供的精铝锭是经过质量检验机构检验合格的产品,甲公司不应当小题大做,现在精铝锭供应比较紧张,根本不可能重新提供精铝锭。甲公司坚持以公司应当支付违约金和按照合同约定的质量标准履行合同。双方为此发生争议,甲公司起诉至法院,要求乙公司支付违约金和重新履行合同。乙公司在答辩状中称,逾期供货不是自己的本意,也不是自己所能控制得了的,不应当支付违约金,即使支付违约金,也不应当支付39000元,这个请求不公平。

问题:

(1) 甲公司与乙公司之间签订的合同是否有效?

(2) 乙公司没有在约定的时间内交付货物是客观原因还是市场原因?

(3) 甲公司要求乙公司支付违约金和重新提供一级品标准的说法有无依据?

(4) 乙公司主张不能按时供应货物有无依据?

(5) 乙公司主张违约金的数额太高了,自己不应当承担这么多的违约金的说法有无依据?

【案例2】 中学生赵某,15周岁,身高175cm,但面貌成熟,像二十七八岁。赵某为了买一辆摩托车,欲将家中一套闲房卖掉筹购车款。后托人认识李某,与李某签订了购房合同李某支付定金5万元,双方遂到房屋管理部门办理了房屋产权转让手续。赵某父亲发现此事后，起诉到法院。

问题：

（1）该房屋买卖合同是否有效？

（2）如果无效请说明原因。

项目7 水利建设工程合同

【引例】 某水利工程施工项目，项目法人依据《水利水电土建工程施工合同条件》，与施工单位签订了施工合同。招标文件中的工期为270天，协议书中的工期为242天。施工中发生了下列事件：

事件1：施工单位在按监理单位签发的设计文件组织施工前，发现某部位钢筋混凝土浇筑要求与相关规范规定不一致，向设计单位提出变更建议并附变更方案；设计单位审核后认为施工单位的建议正确，方案合理，向施工单位发出了设计修改文件。

事件2：在施工过程中，根据监理单位的书面指示，施工单位进行了跨河公路桥基础破碎岩石开挖，但公路桥报价清单中无此项内容。主体工程报价清单中有以下单价：

(1) 混凝土坝A：砂卵石、岩石地基开挖80元/m^3；B：基础处理90元/m^3。

(2) 土石坝C：砂卵石、岩石地基开挖60元/m^3；D：基础处理70元/m^3。

事件3：施工单位经监理单位批准后对基础进行了混凝土覆盖。在下一仓浇筑准备时，监理单位对已覆盖的基础质量有疑问，指示施工单位剥离已浇混凝土并重新检验，检测结果表明，基础质量不合格。施工单位按要求进行返工处理并承担了相应施工费用，但提出了检验费用支付申请和因此次检验影响进度的工期索赔。

【思考】

(1) 该工程的合同工期应为多少天？为什么？

(2) 在事件1设计文件变更过程中，施工单位、设计单位的做法有无不妥之处？说明理由。

(3) 在事件2中，如果从4个单价中选用的话，你认为哪一项单价最为合理？说明理由。

(4) 在事件3中，施工单位的检验费用支付申请和工期索赔是否成立？为什么？

任务7.1 水利工程监理合同

模块7.1.1 水利工程监理合同概述

1. 委托监理合同的概念和特征

建设工程委托监理合同（简称“监理合同”），是指委托人与监理人就委托的工程项目管理内容签订的明确双方权利、义务的协议。

监理合同是委托合同的一种，除具有委托合同的共同特点外，还具有以下特点：

(1) 监理合同的当事人双方应当是具有民事权利能力和民事行为能力，取得法人资格的企事业单位、其他社会组织和个人在法律允许的范围内也可以成为合同当事人。

委托人必须是具有国家批准的建设项目，落实投资计划的企事业单位、其他社会组织及个人，作为受托人必须是依法成立具有法人资格的监理企业，并且所承担的工程监理业务应与企业资质等级和业务范围相符合。

(2) 监理合同委托的工作内容必须符合工程项目建设程序，遵守有关法律、行政法规。监理合同是以对建设工程项目实施控制和管理为主要内容，因此监理合同必须符合建设工程项目的程序，符合国家和建设行政主管部门颁发的有关建设工程的法律、行政法规、部门规章和各种标准、规范要求。

(3) 委托监理合同的标的是服务。建设工程实施阶段所签订的其他合同，如勘察设计合同、施工承包合同、物资采购合同、加工承揽合同的标的物是产生新的物质成果或信息成果，而监理合同的标的是服务，即监理工程师凭据自己的知识、经验、技能受业主委托为其所签订其他合同的履行实施监督和管理。

2. 建设工程委托监理合同示范文本

《建设工程委托监理合同示范文本》由“工程建设委托监理合同”（简称“合同”)、“建设工程委托监理合同标准条件”（简称“标准条件”)、“建设工程委托监理合同专用条件”（简称“专用条件”）组成。

(1) 工程建设委托监理合同。“合同”是一个总的协议，是纲领性的法律文件。其中明确了当事人双方确定的委托监理工程的概况（工程名称、地点、工程规模、总投资）；委托人向监理人支付报酬的期限和方式；合同签订、生效、完成时间；双方愿意履行约定的各项义务的表示。“合同”是一份标准的格式文件，经当事人双方在有限的空格内填写具体规定的内容并签字盖章后，即发生法律效力。

对委托人和监理人有约束力的合同，除双方签署的“合同”协议外，还包括以下文件：

1) 监理委托函或中标函。

2) 建设工程委托监理合同标准条件。

3) 建设工程委托监理合同专用条件。

4) 在实施过程中双方共同签署的补充与修正文件。

(2) 建设工程委托监理合同标准条件。建设工程委托监理合同标准条件，其内容涵盖了合同中所用词语定义，适用范围和法规，签约双方的责任、权利和义务，合同生效变更与终止，监理报酬，争议的解决，以及其他一些情况。它是委托监理合同的通用文件，适用于各类建设工程项目监理。各个委托人、监理人都应遵守。

(3) 建设工程委托监理合同专用条件。由于标准条件适用于各种行业和专业项目的建设工程监理，因此其中的某些条款规定得比较笼统，需要在签订具体工程项目监理合同时，结合地域特点、专业特点和委托监理项目的工程特点，对标准条件中的某些条款进行补充、修正。

所谓“补充”是指标准条件中的条款明确规定，在该条款确定的原则下，专用条件的条款中进一步明确具体内容，使两个条件中相同序号的条款共同组成一条内容完备的条款。如标准条件中规定“建设工程委托监理合同适用的法律是国家法律、行政法规，以及专用条件中议定的部门规章或工程所在地的地方法规、地方章程。”就具体工程监理项目来说，就要求在专用条件的相同序号条款内写入履行本合同必须遵循的部门规章和地方法规的名称，作为双方都必须遵守的条件。

所谓“修改”是指标准条件中规定的程序方面的内容，如果双方认为不合适，可以协议修改。如标准条件中规定“委托人对监理人提交的支付通知书中酬金或部分酬金项目提出异议，应在收到支付通知书24小时内向监理人发出异议的通知”。如果委托人认为这个时间太短，在与监理人协商达成一致意见后，可在专用条件的相同序号条款内另行写明具体的延长时间，如改为48小时。

3.《水利工程建设施工监理规范》(SL 288—2014)

为加强对水利工程施工监理单位和监理人员施工监理活动的管理，规范监理工作，提高监理服务水平，水利部依据有关法律、法规和规章，制定了《水利工程建设施工监理规范》(SL 288—2014)。

本标准于2015年1月30日开始实施。适用于我国境内依法必须实行监理的水利工程建设项目的施工监理，其他水利工程施工监理可参照施行。水土保持工程施工监理、机电及金属结构设备制造监理、水利工程建设环境保护监理等应分别依据相关专业监理规范开展监理工作。

4. 水利工程建设项目施工监理的主要工作方法

根据《水利工程建设施工监理规范》(SL 288—2014)，水利工程建设项目施工监理的主要工作方法如下：

(1) 现场记录。监理机构记录每日施工现场的人员、原材料、中间产品、工程设备、施工设备、天气、施工环境、施工作业内容、存在的问题及其处理情况等。

(2) 发布文件。监理机构采用通知、指示、批复、确认等书面文件开展施工监理工作。

(3) 旁站监理。监理机构按照监理合同约定和监理工作需要，在施工现场对工程重要部位和关键工序的施工作业实施连续性的全过程监督、检查和记录。

(4) 巡视检查。监理机构对所监理工程的施工进行的定期或不定期的监督和检查。

(5) 跟踪检测。监理机构对承包人在质量检测中的取样和送样进行监督。跟踪检测费用由承包人承担。

(6) 平行检测。在承包人对原材料、中间产品和工程质量自检的同时，监理机构按照监理合同约定独立进行抽样检测，核验承包人的检测结果。平行检测费用由发包人承担。

(7) 协调。监理机构依据合同约定对施工合同双方之间的关系以及工程施工过程中出现的问题和争议进行的沟通、协商和调解。

5. 水利工程建设项目施工监理的主要工作制度

根据《水利工程建设施工监理规范》(SL 288—2014)，水利工程建设项目施工监理的主要工作制度如下：

(1) 技术文件核查、审核和审批制度。

(2) 原材料、中间产品和工程设备报验制度。

(3) 工程质量报验制度。承包人每完成一道工序或一个单元工程，都应经过自检。承包人自检合格后方可报监理机构进行复核。上道工序或上一单元工程未经复核或复核不合格，不得进行下道工序或下一单元工程施工。

（4）工程计量付款签证制度。

（5）会议制度。

（6）紧急情况报告制度。

（7）工程建设标准强制性条文（水利工程部分）符合性审核制度。

（8）监理报告制度。

（9）工程验收制度。

模块7.1.2 水利工程监理合同的主要内容

1. 工程建设委托监理合同的文件

组成工程建设委托监理合同的文件如下：

（1）协议书。

（2）中标通知书（适用于招标工程）或委托书（适用于非招标工程）。

（3）招投标文件（适用于招标工程）或监理与相关服务建议书（适用于非招标工程）。

（4）专用条件。

（5）通用条件。

（6）附录。

1）附录A 相关服务的范围和内容。

2）附录B 委托人派遣的人员和提供的房屋、资料、设备。

合同签订后，双方依法签订的补充协议也是本合同文件的组成部分。

2. 合同双方当事人义务

（1）监理人的义务。除专用条件另有约定外，监理工作内容包括：

1）收到工程设计文件后编制监理规划，并在第一次工地会议7天前报委托人。根据有关规定和监理工作需要，编制监理实施细则。

2）熟悉工程设计文件，并参加由委托人主持的图纸会审和设计交底会议。

3）参加由委托人主持的第一次工地会议；主持监理例会并根据工程需要主持或参加专题会议。

4）审查施工承包人提交的施工组织设计，重点审查其中的质量安全技术措施、专项施工方案与工程建设强制性标准的符合性。

5）检查施工承包人工程质量、安全生产管理制度及组织机构和人员资格。

6）检查施工承包人专职安全生产管理人员的配备情况。

7）审查施工承包人提交的施工进度计划，核查承包人对施工进度计划的调整。

8）检查施工承包人的试验室。

9）审核施工分包人资质条件。

10）查验施工承包人的施工测量放线成果。

11）审查工程开工条件，对条件具备的签发开工令。

12）审查施工承包人报送的工程材料、构配件、设备质量证明文件的有效性和符合性，并按规定对用于工程的材料采取平行检验或见证取样方式进行抽检。

13）审核施工承包人提交的工程款支付申请，签发或出具工程款支付证书，并报委托人审核、批准。

14）在巡视、旁站和检验过程中，发现工程质量、施工安全存在事故隐患的，要求施工承包人整改并报委托人。

15）经委托人同意，签发工程暂停令和复工令。

16）审查施工承包人提交的采用新材料、新工艺、新技术、新设备的论证材料及相关验收标准。

17）验收隐蔽工程、分部分项工程。

18）审查施工承包人提交的工程变更申请，协调处理施工进度调整、费用索赔、合同争议等事项。

19）审查施工承包人提交的竣工验收申请，编写工程质量评估报告。

20）参加工程竣工验收，签署竣工验收意见。

21）审查施工承包人提交的竣工结算申请并报委托人。

22）编制、整理工程监理归档文件并报委托人。

（2）委托人的义务。

1）告知。委托人应在委托人与承包人签订的合同中明确监理人、总监理工程师和授予项目监理机构的权限。如有变更，应及时通知承包人。

2）提供资料。委托人应按照附录B约定，无偿向监理人提供工程有关的资料。在本合同履行过程中，委托人应及时向监理人提供最新的与工程有关的资料。

3）提供工作条件。委托人应为监理人完成监理与相关服务提供必要的条件。

a. 委托人应按照附录B约定，派遣相应的人员，提供房屋、设备，供监理人无偿使用。

b. 委托人应负责协调工程建设中所有外部关系，为监理人履行本合同提供必要的外部条件。

4）委托人代表。委托人应授权一名熟悉工程情况的代表，负责与监理人联系。委托人应在双方签订本合同后7天内，将委托人代表的姓名和职责书面告知监理人。当委托人更换委托人代表时，应提前7天通知监理人。

5）委托人意见或要求。在本合同约定的监理与相关服务工作范围内，委托人对承包人的任何意见或要求应通知监理人，由监理人向承包人发出相应指令。

6）答复。委托人应在专用条件约定的时间内，对监理人以书面形式提交并要求作出决定的事宜，给予书面答复。逾期未答复的，视为委托人认可。

7）支付。委托人应按本合同约定，向监理人支付酬金。

3. 当事人双方的违约责任

（1）监理人的违约责任。监理人未履行本合同义务的，应承担相应的责任。

1）监理人在责任期内，应当履行约定的义务。如果因监理人过失而造成了委托人的经济损失，应当向委托人赔偿。累计赔偿总额不应超过监理报酬总额（除去税金）。

2）监理人向委托人的索赔不成立时，监理人应赔偿委托人由此发生的费用。

3）监理工作范围包括月进度款（工程量）审核汇总并进行初审工程结算，委托人复审结果超出监理人初审结果－5%～＋3% 范围以外的，委托人有权酌情扣减监理费。

4）建设单位有权按照投标文件的承诺和《建设工程监理规范》、相关法律法规的规定，在合同签订后监督检查项目监理机构的工作，凡不符合规定并在建设单位书面下达通知后仍不改正的，监理单位每次向建设单位偿付违约金壹万元，连续三次或累计五次不予整改的，将被认为无法保证监理工作的质量，监理单位一次性向建设单位支付 20 万元违约金，建设单位有权单方解除合同并追究其经济损失。

5）项目监理机构人员应日常巡视和旁站监理。凡隐蔽工程、关键部位、关键工序均应有监理人员进行旁站监理，并采用巡视、检测、见证取样和平行检验等方式控制工程质量，平行检验比例不得低于施工单位检验数量的 40%，每降低 1%建设单位有权扣减监理费壹仟元。

（2）委托人的违约责任。委托人未履行本合同义务的，应承担相应的责任。

1）委托人违反本合同约定造成监理人损失的，委托人应予以赔偿。

2）委托人向监理人的索赔不成立时，应赔偿监理人由此引起的费用。

3）委托人未能按期支付酬金超过 28 天，应按专用条件约定支付逾期付款利息。

（3）除外责任。因非监理人的原因，且监理人无过错，发生工程质量事故、安全事故、工期延误等造成的损失，监理人不承担赔偿责任。

因不可抗力导致本合同全部或部分不能履行时，双方各自承担其因此而造成的损失、损害。

4. 支付

（1）支付货币。除专用条件另有约定外，酬金均以人民币支付。涉及外币支付的，所采用的货币种类、比例和汇率在专用条件中约定。

（2）支付申请。监理人应在本合同约定的每次应付款时间的 7 天前，向委托人提交支付申请书。支付申请书应当说明当期应付款总额，并列出当期应支付的款项及其金额。

（3）支付酬金。支付的酬金包括正常工作酬金、附加工作酬金、合理化建议奖励金额及费用。

（4）有争议部分的付款。委托人对监理人提交的支付申请书有异议时，应当在收到监理人提交的支付申请书后 7 天内，以书面形式向监理人发出异议通知。无异议部分的款项应按期支付，有异议部分的款项按争议条款约定办理。

5. 合同生效、变更、暂停、解除与终止

（1）合同生效。除法律另有规定或者专用条件另有约定外，委托人和监理人的法定代表人或其授权代理人在协议书上签字并盖单位章后本合同生效。

（2）合同变更。

1）任何一方提出变更请求时，双方经协商一致后可进行变更。

2）除不可抗力外，因非监理人原因导致监理人履行合同期限延长、内容增加时，监理人应当将此情况与可能产生的影响及时通知委托人。增加的监理工作时间、工作内容应视为附加工作。附加工作酬金的确定方法在专用条件中约定。

3）合同生效后，如果实际情况发生变化使得监理人不能完成全部或部分工作时，监理人应立即通知委托人。除不可抗力外，其善后工作以及恢复服务的准备工作应为附加工作，附加工作酬金的确定方法在专用条件中约定。监理人用于恢复服务的准备时间不应超过 28 天。

4）合同签订后，遇有与工程相关的法律法规、标准颁布或修订的，双方应遵照执行。由此引起监理与相关服务的范围、时间、酬金变化的，双方应通过协商进行相应调整。

5）因非监理人原因造成工程概算投资额或建筑安装工程费增加时，正常工作酬金应作相应调整。调整方法在专用条件中约定。

6）因工程规模、监理范围的变化导致监理人的正常工作量减少时，正常工作酬金应作相应调整。调整方法在专用条件中约定。

（3）合同暂停与解除。

除双方协商一致可以解除本合同外，当一方无正当理由未履行本合同约定的义务时，另一方可以根据本合同约定暂停履行本合同直至解除本合同。

1）在本合同有效期内，由于双方无法预见和控制的原因导致本合同全部或部分无法继续履行或继续履行已无意义，经双方协商一致，可以解除本合同或监理人的部分义务。在解除之前，监理人应作出合理安排，使开支减至最小。

因解除本合同或解除监理人的部分义务导致监理人遭受的损失，除依法可以免除责任的情况外，应由委托人予以补偿，补偿金额由双方协商确定。

解除本合同的协议必须采取书面形式，协议未达成之前，本合同仍然有效。

2）在本合同有效期内，因非监理人的原因导致工程施工全部或部分暂停，委托人可通知监理人要求暂停全部或部分工作。监理人应立即安排停止工作，并将开支减至最小。除不可抗力外，由此导致监理人遭受的损失应由委托人予以补偿。

暂停部分监理与相关服务时间超过 182 天，监理人可发出解除本合同约定的该部分义务的通知；暂停全部工作时间超过 182 天，监理人可发出解除本合同的通知，本合同自通知到达委托人时解除。委托人应将监理与相关服务的酬金支付至本合同解除日，且应承担委托人的违约责任。

3）当监理人无正当理由未履行本合同约定的义务时，委托人应通知监理人限期改正。若委托人在监理人接到通知后的 7 天内未收到监理人书面形式的合理解释，则可在 7 天内发出解除本合同的通知，自通知到达监理人时本合同解除。委托人应将监理与相关服务的酬金支付至限期改正通知到达监理人之日，但监理人应承担监理人的违约责任。

4）监理人在专用条件中约定的支付之日起 28 天后仍未收到委托人按本合同约定应付的款项，可向委托人发出催付通知。委托人接到通知 14 天后仍未支付或未提出监理人可以接受的延期支付安排，监理人可向委托人发出暂停工作的通知并可自行暂停全部或部分工作。暂停工作后 14 天内监理人仍未获得委托人应付酬金或委托人的合理答复，监理人可向委托人发出解除本合同的通知，自通知到达委托人时本合同解除。委托人应承担第 4.2.3 款约定的责任。

5）因不可抗力致使本合同部分或全部不能履行时，一方应立即通知另一方，可暂停或解除本合同。

6）本合同解除后，本合同约定的有关结算、清理、争议解决方式的条件仍然有效。

（4）合同终止。以下条件全部满足时，本合同即告终止：

1）监理人完成本合同约定的全部工作。

2）委托人与监理人结清并支付全部酬金。

6. 合同争议解决

（1）协商。双方应本着诚信原则协商解决彼此间的争议。

（2）调解。如果双方不能在14天内或双方商定的其他时间内解决本合同争议，可以将其提交给专用条件约定的或事后达成协议的调解人进行调解。

（3）仲裁或诉讼。双方均有权不经调解直接向专用条件约定的仲裁机构申请仲裁或向有管辖权的人民法院提起诉讼。

任务7.2 水利工程勘察设计合同

模块7.2.1 水利工程勘察设计合同概述

1. 建设工程勘察设计合同概念

建设工程勘察合同是指根据建设工程的要求，查明、分析、评价建设场地的地质地理环境特征和岩土工程条件，编制建设工程勘察文件订立的协议。建设工程设计合同是指根据建设工程的要求，对建设工程所需的技术、经济、资源、环境等条件进行综合分析、论证，编制建设工程设计文件的协议。为了保证工程项目的建设质量达到预期的投资目的，实施过程必须遵循项目建设的内在规律，即坚持先勘察、后设计、再施工的程序。

发包人通过招标方式与选择的中标人就委托的勘察、设计任务签订合同。订立合同委托勘察、设计任务是发包人和承包人的自主市场行为，但必须遵守《中华人民共和国民法典》《中华人民共和国建筑法》《建设工程勘察设计管理条例》《建设工程勘察设计市场管理规定》等法律和法规的要求。为了保证勘察、设计合同的内容完备、责任明确、风险责任分担合理，原建设部和国家工商行政管理局联合颁布了《建设工程勘察合同示范文本》和《建设工程设计合同示范文本》。

2. 建设工程勘察设计合同示范文本

（1）建设工程勘察合同示范文本。建设工程勘察合同示范文本按照委托勘察任务的不同分为两个版本。

1）建设工程勘察合同（一）（GF—2000—0203）。示范文本适用于为设计提供勘察工作的委托任务，包括岩土工程勘察、水文地质勘察（含凿井）、工程测量、工程物探等勘察。合同条款的主要内容包括：

a. 工程概况。

b. 发包人应提供的资料。

c. 勘察成果的提交。

d. 勘察费用的支付。

e. 发包人、勘察人责任。

f. 违约责任。

g. 未尽事宜的约定。

h. 其他约定事项。

i. 合同争议的解决。

j. 合同生效。

2）建设工程勘察合同（二）（GF—2000—0204）。示范文本的委托工作内容仅涉及岩土工程，包括取得岩土工程的勘察资料，对项目的岩土工程进行设计、治理和监测工作。由于委托工作范围包括岩土工程的设计、处理和监测，因此合同条款的主要内容除了上述勘察合同应具备的条款外，还包括：变更及工程费的调整；材料设备的供应；报告、文件、治理工程等的检查和验收等方面的约定条款。

（2）建设工程设计合同示范文本。建设工程设计合同示范文本分为两个版本。

1）建设工程设计合同（一）（GF—2000—0209）。示范文本适用于民用建设工程设计的合同，主要条款包括：

a. 订立合同的依据文件。

b. 委托设计任务的范围和内容。

c. 发包人应提供的有关资料和文件。

d. 设计人应交付的资料和文件。

e. 设计费的支付。

f. 双方责任。

g. 违约责任。

h. 其他。

2）建设工程设计合同（二）（GF—2000—0210）。示范文本适用于委托专业工程的设计。除了上述设计合同应包括的条款内容外，还增加有设计依据，合同文件的组成和优先次序，项目的投资要求、设计阶段和设计内容，保密等方面的条款。

模块 7.2.2 水利工程勘察合同的主要内容

1. 建设工程勘察合同委托的工作内容

建设工程勘察合同是指发包人与勘察人就完成建设工程地理、地质状况的调查研究工作而达成的明确双方权利、义务的协议。建设工程勘察，是指根据建设工程的要求，查明、分析、评价建设场地的地质地理环境特征和岩土工程条件，编制建设工程勘察文件的活动。

建设工程勘察的内容一般包括工程测量、水文地质勘察和工程地质勘察。目的在于查明工程项目建设地点的地形地貌、地层土壤岩型、地质构造、水文条件等自然地质条件资料，做出鉴定和综合评价，为建设项目的工程设计和施工提供科学的依据。就具体工程项目的需求而言，可以委托勘察人承担一项或多项工作，订立合同时应具体明确约定勘察工作范围和成果要求。

（1）工程测量。工程测量包括平面控制测量、高程控制测量、地形测量、摄影测量、线路测量和绘制测量图等项工作，其目的是为建设项目的选址（选线）、设计和施工提供有关地形地貌的依据。

（2）水文地质勘察。水文地质勘察一般包括水文地质测绘、地球物理勘探、钻探、抽水试验、地下水动态观测、水文地质参数计算、地下水资源评价和地下水资源保护方案等工作。其任务在于提供有关供水地下水源的详细资料。

（3）工程地质勘察。工程地质勘察，包括选址勘察、初步勘察、详细勘察以及施工勘察。选址勘察主要解决工程地址的确定问题；初步勘察是为了初步设计做好基础性工作，详细勘察和施工勘察则主要针对建设工程地基做出评价，并为地基处理和加固基础而进行深层次勘察。

2. 建设工程勘察合同当事人

（1）建设工程勘察人具备条件。建设工程勘察合同当事人包括发包人和勘察人。发包人通常可能是工程建设项目的建设单位或者工程总承包单位。勘察工作是一项专业性很强的工作，是工程质量保障的基础。因此，国家对勘察合同的勘察人有严格的管理制度。勘察人必须具备以下条件：

1）依据我国法律规定，作为承包人的勘察单位必须具备法人资格，任何其他组织和个人均不能成为承包人。这不仅是因为建设工程项目具有投资大、周期长、质量要求高、技术要求强、事关国计民生等特点，还因为勘察设计是工程建设的重中之重，影响整个工程建设的成败，因此一般的非法人组织和自然人是无法承担的。

2）建设工程勘察合同的承包方须持有工商行政管理部门核发的企业法人营业执照，并且必须在其核准的经营范围内从事建设活动。超越其经营范围订立的建设工程勘察合同为无效合同。因为建设工程勘察业务需要专门的技术和设备，只有取得相应资质的企业才能经营。

3）建设工程勘察合同的承包方必须持有建设行政主管部门颁发的工程勘察资质证书、工程勘察收费资格证书，而且应当在其资质等级许可的范围内承揽建设工程勘察、设计业务。

（2）建设工程勘察设计企业资质管理。关于建设工程勘察设计企业资质管理制度，我国法律、行政法规以及大量的规章均作了十分具体的规定。建设工程勘察、设计企业应当按照其拥有的注册资本，专业技术人员、技术装备和勘察设计业绩等条件申请资质，经审查合格，取得建设工程勘察、设计资质证书后，方可在资质等级许可的范围内从事建设工程勘察、设计活动。取得资质证书的建设工程勘察、设计企业可以从事相应的建设工程勘察、设计咨询和技术服务。

工程勘察资质分为工程勘察综合资质、工程勘察专业资质、工程勘察劳务资质。工程勘察综合资质只设甲级；工程勘察专业资质设甲级、乙级，根据工程性质和技术特点，部分专业可以设丙级；工程勘察劳务资质不分等级。取得工程勘察综合资质的企业，可以承接各专业（海洋工程勘察除外）、各等级工程勘察业务；取得工程勘察专业资质的企业，可以承接相应等级相应专业的工程勘察业务；取得工程勘察劳务资质的企业，可以承接岩土工程治理、工程钻探、凿井等工程勘察劳务业务。

3. 订立勘察合同时应约定的内容

（1）发包人应向勘察人提供的文件资料。发包人应及时向勘察人提供下列文件资料，并对其准确性、可靠性负责，通常包括：

1）本工程的批准文件（复印件），以及用地（附红线范围）、施工、勘察许可等批件

(复印件)。

2）工程勘察任务委托书、技术要求和工作范围的地形图、建筑总平面布置图。

3）勘察工作范围已有的技术资料及工程所需的坐标与标高资料。

4）勘察工作范围地下已有埋藏物的资料（如电力、电信电缆、各种管道、人防设施、洞室等）及具体位置分布图。

5）其他必要相关资料。如果发包人不能提供上述资料，一项或多项由勘察人收集时，订立合同时应予以明确，发包人需向勘察人支付相应费用。

（2）发包人应为勘察人提供现场的工作条件。根据项目的具体情况，双方可以在合同内约定由发包人负责保证勘察工作顺利开展应提供的条件，可能包括：

1）落实土地征用、青苗树木赔偿。

2）拆除地上地下障碍物。

3）处理施工扰民及影响施工正常进行的有关问题。

4）平整施工现场。

5）修好通行道路、接通电源水源、挖好排水沟渠以及水上作业用船等。

（3）勘察工作的成果。在明确委托勘察工作的基础上，约定勘察成果的内容、形式以及成果的要求等。具体写明勘察人应向发包人交付的报告、成果、文件的名称，交付数量，交付时间和内容要求。

（4）勘察费用的阶段支付。订立合同时约定工程费用阶段支付的时间、占合同总金额的百分比和相应的款额。勘察合同的阶段支付时间通常按勘察工作完成的进度，或委托勘察范围内的各项工作中提交了某部分的成果报告进行分阶段支付，而不是按月支付。

（5）合同约定的勘察工作开始和终止时间。当事人双方应在订立的合同内，明确约定勘察工作开始的日期，以及交付勘察成果的时间。

（6）合同争议的最终解决方式。明确约定解决合同争议的最终方式是采用仲裁或诉讼。采用仲裁时，需注明仲裁委员会的名称。

模块 7.2.3　水利工程设计合同的主要内容

1. 建设工程设计的内容

建设工程设计合同，是指设计人依据约定向发包人提供建设工程设计文件，发包人受领该成果并按约定支付酬金的合同。建设工程设计是指根据建设工程的要求，对建设工程所需的技术、经济、资源、环境等条件进行综合分析、论证，编制建设工程设计文件。设计是基本建设的重要环节。在建设项目的选址和设计任务书已确定的情况下，建设项目是否能保证技术上先进和经济上合理，设计将起着决定作用。

按我国现行规定，一般建设项目按初步设计和施工图设计两个阶段进行，对于技术复杂而又缺乏经验的项目，可以增加技术设计阶段。对一些大型联合企业，矿区和水利枢纽，为解决总体部署和开发问题，还需进行总体规划设计或方案设计。

2. 建设工程设计合同当事人

建设工程设计合同当事人包括发包人和设计人。发包人通常也是工程建设项目的业主（建设单位）或者项目管理部门（如工程总承包单位）。承包人则是设计人，设计人须为具有相应设计资质的企业法人。

工程设计资质分为工程设计综合资质、工程设计行业资质、工程设计专业资质和工程设计专项资质。工程设计综合资质只设甲级；工程设计行业资质、工程设计专业资质、工程设计专项资质设甲级、乙级。根据工程性质和技术特点，个别行业、专业、专项资质可以设丙级，建筑工程专业资质可以设丁级。

取得工程设计综合资质的企业，可以承接各行业、各等级的建设工程设计业务；取得工程设计行业资质的企业，可以承接相应行业相应等级的工程设计业务及本行业范围内同级别的相应专业、专项（设计施工一体化资质除外）工程设计业务；取得工程设计专业资质的企业，可以承接本专业相应等级的专业工程设计业务及同级别的相应专项工程设计业务（设计施工一体化资质除外）；取得工程设计专项资质的企业，可以承接本专项相应等级的专项工程设计业务。

3. 订立设计合同时约定的内容

(1) 委托设计项目的内容。订立设计合同时应明确委托设计项目的具体要求，包括分项工程、单位工程的名称、设计阶段和各部分的设计费。如民用建筑工程中，各分项名称对应的建设规模（层数、建筑面积）；设计人承担的设计任务是全过程设计（方案设计、初步设计、施工图设计），还是部分阶段的设计任务；相应分项名称的建筑工程总投资；相应的设计费用。

(2) 发包人应向设计人提供的有关资料和文件。

1) 设计依据文件和资料。

a. 经批准的项目可行性研究报告或项目建议书。

b. 城市规划许可文件。

c. 工程勘察资料等。

发包人应向设计人提交的有关资料和文件在合同内需约定资料和文件的名称、份数、提交的时间和有关事宜。

2) 项目设计要求。

a. 限额设计的要求。

b. 设计依据的标准。

c. 建筑物的设计合理使用年限要求。

d. 设计深度要求。设计标准可以高于国家规范的强制性规定，发包人不得要求设计人违反国家有关标准进行设计。方案设计文件应当满足编制初步设计文件和控制概算的需要；初步设计文件，应当满足编制施工招标文件、主要设备材料订货和编制施工图设计文件的需要；施工图设计文件，应当满足设备材料采购、非标准设备制作和施工的需要，并注明建设工程合理使用年限。具体内容要根据项目的特点在合同内约定。

e. 设计人配合施工工作的要求，包括向发包人和施工承包人进行设计交底；处理有关设计问题；参加重要隐蔽工程部位验收和竣工验收等事项。

f. 法律、法规规定应满足的其他条件。

(3) 工作开始和终止时间。合同内约定设计工作开始和终止的时间，作为设计期限。

(4) 设计费用的支付。合同双方不得违反国家有关最低收费标准的规定，任意压低勘察、设计费用。合同内除了写明双方约定的总设计费外，还需列明分阶段支付进度款的条件、占总设计费的百分比及金额。

(5) 发包人应为设计人提供现场的服务。可能包括施工现场的工作条件、生活条件及交通等方面的具体内容。

(6) 设计人应交付的设计资料和文件。明确分项列明设计人应向发包人交付的设计资料和文件，包括资料和文件的名称、份数、提交日期和其他有关事项的要求。

(7) 违约责任。需要约定的内容包括承担违约责任的条件和违约金的计算方法等。

(8) 合同争议的最终解决方式。约定仲裁或诉讼为解决合同争议的最终方式。

任务7.3　水利工程施工合同

模块7.3.1　水利工程施工合同概述

1.《水利水电工程标准施工招标文件》(2009年版) 的使用

根据《中华人民共和国民法典》和《中华人民共和国招标投标法》的规定，水利部、国家电力公司和国家工商行政管理总局联合于2000年2月颁发了《水利水电工程施工合同和招标文件示范文本》(GF—2000—0208)。

随着水利水电工程建设的发展和有规范性文件的不断完善，为加强水利水电工程施工招标管理，进一步规范招标文件编制工作，在国家发展和改革委员会等九部委联合编制的《中华人民共和国标准施工招标文件》(2007年版)(简称《标准文件》) 基础上，结合水利水电工程特点和行业管理需要，水利部组织编制了《水利水电工程标准施工招标文件》(2009年版)。使用时应注意以下要求：

(1) 凡列入国家或地方建设计划的大中型水利水电工程使用《水利水电工程标准施工招标文件》(2009年版)，小型水利水电工程可参照使用。

(2)《水利水电工程标准施工招标文件》(2009年版) 发布后，《水利水电工程施工合同和招标文件示范文本》(GF—2000—0208) 同时废止。之前根据《水利水电工程施工合同和招标文件示范文本》(GF—2000—0208) 完成招标工作的项目仍按原合同条款执行。

(3)《水利水电工程标准施工招标文件》(2009年版) 是《标准两文件》在水利水电工程应用上的补充和细化，上述文件应结合使用，两者相同条款号若内容不一致时，采用《水利水电工程标准施工招标文件》(2009年版)。

(4)《水利水电工程标准施工招标文件》(2009年版) 中的"投标人须知"(投标人须知前附表及附件格式除外)、"评标办法"(评标办法前附表及附件格式除外)、"通用合同条款"，应不加修改地引用。《水利水电工程标准施工招标文件》(2009年版) 中的其他内容，供招标人参考。

(5)"投标人须知前附表"用于进一步明确"投标人须知"正文中的未尽事宜，招标人应结合招标项目具体特点和实际需要编制和填写，但不得与"投标人须知"正文内容相抵触，否则抵触内容无效。

(6)"评标办法前附表"用于进一步补充、明确评标的因素、标准。招标人应根据招标项目具体特点和实际需要，详细列明正文之外的审查或评审因素、标准，没有列明的因素和标准不得作为评标的依据。

(7)“专用合同条款”可根据招标项目的具体特点和实际需要，按其条款编号和内容对“通用合同条款”进行补充、细化，但除“通用合同条款”明确“专用合同条款”可作出不同约定外，补充和细化的内容不得与通用合同条款规定相抵触，不得违反法律、法规和行业规章的有关规定和平等、自愿、公平和诚实信用原则。

(8)“技术标准和要求（合同技术条款)”是参考性的文本，招标人可根据工程项目的具体需要进行修改，但应注意与“通用合同条款”“专用合同条款”以及“工程量清单”的衔接。

2.《水利水电工程标准施工招标文件》(2009年版）的构成

《水利水电工程标准施工招标文件》(2009年版）共包含封面格式和四卷八章的内容，第一卷包括招标公告（投标邀请书)、投标人须知、评标办法、合同条款及格式和工程量清单等内容；第二卷由图纸（招标图纸）组成；第三卷由技术标准和要求组成；第四卷由投标文件格式组成。

(1) 招标公告。分未进行资格预审、邀请招标、代资格预审通过通知书三种形式编列。

(2) 投标人须知。包括投标人须知前附表、正文和附件格式。

(3) 评标办法。分为经评审的最低投标价法和综合评估法两种，供招标人根据招标项目具体特点和实际需要选择使用。

(4) 合同条款及格式。包括通用合同条款、专用合同条款和合同附件格式等内容。

(5) 工程量清单。编印了两种格式，招标人可根据招标项目具体特点选择使用。

第一种格式的编制基础是《水利工程工程量清单计价规范》(GB 50501—2007)，主要内容包括工程量清单说明、投标报价说明和工程量清单相关表格。

第二种格式的编制基础是《水利水电工程施工合同和招标文件示范文本》(GF—2000—0208) 中的工程量清单格式，主要内容包括工程量清单说明、投标报价说明和工程量清单相关表格。

(6) 招标图纸。包括招标文件的组成、编绘、目录。招标人根据招标项目具体特点和实际需要参考使用。

(7) 技术标准和要求（合同技术条款)。编制的内容仅是一个例章。

(8) 投标文件格式。主要包括以下内容：

1) 评标要素索引表。

2) 投标函及投标函附录。

3) 法定代表人身份证明（授权委托书)。

4) 联合体协议书。

5) 投标保证金。

6) 已标价工程量清单。

7) 施工组织设计。

8) 项目管理机构。

9）拟分包项目情况表。

10）资格审查资料。

11）资格审查自审表。

12）原件的复印件。

13）其他材料。

3. 水利水电工程施工合同文件的构成

根据《水利水电工程标准施工招标文件》（2009年版），合同文件指组成合同的各项文件，包括协议书、中标通知书、投标函及投标函附录、专用合同条款、通用合同条款、技术标准和要求（合同技术条款）、图纸、已标价工程量清单、经合同双方确认进入合同的其他文件。上述次序也是解释合同的优先顺序。

（1）合同文件（或称合同）。指由发包人与承包人签订的为完成本合同规定的各项工作所列入本合同条件的全部件和图纸，以及其他在协议书中明确列入的文件和图纸。

（2）协议书。承包人按中标通知书规定的时间与发包人签订合同协议书。除法律另有规定或合同另有约定外，发包人和承包人的法定代表人或其委托代理人在合同协议书上签字并盖单位章后，合同生效。

（3）中标通知书。指发包人正式向中标人授标的通知书。中标人确定后，发包人应发中标通知书给中标人，表明发包人已接受其投标并通知该中标人在规定的期限内派代表前来签订合同。

（4）投标函和投标函附录。投标函指构成合同文件组成部分的由承包人填写并签署的投标函。投标函附录指附在投标函后构成合同文件的投标函附录。

（5）专用合同条款。专用合同条款是补充和修改通用合同条款中条款号相同的条款或当需要时增加的条款。通用合同条款与专用合同条款应对照阅读，一旦出现矛盾或不一致，则以专用合同条款为准，通用合同条款中未补充和修改的部分仍有效。

（6）通用合同条款。通用合同条款的编制依据是《中华人民共和国民法典》和《中华人民共和国标准施工招标文件》。

（7）技术标准和要求（合同技术条款）。列入施工合同的技术条款是构成施工合同的重要组成部分，专用合同条款和通用合同条款主要是划清发包人和承包人双方在合同中各自的责任、权利和义务，而技术条款则是双方责任、权利和义务在工程施工中的具体工作内容，也是合同责任、权利和义务在工程安全和施工质量管理等实物操作领域的具体延伸。技术条款是发包人委托监理人进行合同管理的实物标准，也是发包人和监理人在工程施工过程中实施进度、质量和费用控制的操作程序和方法。

技术条款是投标人进行投标报价和发包人进行合同支付的实物依据。投标人应按合同进度要求和技术条款规定的质量标准，根据自身的施工能力和水平，参照行业定额，运用实物法原理编制其企业的施工定额，计算投标价进行投标；中标后，承包人应根据合同约定和技术条款的规定组织工程施工；在施工过程中，发包人和监理人则应根据技术条款规定的质量标准进行检查和验收，并按计量支付条款的约定执行支付。

（8）图纸。指列入合同的招标图纸、投标图纸和发包人按合同约定向承包人提供的施工图纸和其他图纸（包括配套说明和有关资料）。列入合同的招标图纸已成为合同文件的一部分，具有合同效力，主要用于在履行合同中作为衡量变更的依据，但不能直接用于施工。经发包人确认进入合同的投标图纸也成为合同文件的一部分，用于在履行合同中检验承包人是否按其投标时承诺的条件进行施工的依据，也不能直接用于施工。

（9）已标价工程量清单。指构成合同文件组成部分的由承包人按照规定的格式和要求填写并标明价格的工程量清单。

模块 7.3.2 水利工程施工合同的主要内容

1. 发包人与承包人的义务和责任

根据《水利水电工程标准施工招标文件》（2009 年版），除合同另有约定外，发包人义务、承包人义务以及监理人在合同中的作用主要内容如下：

（1）发包人的义务。发包人的义务包括：①遵守法律；②发出开工通知；③提供施工场地；④协助承包人办理证件和批件；⑤组织设计交底；⑥支付合同价款；⑦组织法人验收；⑧专用合同条款约定的其他义务和责任。

发包人在履行上述义务和责任时，应注意以下几点：

1）发包人在履行合同过程中应遵守法律，并保证承包人免于承担因发包人违反法律而引起的任何责任。

2）发包人应及时向承包人发出开工通知。开工通知的具体要求如下：

a. 监理人应在开工日期 7 天前向承包人发出开工通知。监理人在发出开工通知前应获得发包人同意。

b. 工期自监理人发出的开工通知中载明的开工日期起计算。

c. 承包人应在开工日期后尽快施工。承包人在接到开工通知后 14 天内未按进度计划要求及时进场组织施工，监理人可通知承包人在接到通知后 7 天内提交一份说明其进场延误的书面报告，报送监理人。书面报告应说明不能及时进场的原因和补救措施，由此增加的费用和工期延误责任由承包人承担。

3）施工场地包括永久占地和临时占地。发包人提供施工场地的要求如下：

a. 发包人应在合同双方签订合同协议书后的 14 天内，将本合同工程的施工场地范围图提交给承包人。发包人提供的施工场地范围图应标明场地范围内永久占地与临时占地的范围和界限。

b. 发包人提供的施工用地范围在专用合同条款中约定。

c. 除专用合同条款另有约定外，发包人应按技术标准和要求（合同技术条款）的约定，向承包人提供施工场地内的工程地质图纸和报告，以及地下障碍物图纸等施工场地有关资料，并保证资料的真实、准确、完整。

4）发包人应协助承包人办理法律规定的有关施工证件和批件。

5）发包人应根据合同进度计划，组织设计单位向承包人进行设计交底。

6）发包人应按合同约定向承包人及时支付合同价款，包括按合同约定支付工程预付款和进度付款，工程通过完工验收后支付完工付款，保修期期满后及时支付最终结清款。

7）发包人应按合同约定及时组织法人验收以及申请专项验收和政府验收。

8）发包人提供材料和工程设备时，应注意以下几点：

a. 发包人提供的材料和工程设备，应在专用合同条款中写明材料和工程设备的名称、规格、数量、价格、交货方式、交货地点和计划交货日期等。

b. 承包人应根据合同进度计划的安排，向监理人报送要求发包人交货的日期计划。发包人应按照监理人与合同双方当事人商定的交货日期，向承包人提交材料和工程设备。

c. 发包人应在材料和工程设备到货 7 天前通知承包人，承包人应会同监理人在约定的时间内，赴交货地点共同进行验收。

d. 发包人提供的材料和工程设备运至交货地点验收后，由承包人负责接收、卸货、运输和保管。

e. 发包人要求向承包人提前交货的，承包人不得拒绝，但发包人应承担承包人由此增加的费用。

f. 承包人要求更改交货日期或地点的，应事先报请监理人批准，所增加的费用和（或）工期延误由承包人承担。

g. 发包人提供的材料和工程设备的规格、数量或质量不符合合同要求，或由于发包人原因发生交货日期延误及交货地点变更等情况的，发包人应承担由此增加的费用和（或）工期延误，并向承包人支付合理利润。

h. 材料费的处理有两种办法：

（a）材料费包含在承包人签约合同价中根据合同约定的计量规则计量（通常以监理人批准的领料计划作为领料和扣除的依据），按约定的材料预算价格（通常比该材料供应商中标价低）作为扣除价，由发包人在工程进度支付款中扣除发包人供应材料费。

（b）材料费不包括在承包人签约合同价中。合同规定材料预算价格及其损耗率的计入和扣回方式，承包人只获得该材料预算价格带来的管理费率滚动产生的费用，材料费由发包人直接向材料供应商支付。

（2）监理人在合同中的作用。

1）监理人的职责和权力。

a. 监理人角色 。监理人是受发包人委托在施工现场实施合同管理的执行者。监理人按发包人与承包人签订的施工合同进行监理，监理人不是合同的第三方。

b. 监理人权力来源。监理人的权力范围在专用合同条款中明确。

c. 紧急事件的处置权。当监理人认为存在危及生命、工程或毗邻财产等安全的紧急事项时，在不免除合同约定的承包人责任的情况下，监理人可以指示承包人实施为消除或减少这种危险所必须进行的工作，即使没有发包人的事先批准（按约定需事先批准时），承包人也应立即遵照执行。监理人应按变更的约定增加相应的费用，并通知承包人。

d. 监理人履行权力的限制。监理人发出的任何指示应视为已得到发包人的批准，但监理人无权免除或变更合同约定的发包人和承包人的权利、义务和责任。

e. 监理人的检查和检验。合同约定应由承包人承担的义务和责任，不因监理人对承包人提交文件的审查或批准，对工程、材料和设备的检查和检验，以及为实施监理作出的指示等职务行为而减轻或解除。

2）监理人的指示。

a. 监理人的指示应盖有监理人授权的现场机构章，并由总监理工程师或总监理工程师授权的监理人员签字。

b. 承包人收到监理人指示后应遵照执行。指示构成变更的，应按变更条款处理。

c. 在紧急情况下，总监理工程师或被授权的监理人员可以当场签发临时书面指示，承包人应遵照执行。承包人应在收到上述临时书面指示后24小时内，向监理人发出书面确认函。监理人在收到书面确认函后24小时内未予答复的，该书面确认函应被视为监理人的正式指示。

d. 除合同另有约定外，承包人只从总监理工程师或其授权的监理人员处取得指示。

e. 由于监理人未能按合同约定发出指示、指示延误或指示错误而导致承包人费用增加和（或）工期延误的，由发包人承担赔偿责任。

3）监理人的商定或确定权。

a. 合同约定总监理工程师对变更、价格调整、不可抗力、索赔等事项进行商定或确定时，总监理工程师应与合同当事人协商，尽量达成一致。不能达成一致的，总监理工程师应认真研究后审慎确定。

b. 总监理工程师应将商定或确定的事项通知合同当事人，并附详细依据。

c. 监理人的商定和确定不是强制的，也不是最终的决定。对总监理工程师的确定有异议的，构成争议，按照合同争议的约定处理。在争议解决前，双方应暂按总监理工程师的确定执行，按照合同争议的约定对总监理工程师的确定作出修改的，按修改后的结果执行。合同争议的处理方法有：①友好协商解决；②提请争议评审组评审；③仲裁；④诉讼。

（3）承包人义务。

1）遵守法律。承包人在履行合同过程中应遵守法律，并保证发包人免于承担因承包人违反法律而引起的任何责任。

2）依法纳税。承包人应按有关法律规定纳税，应缴纳的税金包括在合同价格内。

3）完成各项承包工作。承包人应按合同约定以及监理人指示，实施、完成全部工程，并修补工程中的任何缺陷。除合同条款另有约定外，承包人应提供为完成合同工作所需的劳务、材料、施工设备、工程设备和其他物品，并按合同约定负责临时设施的设计、建造、运行、维护、管理和拆除。

4）对施工作业和施工方法的完备性负责。承包人应按合同约定的工作内容和施工进度要求，编制施工组织设计和施工措施计划，并对所有施工作业和施工方法的完备性和安全可靠性负责。

5）保证工程施工和人员的安全。承包人应采取施工安全措施，确保工程及其人员、材料、设备和设施的安全，防止因工程施工造成的人身伤害和财产损失。承包人必须按国家法律法规、技术标准和要求，通过详细编制并实施经批准的施工组织设计和措施计划，确保建设工程能满足合同约定的质量标准和国家安全法规的要求。

6）负责施工场地及其周边环境与生态的保护工作。

7）避免施工对公众与他人的利益造成损害。承包人在进行合同约定的各项工作时，不得侵害发包人与他人使用公用道路、水源、市政管网等公共设施的权利，避免对邻近的公共设施产生干扰。承包人占用或使用他人的施工场地，影响他人作业或生活的，应承担相应责任。

8）为他人提供方便。承包人应按监理人的指示为他人在施工场地或附近实施与工程有关的其他各项工作提供可能的条件。除合同另有约定外，提供有关条件的内容和可能发生的费用，由监理人商定或确定。

9）工程的维护和照管。除合同另有约定外，合同工程完工证书颁发前，承包人应负责照管和维护工程。合同工程完工证书颁发时尚有部分未完工程的，承包人还应负责该未完工程的照管和维护工作，直至完工后移交给发包人为止。

10）专用合同条款约定的其他义务和责任。

(4) 履约担保。承包人应按招标文件的要求提交履约担保（一般在中标并签订合同前），金额不超过签约合同价的10%，履约担保在发包人颁发合同工程完工证书前一直有效。发包人应在合同工程完工证书颁发后28天内将履约担保退还给承包人。

(5) 承包人项目经理要求。

1）项目经理驻现场的要求。

a. 承包人应按合同约定指派项目经理，并在约定的期限内到职。

b. 承包人更换项目经理应事先征得发包人同意，并应在更换14天前通知发包人和监理人。

c. 承包人项目经理短期离开施工场地，应事先征得监理人同意，并委派代表代行其职责。

d. 监理人要求撤换不能胜任本职工作、行为不端或玩忽职守的承包人项目经理和其他人员的，承包人应予以撤换。

2）项目经理职责.

a. 项目经理应按合同约定以及监理人指示，负责组织合同工程的实施。

b. 在情况紧急且无法与监理人取得联系时，可采取保证工程和人员生命财产安全的紧急措施，并在采取措施后24小时内向监理人提交书面报告。

c. 承包人为履行合同发出的一切函件均应盖有承包人授权的施工场地管理机构章，并由承包人项目经理或其授权代表签字。

d. 承包人项目经理可以授权其下属人员履行其某项职责，但事先应将这些人员的姓名和授权范围通知监理人。

(6) 地质资料复核。

1）发包人提供的现场资料。

a. 发包人应将其持有的现场地质勘探资料、水文气象资料提供给承包人，并对其准确性负责。

b. 承包人应对其阅读发包人提供的有关资料后所作出的解释和推断负责。

c. 承包人应对施工场地和周围环境进行查勘，并收集有关地质、水文、气象条件、交通条件、风俗习惯以及其他为完成合同工作有关的当地资料。

d. 在全部合同工作中，应视为承包人已充分估计了应承担的责任和风险。

2）不利物质条件。

a. 不利物质条件的界定原则。水利水电工程的不利物质条件，指在施工过程中遭遇诸如地下工程开挖中遇到发包人进行的地质勘探工作未能查明的地下溶洞或溶蚀裂隙和坝基河床深层的淤泥层或软弱带等，使施工受阻。

b. 不利物质条件的处理方法。承包人遇到不利物质条件时，应采取适应不利物质条件的合理措施继续施工，并及时通知监理人。承包人有权要求延长工期及增加费用。监理人收到此类要求后，应在分析上述外界障碍或自然条件是否不可预见及不可预见程度的基础上，按照变更的约定办理。

（7）承包人提供的材料和工程设备。

1）材料和工程设备的提供。水利水电工程所需材料宜由承包人负责采购；主要工程设备（如闸门、启闭机、水泵、水轮机、电动机）可由发包人另行组织招标采购。而对于电气设备、清污机、起重机、电梯等设备可根据招标项目具体情况在专用合同条款中进一步约定承包人负责采购、运输和保管完成合同工作所需的材料和工程设备的，承包人应对其采购的材料和工程设备负责。

2）承包人采购要求。承包人应按专用合同条款的约定，将各项材料和工程设备的供货人及品种、规格、数量和供货时间等报送监理人审批。承包人应向监理人提交其负责提供的材料和工程设备的质量证明文件，并满足合同约定的质量标准。

3）验收。对承包人提供的材料和工程设备，承包人应会同监理人进行检验和交货验收，查验材料合格证明和产品合格证书，并按合同约定和监理人指示，进行材料的抽样检验和工程设备的检验测试，检验和测试结果应提交监理人，所需费用由承包人承担。

4）材料和工程设备专用于合同工程。

a. 运入施工场地的材料、工程设备，包括备品备件、安装专用工器具与随机资料，必须专用于合同工程，未经监理人同意，承包人不得运出施工场地或挪作他用。

b. 随同工程设备运入施工场地的备品备件、专用工器具与随机资料，应由承包人会同监理人按供货人的装箱单清点后共同封存，未经监理人同意不得启用。承包人因合同工作需要使用上述物品时，应向监理人提出申请。

5）禁止使用不合格的材料和工程设备。

a. 监理人有权拒绝承包人提供的不合格材料或工程设备，并要求承包人立即进行更换。监理人应在更换后再次进行检查和检验，由此增加的费用和（或）工期延误由承包人承担。

b. 监理人发现承包人使用了不合格的材料和工程设备，应及时发出指示要求承包人立即改正，并禁止在工程中继续使用不合格的材料和工程设备。

（8）测量放线。

1）施工控制网。除专用合同条款另有约定外，施工控制网由承包人负责测设，发包人应在本合同协议书签订后的14天内，向承包人提供测量基准点、基准线和水准点及其相关资料。承包人应在收到上述资料后的28天内，将施测的施工控制网资料提交监理人审批。监理人应在收到报批件后的14天内批复承包人。

承包人应负责管理施工控制网点。施工控制网点丢失或损坏的，承包人应及时修复。承包人应承担施工控制网点的管理与修复费用，并在工程竣工后将施工控制网点移交发包人。监理人需要使用施工控制网的，承包人应提供必要的协助，发包人不再为此支付此费用。

2）施工测量。承包人应负责施工过程中的全部施工测量放线工作，并配置合格的人员、仪器、设备和其他物品。监理人可以指示承包人进行抽样复测，当复测中发现错误或出现超过合同约定的误差时，承包人应按监理人指示进行修正或补测，并承担相应的复测费用。

3）基准资料错误的责任。发包人应对其提供的测量基准点、基准线和水准点及其书面资料的真实性、准确性和完整性负责。发包人提供上述基准资料错误导致承包人测量放线工作的返工或造成工程损失的，发包人应当承担由此增加的费用和（或）工期延误，并向承包人支付合理利润。承包人发现发包人提供的上述基准资料存在明显错误或疏忽的，应及时通知监理人。

4）补充地质勘探。在合同实施期间，监理人可以指示承包人进行必要的补充地质勘探并提供有关资料。承包人为本合同永久工程施工的需要进行补充地质勘探时，须经监理人批准，并应向监理人提交有关资料，上述补充勘探的费用由发包人承担。承包人为其临时工程设计及施工的需要进行的补充地质勘探，其费用由承包人承担。

2. 质量条款的内容

《水利水电工程标准施工招标文件》（2009年版）从承包人质量管理、监理人质量检查、质量评定、事故处理、质量检验与试验、保修等方面设定了质量条款。

（1）承包人的质量管理。

1）承包人应在施工场地设置专门的质量检查机构，配备专职质量检查人员，建立完善的质量检查制度。

2）承包人应编制工程质量保证措施文件，包括质量检查机构的组织和岗位责任、质量检查人员的组成、质量检查程序和实施细则等，提交监理人审批。

3）承包人应加强对施工人员的质量教育和技术培训，定期考核施工人员的劳动技能，严格执行规范和操作规程。

4）承包人应按合同约定对材料、工程设备以及工程的所有部位及其施工工艺进行全过程的质量检查和检验，并作详细记录，编制工程质量报表，报送监理人审查。

（2）监理人的质量检查。

1）监理人有权对工程的所有部位及其施工工艺、材料和工程设备进行检查和检验。

2）承包人应为监理人的检查和检验提供方便，包括监理人到施工场地，或制造、加工地点，或合同约定的其他地方进行察看和查阅施工原始记录。

3）承包人应按监理人指示，进行施工场地取样试验、工程复核测量和设备性能检测，提供试验样品、提交试验报告和测量成果以及监理人要求进行的其他工作。

4）监理人的检查和检验，不免除承包人按合同约定应负的责任。

（3）工程隐蔽部位覆盖前的检查。

1）通知监理人检查。经承包人自检确认的工程隐蔽部位具备覆盖条件后，承包人应通知监理人在约定的期限内检查。承包人的通知应附有自检记录和必要的检查资料。监理人应按时到场检查。经监理人检查确认质量符合隐蔽要求，并在检查记录上签字后，承包人才能进行覆盖。监理人检查确认质量不合格的，承包人应在监理人指示的时间内修整返工后，由监理人重新检查。

2）监理人未到场检查。监理人未按约定的时间进行检查的，除监理人另有指示外，承包人可自行完成覆盖工作，并做相应记录报送监理人，监理人应签字确认。监理人事后对检查记录有疑问的，可重新检查。

3）监理人重新检查。承包人覆盖工程隐蔽部位后，监理人对质量有疑问的，可要求承包人对已覆盖的部位进行钻孔探测或揭开重新检验，承包人应遵照执行，并在检验后重新覆盖恢复原状。经检验证明工程质量符合合同要求的，由发包人承担由此增加的费用和（或）工期延误，并支付承包人合理利润。经检验证明工程质量不符合合同要求的，由此增加的费用和（或）工期延误由承包人承担。

4）承包人私自覆盖。承包人未通知监理人到场检查，私自将工程隐蔽部位覆盖的，监理人有权指示承包人钻孔探测或揭开检查，由此增加的费用和（或）工期延误由承包人承担。

（4）保修。

1）缺陷责任期（工程质量保修期）的起算时间。

a. 除专用合同条款另有约定外，缺陷责任期（工程质量保修期）从工程通过合同工程完工验收后开始计算。

b. 在合同工程完工验收前，已经发包人提前验收的单位工程或部分工程，若未投入使用，其缺陷责任期（工程质量保修期）也从工程通过合同工程完工验收后开始计算。

c. 若已投入使用，其缺陷责任期（工程质量保修期）从通过单位工程或部分工程投入使用验收后开始计算。缺陷责任期（工程质量保修期）的期限在专用合同条款中约定。

2）工程质量保修责任终止证书。

a. 合同工程完工验收或投入使用验收后，发包人与承包人应办理工程交接手续，承包人应向发包人递交工程质量保修书。

b. 工程质量保修期满后30个工作日内，发包人应向承包人颁发工程质量保修责任终止证书，并退还剩余的质量保证金，但保修责任范围内的质量缺陷未处理完成的应除外。

c. 水利水电工程质量保修期通常为一年，河湖疏浚工程无工程质量保修期。

3. 进度条款的内容

《水利水电工程标准施工招标文件》（2009年版）从合同进度计划及修订、开工与完工、延误、暂停施工等方面设定了进度条款。

（1）合同进度计划。

1）合同进度计划编制。

a. 承包人应编制详细的施工总进度计划及其说明提交监理人审批。

b. 监理人应在约定的期限内批复承包人，否则该进度计划视为已得到批准。

c. 经监理人批准的施工进度计划称为合同进度计划，是控制合同工程进度的依据。

d. 承包人还应根据合同进度计划，编制更为详细的分阶段或单位工程或分部工程进度计划，报监理人审批。

2）合同进度计划修订。

a. 不论何种原因造成工程的实际进度与合同进度计划不符时，承包人均应在14天内向监理人提交修订合同进度计划的申请报告，并附有关措施和相关资料，报监理人审批。

b. 监理人应在收到申请报告后的14天内批复。当监理人认为需要修订合同进度计划时，承包人应按监理人的指示，在14天内向监理人提交修订的合同进度计划，并附调整计划的相关资料，提交监理人审批。监理人应在收到进度计划后的14天内批复。

c. 不论何种原因造成施工进度延迟，承包人均应按监理人的指示，采取有效措施赶上进度。承包人应在向监理人提交修订合同进度计划的同时，编制一份赶工措施报告提交监理人审批。

d. 施工进度延迟在分清责任的基础上按合同约定处理。

（2）开工与完工。

1）开工。

a. 监理人应在开工日期7天前向承包人发出开工通知。监理人在发出开工通知前应获得发包人同意。工期自监理人发出的开工通知中载明的开工日期起计算。

b. 承包人应向监理人提交工程开工报审表，经监理人审批后执行。开工报审表应详细说明按合同进度计划正常施工所需的施工道路、临时设施、材料设备、施工人员等施工组织措施的落实情况以及工程的进度安排。

c. 若发包人未能按合同约定向承包人提供开工的必要条件，承包人有权要求延长工期。监理人应在收到承包人的书面要求后，与合同双方商定或确定增加的费用和延长的工期。

d. 承包人在接到开工通知后14天内未按进度计划要求及时进场组织施工，监理人可通知承包人在接到通知后7天内提交一份说明其进场延误的书面报告，报送监理人。书面报告应说明不能及时进场的原因和补救措施，由此增加的费用和工期延误责任由承包人承担。

2）完工。承包人应在约定的期限内完成合同工程。合同工程实际完工日期在合同工程完工证书中明确。

（3）工期延误与提前。

1）工期延误。

a. 发包人的工期延误。在履行合同过程中，由于发包人的下列原因造成工期延误的，承包人有权要求发包人延长工期和（或）增加费用，并支付合理利润。需要修订合同进度计划的，按照约定办理。

（a）增加合同工作内容。

（b）改变合同中任何一项工作的质量要求或其他特性。

（c）发包人延迟提供材料、工程设备或变更交货地点的。

（d）因发包人原因导致的暂停施工。

（e）提供图纸延误。

（f）未按合同约定及时支付预付款、进度款。

（g）发包人造成工期延误的其他原因。

b. 异常恶劣的气候条件。异常恶劣气候条件的界定，应按当地政府气象部门的气象报告为准。可参考的因素如下：

（a）日降雨量大于________mm的雨日超过________天。

（b）风速大于________m/s的________级以上台风灾害。

（c）日气温超过________℃的高温大于 ________天。

（d）日气温低于________℃的严寒大于________天。

（e）造成工程损坏的冰雹和大雪灾害：________。

当工程所在地发生危及施工安全的异常恶劣气候时，发包人和承包人应及时采取暂停施工或部分暂停施工措施。异常恶劣气候条件解除后，承包人应及时安排复工。

异常恶劣气候条件造成的工期延误和工程损坏，应由发包人与承包人参照不可抗力的约定协商处理。

c. 承包人的工期延误。由于承包人原因，未能按合同进度计划完成工作，或监理人认为承包人施工进度不能满足合同工期要求的，承包人应采取措施加快进度，并承担加快进度所增加的费用。由于承包人原因造成工期延误，承包人应支付逾期竣工违约金。逾期竣工违约金的计算方法在专用合同条款中约定。承包人支付逾期竣工违约金，不免除承包人完成工程及修补缺陷的义务。

2）工期提前。发包人要求承包人提前完工，或承包人提出提前完工的建议能够给发包人带来效益的，应由监理人与承包人共同协商采取加快工程进度的措施和修订合同进度计划。发包人应承担承包人由此增加的费用，并向承包人支付专用合同条款约定的相应奖金。发包人要求提前完工的，双方协商一致后应签订提前完工协议，协议内容包括：

a. 提前的时间和修订后的进度计划。

b. 承包人的赶工措施。

c. 发包人为赶工提供的条件。

d. 赶工费用（包括利润和奖金）。

（4）暂停施工。

1）承包人暂停施工的责任。因下列暂停施工增加的费用和（或）工期延误由承包人承担：

a. 承包人违约引起的暂停施工。

b. 由于承包人原因为工程合理施工和安全保障所必需的暂停施工。

c. 承包人擅自暂停施工。

d. 承包人其他原因引起的暂停施工。

e. 专用合同条款约定由承包人承担的其他暂停施工。

2）发包人暂停施工的责任。由于发包人原因引起的暂停施工造成工期延误的，承包人有权要求发包人延长工期和（或）增加费用，并支付合理利润。属于下列任何一种情况引起的暂停施工，均为发包人的责任：

a. 由于发包人违约引起的暂停施工。

b. 由于不可抗力的自然或社会因素引起的暂停施工。

c. 专用合同条款中约定的其他由于发包人原因引起的暂停施工。

3）监理人暂停施工指示。

a. 监理人认为有必要时，可向承包人作出暂停施工的指示，承包人应按监理人指示暂停施工。

b. 不论由于何种原因引起的暂停施工，暂停施工期间承包人应负责妥善保护工程并提供安全保障。

c. 由于发包人的原因发生暂停施工的紧急情况，且监理人未及时下达暂停施工指示的，承包人可先暂停施工，并及时向监理人提出暂停施工的书面请求。监理人应在接到书面请求后的24小时内予以答复，逾期未答复的，视为同意承包人的暂停施工请求。

4）暂停施工后的复工。暂停施工后，监理人应与发包人和承包人协商，采取有效措施积极消除暂停施工的影响。当工程具备复工条件时，监理人应立即向承包人发出复工通知。承包人收到复工通知后，应在监理人指定的期限内复工。承包人无故拖延和拒绝复工的，由此增加的费用和工期延误由承包人承担；因发包人原因无法按时复工的，承包人有权要求发包人延长工期和（或）增加费用，并支付合理利润。

5）暂停施工持续56天以上。

a. 发包人原因。监理人发出暂停施工指示后56天内未向承包人发出复工通知，除了该项停工属于承包人责任外的情况外，承包人可向监理人提交书面通知，要求监理人在收到书面通知后28天内准许已暂停施工的工程或其中一部分工程继续施工。如监理人逾期不予批准，则承包人可以通知监理人，将工程受影响的部分视为可取消工作。如暂停施工影响到整个工程，可视为发包人违约。

b. 承包人原因。由于承包人责任引起的暂停施工，如承包人在收到监理人暂停施工指示后56天内不认真采取有效的复工措施，造成工期延误，可视为承包人违约。

4. 工程结算

（1）计量。

1）单价子目的计量。

a. 已标价工程量清单中的单价子目工程量为估算工程量。结算工程量是承包人实际完成的，并按合同约定的计量方法进行计量的工程量。

b. 承包人对已完成的工程进行计量，向监理人提交进度付款申请单、已完成工程量报表和有关计量资料。

c. 监理人对承包人提交的工程量报表进行复核，以确定实际完成的工程量。对数量有异议的，可要求承包人进行共同复核和抽样复测。承包人应协助监理人进行复核并按监理人要求提供补充计量资料。承包人未按监理人要求参加复核，监理人复核或修正的工程量视为承包人实际完成的工程量。

d. 监理人认为有必要时，可通知承包人共同进行联合测量、计量，承包人应遵照执行。

e. 承包人完成工程量清单中每个子目的工程量后，监理人应要求承包人派员共同对每个子目的历次计量报表进行汇总，以核实最终结算工程量。监理人可要求承包人提供补充计量资料，以确定最后一次进度付款的准确工程量。承包人未按监理人要求派员参加的，监理人最终核实的工程量视为承包人完成该子目的准确工程量。

f. 监理人应在收到承包人提交的工程量报表后的7天内进行复核，监理人未在约定时间内复核的，承包人提交的工程量报表中的工程量视为承包人实际完成的工程量，据此计算工程价款。

2）总价子目的计量。总价子目的分解和计量按照下述约定进行：

a. 总价子目的计量和支付应以总价为基础，不因价格调整因素而进行调整。承包人实际完成的工程量，是进行工程目标管理和控制进度支付的依据。

b. 承包人应按工程量清单的要求对总价子目进行分解，并在签订协议书后的28天内将各子目的总价支付分解表提交监理人审批。分解表应标明其所属子目和分阶段需支付的金额。承包人应按批准的各总价子目支付周期，对已完成的总价子目进行计量，确定分项的应付金额列入进度付款申请单中。

c. 监理人对承包人提交的上述资料进行复核，以确定分阶段实际完成的工程量和工程形象目标。对其有异议的，可要求承包人进行共同复核和抽样复测。

d. 除变更外，总价子目的工程量是承包人用于结算的最终工程量。

（2）预付款。

1）预付款的定义和分类。预付款用于承包人为合同工程施工购置材料、工程设备、施工设备、修建临时设施以及组织施工队伍进场等，分为工程预付款和工程材料预付款。预付款必须专用于合同工程。

2）工程预付款的额度。一般工程预付款为签约合同价的10%，分两次支付，招标项目包含大宗设备采购的可适当提高但不宜超过20%。

3）工程预付款预付和扣回办法。承包人在第一次收到工程预付款的同时需提交等额的工程预付款保函（担保）；第二次工程预付款保函可用承包人进入工地的主要设备（其估算价值已达到第二次预付款金额）代替。

当履约担保的保证金额度大于工程预付款额度，发包人分析认为可以确保履约安全的情况下，承包人可与发包人协商不提交工程预付款保函，但应在履约保函中写明其兼具预付款保函的功能。此时，工程预付款的扣款办法不变，但不能递减履约保函金额。

工程预付款担保的担保金额可根据工程预付款扣回的金额相应递减。

（3）工程进度付款。

1）进度付款申请单内容。

a. 截至本次付款周期末已实施工程的价款。

b. 变更金额。

c. 索赔金额。

d. 应支付的预付款和扣减的返还预付款。

e. 应扣减的质量保证金。

f. 根据合同应增加和扣减的其他金额。

2）进度付款证书和支付时间。

a. 监理人在收到承包人进度付款申请单以及相应的支持性证明文件后的14天内完成核查，经发包人审查同意后，出具经发包人签认的进度付款证书。

b. 发包人应在监理人收到进度付款申请单后的28天内，将进度应付款支付给承包人。发包人不按期支付的，按专用合同条款的约定支付逾期付款违约金。

c. 监理人出具进度付款书，不应视为监理人已同意、批准或接受了承包人完成的该部分工作。

d. 进度付款涉及政府投资资金的，按照国库集中支付等国家相关规定和专用合同条款的约定办理。

（4）质量保证金。

1）扣留。

a. 从第一个付款周期在付给承包人的工程进度付款中（不包括预付款支付和扣回）扣留5%～8%，直至达到规定的质量保证金总额。

b. 一般情况下，质量保证金总额为签约合同价的2.5%～5%。

2）退还。

a. 合同工程完工证书颁发后14天内，发包人将质量保证金总额的一半支付给承包人。

b. 在工程质量保修期满时，发包人将在30个工作日内核实后将剩余的质量保证金支付给承包人。

c. 在工程质量保修期满时，承包人没有完成缺陷责任的，发包人有权扣留与未履行责任剩余工作所需金额相应的质量保证金余额，并有权延长缺陷责任期，直至完成剩余工作为止。

（5）完工结算。

1）完工付款申请单。

a. 承包人应在合同工程完工证书颁发后28天内，向监理人提交完工付款申请单，并提供相关证明材料。

b. 完工付款申请单应包括下列内容：完工结算合同总价、发包人已支付承包人的工程价款、应扣留的质量保证金、应支付的完工付款金额。

2）完工付款证书及支付时间。

a. 监理人在收到承包人提交的完工付款申请单后的14天内完成核查，提出发包人到期应支付给承包人的价款送发包人审核并抄送承包人。

b. 发包人应在收到后14天内审核完毕，由监理人向承包人出具经发包人签认的完工付款证书。

c. 监理人未在约定时间内核查，又未提出具体意见的，视为承包人提交的完工付款申请单已经监理人核查同意。

d. 发包人未在约定时间内审核又未提出具体意见的，监理人提出发包人到期应支付给承包人的价款视为已经发包人同意。

e. 发包人应在监理人出具完工付款证书后的14天内，将应支付款支付给承包人。发包人不按期支付的，将逾期付款违约金支付给承包人。

f. 承包人对发包人签认的完工付款证书有异议的，发包人可出具完工付款申请单中承包人已同意部分的临时付款证书。

g. 完工付款涉及政府投资资金的，按照国库集中支付等国家相关规定和专用合同条款的约定办理。

（6）最终结清。

1）最终结清申请单。工程质量保修责任终止证书签发后，承包人应按监理人批准的格式提交最终结清申请单。

2）最终结清证书和支付时间。

a. 监理人收到承包人提交的最终结清申请单后的14天内，提出发包人应支付给承包人的价款送发包人审核并抄送承包人。

b. 发包人应在收到后14天内审核完毕，由监理人向承包人出具经发包人签认的最终结清证书。

c. 监理人未在约定时间内核查，又未提出具体意见的，视为承包人提交的最终结清申请已经监理人核查同意。

d. 发包人未在约定时间内审核又未提出具体意见的，监理人提出应支付给承包人的价款视为已经发包人同意。

e. 发包人应在监理人出具最终结清证书后的14天内，将应支付款支付给承包人。发包人不按期支付的，将逾期付款违约金支付给承包人。

f. 最终结清付款涉及政府投资资金的，按照国库集中支付等国家相关规定和专用合同条款的约定办理。

g. 最终结清后，发包人的支付义务结束。

5. 变更和索赔的处理方法与原则

（1）工程变更。工程变更包括设计变更、进度计划变更、施工条件变更以及原招标文件和工程量清单中未包括的新增工程。

1）变更的范围和内容。在履行合同中发生以下情形之一，应进行变更：

a. 取消合同中任何一项工作，但被取消的工作不能转由发包人或其他人实施。

b. 改变合同中任何一项工作的质量或其他特性。

c. 改变合同工程的基线、标高、位置或尺寸。

d. 改变合同中任何一项工作的施工时间或改变已批准的施工工艺或顺序。

e. 为完成工程需要追加的额外工作。

f. 增加或减少专用合同条款中约定的关键项目工程量超过其工程总量的一定数量百分比。

上述变更内容引起工程施工组织和进度计划发生实质性变动和影响其原定的价格时，才予调整该项目的单价。第（f）种情形下单价调整方式在专用合同条款中约定。

2）变更权。在履行合同过程中，经发包人同意，监理人可按变更程序向承包人作出变更指示，承包人应遵照执行。没有监理人的变更指示，承包人不得擅自变更。

3）变更程序。

a. 变更的提出。

（a）在合同履行过程中，可能发生变更约定情形的，监理人可向承包人发出变更意向书。

（b）变更意向书应说明变更的具体内容和发包人对变更的时间要求，并附必要的图纸和相关资料。

（c）变更意向书应要求承包人提交包括拟实施变更工作的计划、措施和完工时间等内容的实施方案。

（d）发包人同意承包人根据变更意向书要求提交的变更实施方案的，由监理人发出变更指示。

(e) 在合同履行过程中，发生变更情形的，监理人应向承包人发出变更指示。

(f) 承包人收到监理人发出的图纸和文件，经检查认为其中存在变更情形的，可向监理人提出书面变更建议。变更建议应阐明要求变更的依据，并附必要的图纸和说明。

(g) 监理人收到承包人书面建议后，应与发包人共同研究，确认存在变更的，应在收到承包人书面建议后的14天内作出变更指示。经研究后不同意作为变更的，应由监理人书面答复承包人。

(h) 若承包人收到监理人的变更意向书后认为难以实施此项变更，应立即通知监理人，说明原因并附详细依据。监理人与承包人和发包人协商后确定撤销、改变或不改变原变更意向书。

b. 变更估价。

(a) 除专用合同条款对期限另有约定外，承包人应在收到变更指示或变更意向书后的14天内，向监理人提交变更报价书，报价内容应根据约定的估价原则，详细开列变更工作的价格组成及其依据，并附必要的施工方法说明和有关图纸。

(b) 变更工作影响工期的，承包人应提出调整工期的具体细节。监理人认为有必要时，可要求承包人提交要求提前或延长工期的施工进度计划及相应施工措施等详细资料。

(c) 除专用合同条款对期限另有约定外，监理人收到承包人变更报价书后的14天内，根据约定的估价原则，商定或确定变更价格。

c. 变更指示。

(a) 变更指示只能由监理人发出。

(b) 变更指示应说明变更的目的、范围、变更内容以及变更的工程量及其进度和技术要求，并附有关图纸和文件。承包人收到变更指示后，应按变更指示进行变更工作。

d. 变更的估价原则。除专用合同条款另有约定外，因变更引起的价格调整按照本款约定处理。

(a) 已标价工程量清单中有适用于变更工作的子目的，采用该子目的单价。

(b) 已标价工程量清单中无适用于变更工作的子目，但有类似子目的，可在合理范围内参照类似子目的单价，由监理人按合同相关条款商定或确定变更工作的单价。

(c) 已标价工程量清单中无适用或类似子目的单价，可按照成本加利润的原则，由监理人商定或确定变更工作的单价。

4) 暂估价。在工程招标阶段已经确定的材料、工程设备或工程项目，但又无法在当时确定准确价格，而可能影响招标效果的，可由发包人在工程量清单中给定一个暂估价。暂估价的管理要求如下：

a. 必须招标的暂估价项目。

(a) 若承包人不具备承担暂估价项目的能力或具备承担暂估价项目的能力但明确不参与投标的，由发包人和承包人组织招标。

(b) 若承包人具备承担暂估价项目的能力且明确参与投标的，由发包人组织招标。

(c) 暂估价项目中标金额与工程量清单中所列金额差以及相应的税金等其他费用列入合同价格。

(d) 必须招标的暂估价项目招标组织形式、发包人和承包人组织招标时双方的权利义务关系在专用合同条款中约定。

b. 不招标的暂估价项目。

(a) 给定暂估价的材料和工程设备不属于依法必须招标的范围或未达到规定的规模标准的，应由承包人提供。经监理人确认的材料、工程设备的价格与工程量清单中所列的暂估价的金额差以及相应的税金等其他费用列入合同价格。

(b) 给定暂估价的专业工程不属于依法必须招标的范围或未达到规定的规模标准的，由监理人按照变更处理原则进行估价，但专用合同条款另有约定的除外。经估价的专业工程与工程量清单中所列的暂估价的金额差以及相应的税金等其他费用列入合同价格。

(2) 违约。

1) 承包人违约。在履行合同过程中发生的下列情况属承包人违约：

a. 承包人私自将合同的全部或部分权利转让给其他人，或私自将合同的全部或部分义务转移给其他人。

b. 承包人未经监理人批准，私自将已按合同约定进入施工场地的施工设备、临时设施或材料撤离施工场地。

c. 承包人使用了不合格材料或工程设备，工程质量达不到标准要求，又拒绝清除不合格工程。

d. 承包人未能按合同进度计划及时完成合同约定的工作，已造成或预期造成工期延误。

e. 承包人在缺陷责任期（工程质量保修期）内，未能对合同工程完工验收鉴定书所列的缺陷清单的内容或缺陷责任期（工程质量保修期）内发生的缺陷进行修复，而又拒绝按监理人指示再进行修补。

f. 承包人无法继续履行或明确表示不履行或实质上已停止履行合同。

g. 承包人不按合同约定履行义务的其他情况。

2) 发包人违约。在履行合同过程中发生的下列情形，属发包人违约：

a. 发包人未能按合同约定支付预付款或合同价款，或拖延、拒绝批准付款申请和支付凭证，导致付款延误的。

b. 发包人原因造成停工的。

c. 监理人无正当理由没有在约定期限内发出复工指示，导致承包人无法复工的。

d. 发包人无法继续履行或明确表示不履行或实质上已停止履行合同的。

e. 发包人不履行合同约定其他义务的。

(3) 索赔。

1) 承包人索赔。

a. 承包人提出索赔程序。

(a) 承包人应在知道或应当知道索赔事件发生后 28 天内，向监理人递交索赔意向通知书，并说明发生索赔事件的事由。承包人未在前述 28 天内发出索赔意向通知书的，丧失要求追加付款和（或）延长工期的权利。

(b) 承包人应在发出索赔意向通知书后 28 天内，向监理人正式递交索赔通知书。索赔通知书应详细说明索赔理由以及要求追加的付款金额和（或）延长的工期，并附必要的记录和证明材料。

（c）索赔事件具有连续影响的，承包人应按合理时间间隔继续递交延续索赔通知，说明连续影响的实际情况和记录，列出累计的追加付款金额和（或）工期延长天数。

（d）在索赔事件影响结束后的28天内，承包人应向监理人递交最终索赔通知书，说明最终要求索赔的追加付款金额和延长的工期，并附必要的记录和证明材料。

b. 承包人索赔处理程序。

（a）监理人收到承包人提交的索赔通知书后，应及时审查索赔通知书的内容、查验承包人的记录和证明材料，必要时监理人可要求承包人提交全部原始记录副本。

（b）监理人应商定或确定追加的付款和（或）延长的工期，并在收到上述索赔通知书或有关索赔的进一步证明材料后的42天内，将索赔处理结果答复承包人。

（c）承包人接受索赔处理结果的，发包人应在作出索赔处理结果答复后28天内完成赔付。承包人不接受索赔处理结果的，按争议约定办理。

c. 承包人提出索赔的期限。

（a）承包人接受了完工付款证书后，应被认为已无权再提出在合同工程完工证书颁发前所发生的任何索赔。

（b）承包人提交的最终结清申请单中，只限于提出合同工程完工证书颁发后发生的索赔。提出索赔的期限自接受最终结清证书时终止。

2）发包人的索赔。

a. 发生索赔事件后，监理人应及时书面通知承包人，详细说明发包人有权得到的索赔金额和（或）延长缺陷责任期的细节和依据。

b. 发包人提出索赔的期限和要求与承包人索赔相同，延长工程质量保修期的通知应在工程质量保修期届满前发出。

c. 监理人商定或确定发包人从承包人处得到赔付的金额和（或）工程质量保修期的延长期。

d. 承包人应付给发包人的金额可从拟支付给承包人的合同价款中扣除，或由承包人以其他方式支付给发包人。

e. 承包人对监理人发出的索赔书面通知内容持异议时，应在收到书面通知后的14天内，将持有异议的书面报告及其证明材料提交监理人。

f. 监理人应在收到承包人书面报告后的14天内，将异议的处理意见通知承包人，并执行赔偿。若承包人不接受监理人的索赔处理意见，可按本合同争议的规定办理。

任务7.4　水利工程物资采购合同

模块7.4.1　水利工程物资采购合同概述

1. 建设工程物资采购合同的概念

建设工程物资采购合同，是出卖人转移建设工程材料设备的所有权于买受人，买受人支付价款的合同。

建设工程物资采购合同属于买卖合同，具有买卖合同的一般特点。

(1) 出卖人与买受人订立买卖合同，是以转移财产所有权为目的。

(2) 买卖合同的买受人取得财产所有权，必须支付相应的价款；出卖人转移财产所有权，必须以买受人支付价款为对价。

(3) 买卖合同是双务、有偿合同。所谓双务有偿是指合同双方互负一定义务，出卖人应当保质、保量、按期交付合同订购的物资、设备，买受人应当按合同约定的条件接收货物并及时支付货款。

(4) 买卖合同是诺成合同。除了法律有特殊规定的情况外，当事人之间意思表示一致，买卖合同即可成立，并不以实物的交付为合同成立的条件。

2. 建设工程物资采购合同的特点

建设工程物资采购合同与建设项目的建设密切相关，其特点主要表现如下：

(1) 建设工程物资采购合同的当事人。建设工程物资采购合同的买受人即采购人，可以是发包人，也可能是承包人，依据合同的承包方式来确定。永久工程的大型设备一般情况下由发包人采购。施工中使用的建筑材料采购责任，按照施工合同专用条款的约定执行。通常分为发包人负责采购供应；承包人负责采购，包工包料承包；大宗建筑材料由发包人采购供应，当地材料和数量较少的材料由承包人负责三类方式。

采购合同的出卖人即供货人，可以是生产厂家，也可以是从事物资流转业务的供应商。

(2) 物资采购合同的标的。建设工程物资采购合同的标的品种繁多，供货条件差异较大。

(3) 物资采购合同的内容。建设工程物资采购合同视标的的特点，合同涉及的条款繁简程度差异较大。建筑材料采购合同的条款一般限于物资交货阶段，主要涉及交接程序、检验方式、质量要求和合同价款的支付等。大型设备的采购，除了交货阶段的工作外，往往还需包括设备生产制造阶段、设备安装调试阶段、设备试运行阶段、设备性能达标检验和保修等方面的条款约定。

(4) 物资供应的时间。建设工程物资采购合同的履行与施工进度密切相关。出卖人必须严格按照合同约定的时间交付订购的货物。延误交货将导致工程施工的停工待料，不能使建设项目及时发挥效益。提前交货通常买受人也不同意接受，一方面货物将占用施工现场有限的场地影响施工，另一方面增加了买受人的仓储保管费用。如出卖人提前将500吨水泥提前发运到施工现场，而买受人仓库已满只好露天存放，为了防潮则需要投入很多物资进行维护保管。

3. 建设工程物资采购合同的分类

按照不同的标准，建设工程物资采购合同可以有不同的分类。

(1) 按照标的不同的分类。按照标的不同，建设工程物资采购合同可以分为材料采购合同和设备采购合同。材料采购合同采购的是建筑材料，是指用于建筑和土木工程领域的各种材料的总称，如钢、木材、玻璃、水泥、涂料等，也包括用于建筑设备的材料，如电线、水管等。设备采购合同采购的设备，既可能是安装于工程中的设备，如安装在电力工程中的发电机、发动机等，也包括在施工过程中使用的设备，如塔吊等。

（2）按照履行时间不同的分类。按照履行时间的不同，建设工程物资采购合同可以分为即时买卖合同和非即时买卖合同。即时买卖合同是指当事人双方在买卖合同成立的同时，就履行了全部义务，即移转了物资的所有权、价款的占有。即时买卖合同以外的合同就是非即时买卖合同。由于建设工程物资采购合同的标的数量较大，一般都采用非即时买卖合同。非即时买卖合同的表现有很多种。在建设工程物资采购合同比较常见的是货样买卖、试用买卖、分期交付买卖和分期付款买卖等。

货样买卖是指当事人双方按照货样或样本所显示的质量进行交易。凭样品买卖的当事人应当封存样品，并可以对样品质量予以说明。出卖人交付的标的物应当与样品及其说明的质量相同。凭样品买卖的买受人不知道样品有隐蔽瑕疵的，即使交付的标的物与样品相同，出卖人交付的标的物质量仍然应当符合同种物的通常标准。

试用买卖是指出卖人允许买受人试验其标的物、买受人认可后再支付价款的交易。试用买卖的当事人可以约定标的物的试用期间，试用买卖的买受人在试用期内可以购买标的物，也可以拒绝购买。试用期间届满，买受人对是否购买标的物未作表示的常视为购买。

分期交付买卖是指购买的标的物要分批交付。由于工程建设的工期较长，这种交付方式很常见。出卖人分批交付标的物的，出卖人对其中一批标的物不交付或者交付不符合约定，致使该批标的物不能实现合同目的的，买受人可以就该批标的物解除。出卖人不交付其中一批标的物或者交付不符合约定，致使今后其他各批标的物的交付不能实现合同目的，买受人可以就该批以及今后其他各批标的物解除。买受人如果就其中一批标的物解除，该批标的物与其他各批标的物相互依存的，可以就已经交付和未交付的各批标的物解除。

分期付款买卖是指买受人分期支付价款。在工程建设中，这种付款方式也很常见。分期付款的买受人未支付到期价款的金额达到全部价款的五分之一的，出卖人可以要求买受人支付全部价款或者解除合同。出卖人解除合同的，可以向买受人要求支付该标的物的使用费。

（3）按照合同订立方式不同的分类。按照合同订立方式的不同，建设工程物资采购合同可以分为竞争买卖合同和自由买卖合同。竞争买卖包括招标投标和拍卖。在建设工程领域，一般都是通过招标投标进行竞争。竞争买卖以外的交易则是自由买卖。

模块 7.4.2　材料设备采购合同的主要内容

1. 材料采购合同的主要内容

（1）材料采购合同条款。

按照《民法典》的分类，材料采购合同属于买卖合同，合同条款一般包括以下几方面内容：

1）产品名称、商标、型号、生产厂家、订购数量、合同金额、供货时间及每次供应数量。

2）质量要求的技术标准，供货方对质量负责的条件和期限。

3）交（提）货地点、方式。

4）运输方式及到站、港和费用的负担责任。

5）合理损耗及计算方法。

6）包装标准、包装物的供应与回收。

7）验收标准、方法及提出异议的期限。

8）随机备品、配件工具数量及供应办法。

9）结算方式及期限。

10）如需提供担保，另立合同担保书作为合同附件。

11）违约责任。

12）解决合同争议的方法。

13）其他约定事项。

（2）订购产品的交付。

1）产品的交付方式。订购物资或产品的供应方式，可以分为采购方到合同约定地点自提货物和供货方负责将货物送达指定地点两大类，而供货方送货又可细分为将货物负责送抵现场或委托运输部门代运两种形式。为了明确货物的运输责任，应在相应条款内写明所采用的交（提）货方式、交（接）货物的地点、接货单位（或接货人）的名称。

产品交付的法律意义是，一般情况下，交付导致采购材料的所有权发生转移。如果材料在订立合同之前已为买受人占有的，合同生效的时间为交付时间。与所有权转移相对应，标的物毁损、灭失的风险，在标的物交付之前由出卖人承担，交付之后由买受人承担，但法律另有规定或者当事人另有约定的除外。

2）交货期限。货物的交（提）货期限，是指货物交接的具体时间要求。它不仅关系到合同是否按期履行，还可能会出现货物意外灭失或损坏时的责任承担问题。合同内应对交（提）货期限写明月份或更具体的时间（如旬、日）。如果合同内规定分批交货时，还需注明各批次交货的时间，以便明确责任。

a. 合同交货期限的确定。材料采购合同当事人可以约定明确的交货期限，也可以约定交货的一段期间。如约定明确的交货期限，出卖人应当按照约定的期限交付标的物。如约定交付期间的，出卖人可以在该交付期间内的任何时间交付。当事人没有约定标的物的交付期限或者约定不明确的，可以协议补充；不能达成补充协议的，按照合同有关条款或者交易习惯确定。按照合同有关条款或者交易习惯仍不能确定的，债务人可以随时履行，债权人也可以随时要求履行，但应当给对方必要的准备时间。

b. 合同履行中交货期限的确定。合同履行过程中，判定是否按期交货或提货，依照约定的交（提）货方式不同，可能有以下几种情况：

（a）供货方送货到现场的交货日期，以采购方接收货物时在货单上签收的日期为准。

（b）供货方负责代运货物，以发货时承运部门签发货单上的戳记日期为准。合同内约定采用代运方式时，供货方必须根据合同规定的交货期、数量、到站、接货人等，按期编制运输作业计划，办理托运、装车（船）、查验等发货手续，并将货运单、合格证等交寄对方，以便采购方在指定车站或码头接货。如果因单证不齐导致采购方无法接货，由此造成的站场存储费和运输罚款等额外支出费用，应由供货方承担。

（c）采购方自提产品，以供货方通知提货的日期为准。但供货方的提货通知中，应给对方合理预留必要的途中时间。采购方如果不能按时提货，应承担逾期提货的违约责任。当供货方早于合同约定日期发出提货通知时，采购方可根据施工的实际需要和仓储保管能力，决定是否按通知的时间提前提货。他有权拒绝提前提货，也可以按通知时间提货后仍按合同规定的交货时间付款。

实际交（提）货日期早于或迟于合同规定的期限，都应视为提前或逾期交（提）货，由有关方承担相应责任。

c. 交货地点的确定。出卖人应当按照约定的地点交付标的物。当事人没有约定交付地点或者约定不明确，可以协议补充；不能达成补充协议的，按照合同有关条款或者交易习惯确定。按照合同有关条款或者交易习惯仍不能确定的，适用下列规定：

（a）标的物需要运输的，出卖人应当将标的物交付给第一承运人以运交给买受人。

（b）标的物不需要运输，出卖人和买受人订立合同时知道标的物在某一地点的，出卖人应当在该地点交付标的物；不知道标的物在某一地点的，应当在出卖人订立合同时的营业地交付标的物。

标的物需要运输的，是指标的物由出卖人负责办理托运，承运人是独立于买卖合同当事人之外的运输业者的情形。

出卖人根据合同约定将标的物运送至买受人指定地点并交付给承运人后，标的物毁损、灭失的风险由买受人负担，但当事人另有约定的除外。出卖人按照约定标的物置于交付地点，买受人违反约定没有收取的，标的物毁损、灭失的风险自违反约定之日起由买受人承担。

（3）交货检验。

1）验收依据。按照合同的约定，供货方交付产品时，可以作为双方验收依据的资料包括：

a. 双方签订的采购合同。

b. 供货方提供的发货单、计量单、装箱单及其他有关凭证。

c. 合同内约定的质量标准。应写明执行的标准代号、标准名称。

d. 产品合格证、检验单。

e. 图纸、样品或其他技术证明文件。

f. 双方当事人共同封存的样品。

2）交货数量检验。

a. 供货方代运货物的到货检验。由供货方代运的货物，采购方在站场提货地点应与运输部门共同验货，以便发现灭失、短少、损坏等情况时，能及时分清责任。采购方接收后，运输部门不再负责。属于交运前出现的问题，由供货方负责；运输过程中发生的问题，由运输部门负责。

b. 现场交货的到货检验。

（a）数量验收的方法。

a）衡量法。即根据各种物资不同的计量单位进行检尺、检斤，以衡量其长度、面积、体积、重量是否与合同约定一致。如胶管衡量其长度、钢板衡量其面积、木材衡量其体积、钢筋衡量其重量等。

b）理论换算法。如管材等各种定尺、倍尺的金属材料，量测其直径和壁厚后，再按理论公式换算验收。换算的依据为国家规定标准或合同约定的换算标准。

c）查点法。采购定量包装的计件物资，只要查点到货数量即可。包装内的产品数量或重量应与包装物的标明一致，否则应由厂家或封装单位负责。

（b）交货数量的允许增减范围。合同履行过程中，经常会发生发货数量与实际验收数量不符，或实际交货数量与合同约定的交货数量不符的情况。其原因可能是供货方的责任，也可能是运输部门的责任，或由于运输过程中的合理损耗。前两种情况要追究有关方的责任。第三种情况则应控制在合理的范围之内。有关行政主管部门对通用的物资和材料规定了货物交接过程中允许的合理磅差和尾差界限。如果合同约定供应的货物无规定可循，也应在条款内约定合理的差额界限，以免交接验收时发生合同交货数量的争议。交付货物的数量在合理的尾差和磅差内，不按多交或少交对待，双方互不退补。超过界限范围时，按合同约定的方法计算多交或少交部分的数量。

合同内对磅差和尾差规定出合理的界限范围，既可以划清责任，还可为供货方合理组织发运提供灵活的变通条件。如果超过合理范围，则按实际交货数量算。不足部分由供货方补齐或退回不足部分的货款；采购方同意接受的多交付部分，进一步支付溢出数量货物的货款。但在计算多交或少交数量时，应按订购数量与实际交货数量比较，均不再考虑合理磅差和尾差因素。

3）交货质量检验。

a. 质量责任。不论采用何种交接方式，采购方均应在合同规定由供货方对质量负责的条件和期限内，对交付产品进行验收和试验。某些必须安装运转后才能发现内在质量缺陷的设备，应于合同内规定缺陷责任期或保修期。在此期限内，凡检测不合格的物资或设备，均由供货方负责。如果采购方在规定时间内未提出质量异议，或因其使用、保管、保养不善而造成质量下降，供货方不再负责。当事人没有约定检验期间的，采购方应当在发现或者应当发现标的物的质量不符合约定的合理期间内通知供货方。采购方在合理期间内未通知或者自标的物收到之日起两年内未通知出卖人的，视为标的物的质量符合约定，但对标的物有质量保证期的，适用质量保证期，不适用该两年的规定。

b. 质量要求和技术标准。产品质量应满足规定用途的特性指标，因此合同内必须约定产品应达到的质量标准。约定质量标准的一般原则如下：

（a）按颁布的国家标准执行。

（b）无国家标准而有部颁标准的产品，按部颁标准执行。

（c）没有国家标准和部颁标准作为依据时，可按企业标准执行。

（d）没有上述标准，或虽有上述某一标准但采购方有特殊要求时，按双方在合同中商定的技术条件、样品或补充的技术要求执行。

c. 验收方法。合同内应具体写明检验的内容和手段，以及检测应达到的质量标准。对于抽样检查的产品，还应约定抽检的比例和取样的方法，以及双方共同认可的检测单位。质量验收可以采用如下方法：

（a）经验鉴别法。即通过目测、手触或以常用的检测工具量测后，判定质量是否符合要求。

(b) 物理试验。根据对产品性能检验的目的，可以进行拉伸试验、压缩试验、冲击试验、金相试验及硬度试验等。

(c) 化学分析。即抽出一部分样品进行定性分析或定量分析的化学试验，以确定其内在质量。

d. 对产品提出异议的时间和办法。合同内应具体写明采购方对不合格产品提出异议的时间和拒付货款的条件。采购方提出的书面异议中，应说明检验情况，出具检验证明和对不符合规定的产品提出具体处理意见。凡因采购方使用、保管、保养不善原因导致的质量下降，供货方不承担责任。在接到采购方的书面异议通知后，供货方应在合同商定的时间内负责处理，否则即视为默认采购方提出的异议和处理意见。

(4) 合同的变更或解除。合同履行过程中，如需变更合同内容或解除合同，都必须依据民法典的有关规定执行。一方当事人要求变更或解除合同时，在未达成新的协议以前，原合同仍然有效。要求变更或解除合同一方应及时将自己的意图通知对方，对方也应在接到书面通知后的合理期限内或合同约定的时间内予以答复，逾期不答复的视为默认。

物资采购合同变更的内容可能涉及订购数量的增减、包装物标准的改变、交货时间和地点的变更等方面。采购方对合同内约定的订购数量不得少要或不要，否则要承担中途退货的责任。只有当供货方不能按期交付货物，或交付的货物存在严重质量问题而影响工程使用时，采购方认为继续履行合同已成为不必要，才可以拒收货物，甚至解除合同关系。如果采购方要求变更到货地点或接货人，应在合同规定的交货期限前的合理期限内通知供货方，以便供货方修改发运计划和组织运输工具。迟于上述规定期限，双方应当立即协商处理。如果已不可能变更或变更后会发生额外费用支出，其后果均应由采购方负责。

(5) 支付结算管理。

1) 货款结算。

a. 支付货款的条件。合同内需明确是验单付款还是验货后付款，然后再约定结算方式和结算时间。验单付款是指委托供货方代运的货物，供货方把货物交付承运部门并将运输单证寄给采购方，采购方在收到单证后合同约定的期限内即应支付的结算方式。尤其对分批交货的物资，每批交付后应在多少天内支付货款也应明确注明。

b. 结算支付的方式。结算方式可以是现金支付、转账结算或异地托收承付。现金结算只适用于成交货物数量少，且金额小的购销合同；转账结算适用于同城市或同地区内的结算；托收承付适用于合同双方不在同一城市的结算。

2) 拒付货款。采购方拒付货款，应当按照中国人民银行结算办法的拒付规定办理。采用托收承付结算时，如果采购方的拒付手续超过承付期，银行不予受理。采购方对拒付货款的产品必须负责接收，并妥为保管不准动用。如果发现动用，由银行代供货方扣收货款，并按逾期付款对待。

采购方有权部分或全部拒付货款的情况大致如下：

a. 交付货物的数量少于合同约定，拒付少交部分的货款。

b. 拒付质量不符合合同要求部分货物的货款。

c. 供货方交付的货物多于合同规定的数量且采购方不同意接收部分的货物，在承付期内可以拒付。

（6）违约责任。

1）违约责任的规定。双方可以通过协商，在合同中约定违约金或者该违约金的计算方法。合同中也可以约定定金，如果合同约定的定金不足以弥补一方违约造成的损失，对方可以请求赔偿超过定金部分的损失，但定金和损失赔偿的数额总和不应高于因违约造成的损失。

2）供货方的违约责任。

a. 未能按合同约定交付货物。这类违约行为可能包括不能供货和不能按期供货两种情况，由于这两种错误行为给对方造成的损失不同，因此承担违约责任的形式也不完全一样。

（a）如果是因供货方应承担责任的原因导致不能全部或部分交货，应按合同约定的违约金比例乘以不能交货部分货款计算违约金。若违约金不足以偿付采购方所受到的实际损失时，可以修改违约金的计算方法，使实际受到的损害能够得到合理的补偿。如果施工采购方为了避免停工待料，不得不以较高价格紧急采购不能供应部分的货物而受到的价差损失时，供货方应承当相应的责任。

（b）供货方不能按期交货的行为，又可以进一步区分为逾期交货和提前交货两种情况。

a）逾期交货。不论合同内规定由供货方将货物送达指定地点交接，还是采购方去自提，均要按合同约定依据逾期交货部分货款总价计算违约金。

对约定由采购方自提货物而不能按期交付时，若发生采购方的其他额外损失，这笔实际开支的费用也应由供货方承担。如采购方已按期派车到指定地点接收货物，而供货方又不能交付时，则派车损失应由供货方支付费用。

发生逾期交货事件后，供货方还应在发货前与采购方就发货的有关事宜进行协商。采购方仍需要时，可继续发货照数补齐，并承担逾期付货责任；如果采购方认为已不再需要，有权在接到发货协商通知后的15天内，通知供货方办理解除合同手续。但逾期不予答复视为同意供货方继续发货。

b）提前交付货物。属于约定由采购方自提货物的合同，采购方接到对方发出的提前提货通知后，可以根据自己的实际情况拒绝提前提货；对于供货方提前发运或交付的货物，买受人仍可按合同规定的时间付款，而且对多交货部分，以及品种、型号、规格、质量等不符合合同规定的产品，在代为保管期内实际支出的保管、保养等费用由供货方承担。代为保管期内，不是因采购方保管不善原因而导致的损失，仍由供货方负责。

c）交货数量与合同不符。供货方多交标的物的，买受人可以接收或者拒绝接收多交的部分。买受人接收多交部分的，按照合同的价格支付价款；买受人拒绝接收多交部分的，应当及时通知出卖人。

d）产品的质量缺陷。交付货物的品种、型号、规格、质量不符合合同规定，如果采购方同意使用，应当按质论价；当采购方不同意使用时，由供货方负责包换或包修。不能修理或调换的产品，按供货方不能交货对待。

b. 供货方的运输责任。主要涉及包装责任和发运责任两个方面。

（a）合理的包装是安全运输的保障，供货方应按合同约定的标准对产品进行包装。凡因包装不符合规定而造成货物运输过程中的损坏或灭失，均由供货方负责赔偿。

(b) 供货方如果将货物错发到货地点或接货人时，除应负责运交合同规定的到货地点或接货人外，还应承担对方因此多支付的一切实际费用和逾期交货的违约金。供货方应按合同约定的路线和运输工具发运货物，如果未经对方同意私自变更运输工具或路线，要承担由此增加的费用。

3）采购方的违约责任。

a. 不按合同约定接受货物。合同签订以后或履行过程中，采购方要求中途退货，应向供货方支付按退货部分货款总额计算的违约金。对于实行供货方送货或代运的物资，采购方违反合同规定拒绝接货，要承担由此造成的货物损失和运输部门的罚款。约定为自提的产品，采购方不能按期提货，除需支付按逾期提货部分货款总值计算延期付款的违约金之外，还应承担逾期提货时间内供货方实际发生的代为保管、保养费用。逾期提货可能是未按合同约定的日期提货，也可能是已同意供货方逾期交付货物，而接到提货通知后未在合同规定的时限内去提货两种情况。

b. 逾期付款。采购方逾期付款，如果合同约定了逾期付款违约金或者该违约金的计算方法，应当按照合同约定执行。如果合同没有约定逾期付款违约金或者该违约金的计算方法，供货方以采购方违约为由主张赔偿逾期付款损失的，应当按照中国人民银行同期同类人民币贷款基准利率为基础，参照逾期罚息利率标准计算。

c. 货物交接地点错误的责任。货物交接地点错误的责任不论是由于采购方在合同内错填到货地点或接货人，还是未在合同约定的时限内及时将变更的到货地点或接货人通知对方，导致供货方送货或代运过程中不能顺利交接货物，所产生的后果均由采购方承担。责任范围包括，自行运到所需地点或承担供货方及运输部门按采购方要求改变交货地点的一切额外支出。

2. 设备采购合同的主要内容

(1) 设备采购合同条款。中华人民共和国商务部机电和科技产业司2008年编制发布了《机电产品采购国际竞争性招标文件》，对机电产品采购合同做了规定。

《机电产品采购国际竞争性招标文件》中关于合同的内容包括：第一册中的合同通用条款和合同格式；第二册中的合同专用条款。合同通用条款包括以下主要内容：

1）定义。

2）适用性。

3）原产地。

4）标准。

5）合同文件和资料的使用。

6）知识产权。

7）履约保证金。

8）检验和测试。

9）包装。

10）装运标记。

11）装运条件。

12）装运通知。

13）交货和单据。

14）保险。

15）运输。

16）伴随服务。

17）备件。

18）保证。

19）索赔。

20）付款。

21）价格。

22）变更指令。

23）合同的修改。

24）转让。

25）分包。

26）卖方履约延误。

27）误期赔偿费。

28）违约终止合同。

29）不可抗力。

30）因破产而终止合同。

31）因买方的便利而终止合同。

32）争端的解决。

33）合同语言。

34）适用法律。

35）通知。

36）税和关税。

37）合同生效及其他。

（2）伴随服务。伴随服务，系指根据本合同规定卖方承担与供货有关的辅助服务，如运输、保险、安装、调试、提供技术援助、培训和合同中规定卖方应承担的其他义务。应对合同下提供的货物，按合同规定的方式，用一种可以自由兑换的货币对其在制造、购置、运输、存放及交货过程中的丢失或损坏进行全面保险。

合同专用条款与技术规格中约定有附加服务，卖方可能被要求提供下列中的任一项服务或所有的服务：

1）实施或监督所供货物的现场组装和/或试运行。

2）提供货物组装和/或维修所需的工具。

3）为所供货物的每一适当的单台设备提供详细的操作和维护手册。

4）在双方商定的一定期限内对所供货物实施运行或监督或维护或修理，但前提条件是该服务并不能免除卖方在合同保证期内所承担的义务。

5）在卖方厂家和（或）在项目现场就所供货物的组装、试运行、运行、维护和修理对买方人员进行培训。

卖方应提供合同专用条款/技术规格中规定的所有服务，为履行要求的伴随服务的报价或双方商定的费用应包括在合同价中。如果卖方提供伴随服务的费用未含在采购货物的合同价内，双方应事先就此达成协议，但其费用不应超过卖方向其他人提供类似服务所收取的现行价格。

任务7.5　案　例　分　析

【案例7.1】　工程勘察合同纠纷案

2010年5月4日，某A公司与B勘察公司签订了一份《地（坝）基工程勘察合同书》，约定由B对A拟建的住宅进行地质钻探。合同签订后，B于同年6月出具了《工程地质勘察报告》，该报告在最后结论和建议中称：根据建筑物的规模、用途和场地地质条件，建议选用粉质黏土和黏土作基础持力层，基础类型以天然浅基为宜，当使用粉质黏土作持力层时，下有淤泥质土，每层土应以宜浅不宜深为原则。并对每幢拟建住宅楼的基础埋深、持力层承载力标准值和压缩模量提出了建议值。A公司遂委托C工程设计院对住宅楼进行设计，并由自己的下属D电子工程设计室进行了补充修改设计。2012—2013年，A公司住宅陆续完工。2014年5月起，A先后发现所建住宅有墙体开裂和山墙外倾，遂又委托B进行补充勘察，B于2014年10月12日、11月2日向A提交了1号、2号、4号、8号、10号楼的补充勘察报告。该报告有关土层承载力等指标与其前次测试结果不同。A又委托D加固设计，由E工程队进行地基加固施工。

2015年2月，A将B诉至中级法院，请求法院对由于B勘探的失误赔偿其损失500万元。

原审法院在审理过程中，于2015年4月9日委托该院法庭科学技术研究所对本案讼争的发生质量事故的9幢建筑进行事故原因、责任划分的综合司法鉴定。该研究所鉴定结论为：造成此次重大质量事故的原因是由于当事人双方未严格按照规章办事，在勘探中出现重大失误，设计存在明显不足之处；从技术角度来看，勘察单位提供的详细勘探报告对地基土层（主要是淤泥土）的分布、定名、允许承载力、压缩模量的建议值发生失误是造成此次事故的主要原因，应负主要责任；A下属的D设计人员素质低，超越资质等级设计和不当设计是造成此次事故的次要原因，应负次要责任。对此，A的直接经济损失470万元，应由双方据其各自责任分别承担，即A承担30%，即141万元，B承担70%，即329万元；A主张的因地基事故造成的用车费、监管人员费用及资料费损失共计361274.22元，因无付款依据，不予支持。原审法院判决：B应于判决生效之日起10日内赔偿A经济损失329万元。第一审案件受理费35000元，鉴定费20000元，共计55000元，由A负担16600元，由B负担38700元。

宣判后，B不服，向本院提起上诉，请求撤销原审判决，依法做出公正判决。上诉法院审理后认为，A与B签订的勘察合同，因双方均具有相应的权利能力和行为能力，也为双方当事人真实意思表示，该合同应属合法有效。B未按双方约定将建筑场地内的土层分布和性质、建筑场地范围内有无软弱层及不良地质现象、建筑场地的稳定性及承载力等勘察清楚，对淤泥层的承载力标准及压缩模量所做结论也与客观事实有较大差异，而A下属的设计人员D不具备设计本案所涉建筑物的设计资格，其在确定建筑物的基础持力层时，对勘察处在勘察报告中的关于淤泥层存在的情况和C关于淤泥层问题的说明均未重视。因此，就A住宅楼因地基原因发生的建筑质量事故，双方均有过错。B的上诉请求，因无事实及法律依据，本院不予支持。原审判决认定事实清楚，适用法律正确，审判程序合法。依照《中华人民共和国民事诉讼法》第一百五十三条第一款第（一）项的规定，判决如下：

驳回上诉，维持原判。第二审案件受理费35385元，由B负担。

【案例7.2】 工程分包合同纠纷案

某施工企业A（本案被告）将其负责承建的某省高速公路Ⅱ标的两个盖板涵洞工程分包给无资质的“包工头”王某B（本案原告）组织施工。在施工过程中，B由于人员不足和设备短缺等多种原因致使中途退出，而A没有按工程进度进行计价，仅由项目经理签字，分两次预计给B工程款37万余元。后双方签署了工程计价单，载明B所施工工程的结算价为33万余元。B认为结算价不合理，要求A再一次性支付给B 2万元了结纠纷。A在谈判无果的情况下，支付了B 2万元进行私了。随后B向A出具了一份《承诺书》，承诺A再支付2万元后，除变更款（业主变更款批复后，应全额付给B）以外，保证以后不再就经济问题纠缠A。

一年半过去后，B以A拖欠其所施工的工程中新增项目的变更款3万元为由，向法院进行了起诉。法院第一次开庭审理此案，在庭审过程中，B又变更诉讼请求，一是撤销结算清单和承诺书；二是判令被告方支付工程欠款26万元。A以B变更诉讼请求需要重新搜集证据为由，提出休庭。法院两个月后又第二次开庭审理此案。法院经审理认为：因A将建设工程分包给不具备相应资质条件的个人进行施工，违反了法律的强制性规定，应属无效。同时，双方又无书面合同的约定。在此情形下，对工程造价进行鉴定成为必然。但原告提交申请后，未预交鉴定费用，并且明示放弃了鉴定。致使对案件争议的事实无法通过鉴定结论予以认定。因此，原告应当对其主张的事实承担举证不能的法律后果。法院驳回了B的诉讼请求，A胜诉。

违法分包、转包合同的法律问题。违法分包、转包合同无效，在发包人和分包人之间产生一定的法律后果。《建筑法》明确规定，违法分包人、转包人为了获得不正当的利益，违反法律的禁止性规定进行工程的分包、转包的，建设行政部门可以将发包人取得的利益确定为非法利益予以收缴。最高人民法院《关于审理建设工程施工合同纠纷案件适用法律问题的解释》第4条也明确规定，承包人非法转包、违法分包建设工程的行为无效，由人民法院收缴已经取得的非法所得。本案中虽然没有涉及非法所得，但在今后的此类案件中，如果出现承包人非法转包、违法分包建筑工程有非法所得的，一律由法院予以收缴，以制裁这种行为，平衡当事人之间的利益。

关于对工程造价进行鉴定的问题。根据最高人民法院《关于民事诉讼证据的若干规定》第二十五条的规定，当事人申请鉴定，应当在举证期限内提出。对鉴定事项负有举证责任的当事人，在人民法院指定的期限内无正当理由不提出鉴定申请或者不预交鉴定费用或者拒不提交相关材料，致使对案件争议的事实无法通过鉴定结论予以认定的，应当对该事实承担举证不能的法律后果。该案中的原告提交申请后，未预交鉴定费用，并且明示放弃了鉴定，因此，原告应当对其主张的事实承担举证不能的法律后果。

当事人一方不履行合同义务责任的问题。依据《民法典》，当事人一方不履行合同义务或者履行合同义务不符合约定的，应当承担继续履行、采取补救措施或者赔偿损失等违约责任；当事人一方明确表示或者以自己的行为表明不履行合同义务的，对方可以在履行期限之前要求其承担违约责任；当事人一方不履行合同义务或者履行合同义务不符合约定，给对方造成损失的，损失赔偿额应当相当于因违约所造成的损失，包括合同履行后可以获得的利益，但不得超过违反合同一方订立合同时预见到或者应当预见到的因违反合同可能造成的损失。本案中，原告撤离工地现场，以自己的行为表明不履行合同义务，依照《民法典》应当承担违约责任。但本案中未能签订合同，就不能按《民法典》追究原告的违约责任。

施工企业在项目的管理上应选择合法的管理模式。施工企业在与建设方签订建设工程合同后，应结合工程的项目特点，选择是全部自行施工还是采取专业工程分包、劳务作业分包的方式。在分包时，施工单位必须遵守相关的法律，使分包合同合法有效；而不能片面地为追求经济利益，采取变相的转包和肢解分包方式，那样不仅行为无效，带来不必要的经济纠纷，还会受到法律的制裁。本案就是一个很好的例证。

思考题

(1) 订立监理合同时约定的内容有哪些？

(2) 订立勘察、设计合同时应约定哪些内容？

(3) 施工合同文件的内容有哪些？

(4) 发包人和承包人的责任有哪些？

(5) 承包人在何种情况下可以要求延长工期和调整合同价款？

(6) 材料采购合同应如何进行交货的检验？

(7) 材料采购合同履行过程中，如果供货方提前交货应如何处理？

(8) 设备采购合同的伴随服务有哪些内容？

习题

一、选择题

(1) 在《建设工程委托监理合同（示范文本）》中，纲领性的法律文件是（ ）。

A. 建设工程委托监理合同

B. 建设工程委托监理合同标准条件

C. 建设工程委托监理合同专用条件

D. 双方共同签署的修正文件

(2) 按照委托监理合同示范文本的规定，委托人招标选择监理人签订合同后，对双方有约束力的合同文件包括（ ）。

A. 中标函

B. 投标保函

C. 监理合同标准条件

D. 监理委托函

E. 标准、规范

(3) 某监理合同中，出现了“需遵守××市地方性标准《建设工程监理规程》”的约定，该约定应写在（　　）中。

A. 建设工程委托监理合同

B. 中标函

C. 建设工程委托监理合同标准条件

D. 建设工程委托监理合同专用条件

(4) 合同变更，即双方当事人依法对合同的内容进行修改的时段应是在（　　）。

A. 工程开工以后合同履行完毕以前

B. 合同成立以后和工程竣工以前

C. 合同成立以后和履行完毕以前

D. 合同成立以前和履行完毕以后

(5) 施工合同履行过程中发生工程变更时，应由（　　）向承包人发出变更指令。

A. 项目业主　　B. 设计单位

C. 监理方　　D. 变更提出方

(6) 承包商在进行合同实施趋势分析时，需针对合同实施偏差情况以及可以采取的措施，分析在不同措施下合同执行的结果与趋势，包括（　　）等。

A. 最终的工程状况

B. 解决偏差的具体措施

C. 工程最终经济效益（利润）水平

D. 承包商将承担的后果

E. 双方争议的调节方法

(7) 根据《标准施工招标文件》中的通用合同条款的规定，除专用合同条款另有约定外，在履行合同中发生（　　）之一，应按照规定进行工程变更。

A. 取消合同中任何一项工作，但被取消的工作不能转由发包人或其他人实施

B. 改变合同中任何一项工作的质量或其他特性

C. 改变合同工程的基线、标高、位置或尺寸

D. 改变合同中任何一项工作的施工时间或施工工艺

E. 为完成工程需要追加的额外工作

(8) 承包人负责采购的材料和设备，应（　　）。

A. 发包人负责检验试验，费用发包人承担

B. 发包人负责检验试验，费用承包人承担

C. 承包人负责检验试验，费用承包人承担

D. 承包人负责检验试验，费用发包人承担

(9) 建设单位在（　　）合同中承担了项目的全部风险。

A. 单价　　B. 总价可调

C. 总价不可调　　　　　　D. 成本加酬金合同

(10) 因发包人的原因施工现场尚不具备施工的条件，影响了承包人不能按照协议书约定的日期开工时，(　　) 推迟开工日期。

A. 工程师应以书面形式通知承包人

B. 应当经过承包人批准

C. 发包人与承包人协商

D. 应当经过建设行政主管部门批准

(11) 为了正确区分合同风险的责任归属，FIDIC 施工合同条件中定义的“基准日”是指 (　　)。

A. 投标截止日　　　　　　B. 风险事件发生日

C. 投标截止日前第 28 天　D. 承包商接到中标通知书日

二、案例题

【案例 1】 某建筑公司因为工程建设的需要急需一批水泥，但是又没有存货。为此，该建筑公司于 2001 年 2 月 2 日向本市甲水泥厂发出函电，函电中称：“我公司急需×号水泥 1000 吨，5 天内要货，如果贵厂有货，请速与我公司联系，急需此货。”甲厂收到函电后，当天回复说该厂有贵公司需要的水泥，说 2 月 5 日送货，并通知了价格和运输行为，要求第二天回复。建筑公司随即回复答应购买并马上发出函电。但是该函电由于邮局的原因于 2 月 15 日到达甲水泥厂。但是甲水泥厂认为回复已经超过了规定的期限，通知建筑公司将 1000 吨水泥卖给了另一家建筑公司，建筑公司由于没有买到水泥，受到很大损失，遂将甲水泥厂起诉。

问题：

(1) 在此案例中的几个文件从民法典的角度看属什么性质的行为？为什么？

(2) 该案中，建筑公司和甲水泥厂之间有没有形成有效的合同关系，为什么？

【案例 2】 某投资公司建造一幢办公楼，采用公开招标方式选择施工单位。招标文件要求：提交投标文件和投标保证金的截止时间为 2010 年 5 月 30 日。该投资公司于 2010 年 3 月 6 日发出招标公告，共有 5 家建筑施工单位参加了投标。第 5 家施工单位于 2010 年 6 月 2 日提交了投标保证金。开标会于 2010 年 6 月 3 日由该省建委主持。第 4 家施工单位在开标前向投资公司要求撤回投标文件和退还投标保证金。经过综合评选，最终确定第 2 家施工单位中标。投资公司（甲方）与中标单位（乙方）双方按规定签订了施工承包合同，合同约定开工日期为 2010 年 8 月 16 日。工程开工后发生了下列事件。

事件 1：因拆迁工作拖延，甲方于 2010 年 8 月 18 日才向乙方提供施工场地，导致乙方 A、B 两项工作延误了 2 天，并分别造成人工窝工 6 个和 8 个工日，但乙方 C 项工作未受影响。

事件 2：乙方与机械设备租赁商约定，D 项工作施工用的某机械应于 2010 年 8 月 28 日进场，但因出租方原因推迟到当月 29 日才进场，造成 D 工作延误 1 天和人工窝工 7 个工日。

事件 3：因甲方设计变更，乙方在 E 项工作施工时，导致人工增加 14 个工日，相关费用增加了 1.5 万元，并使施工时间增加了 2 天。

事件4：在F项工作施工时，因甲方供材出现质量缺陷，乙方施工增加用工6个工日，其他费用1000元，并使H项工作时间延长1天，人工窝工24个工日。

上述事件中，A、D、H三项工作均为关键工作，没有机动时间，其余工作均有足够的机动时间。

问题：

（1）第5家施工单位提交投标保证金的时间对其投标文件产生什么影响？为什么？

（2）第4家施工单位撤回投标文件，招标方对其投标保证金应如何处理？为什么？

（3）上述招标投标过程中，有哪些不妥之处？请说明理由。

（4）乙方能否就上述每项事件向甲方提出工期索赔和费用索赔？请说明理由。

（5）合同约定人工费标准为30元/工日，应由甲方给予补偿的窝工人工费标准为18元/工日，施工管理费、利润等均不予以补偿。在该工程中，乙方可得到的合理费用索赔有哪几项？费用索赔额是多少？

项目8 水利建设工程索赔

【引例】 2016年5月1日起，国家税务总局对水利行业企业全面取消营业税，改为增值税。这一政策的实施，必然对水利工程建设索赔主体产生深远的影响。有必要做进一步的深入研究。

索赔是承包人在水电工程项目实施过程中综合合同条款、法律规定、工程技术等有关知识，维护自身经济利益的重要方式。通过索赔，可以达到调整合同双方责任、权力和利益的目的，使双方在合同边界条件变化的情况下仍符合平等互利、等价有偿原则。

溪洛渡大坝2009年3月27日开始浇筑大坝混凝土，紧接着进行河床坝段固结灌浆。之后，设计方对大坝基础固结灌浆施工参数进行了多次调整，河床坝段基础固结灌浆和基础浇筑施工进度因此滞后约4.5个月，大坝混凝土施工进度相较于计划总工期滞后约11个月，大坝工程总进度计划需全面调整。承包人也因此提出了工期索赔和费用索赔。

【思考】

(1) 索赔有哪些类型?

(2) 什么是费用索赔?

(3) 什么是工期索赔?

任务8.1 水利工程索赔概述

模块8.1.1 索赔的概念

索赔一词来源于英语“claim”，其原意表示“有权要求”，法律上叫“权利主张”，并没有赔偿的意思。工程建设索赔通常是指在工程建设合同履行过程中，合同当事人一方因对方不履行或未能正确履行合同或者由于其他非自身因素而受到经济损失或权利损害后，一方与另一方就某项事实所造成的实际损失，通过合同规定的程序，向对方提出经济补偿和（或）工期顺延要求的行为。

水利工程索赔通常是指在合同履行过程中，承包人对于非自己过错产生的损失，向发包人提出经济补偿和（或）工期补偿要求的行为。

水利工程索赔是水利工程建设承包中经常发生的正常现象。通常由于施工场地、实施环境、作业条件、物价水平的变化，以及合同条款、规范、标准文件和施工图纸的变更、差异、延误等因素引起。

模块8.1.2 索赔的特征

从索赔的基本含义，可以看出索赔具有以下基本特征：

(1) 索赔是双向的，不仅承包人可以向发包人索赔，发包人同样也可以向承包人索赔。实践中发包人向承包人索赔发生的频率相对较低。在索赔处理中，发包人始终处于主动和有利地位，对承包人的违约行为发包人可以直接从应付工程款中扣抵、扣留保留金或通过履约保函向银行索赔来实现自己的索赔要求。在工程实践中大量发生的、处理比较困难的是承包人向发包人的索赔，也是工程师进行合同管理的重点内容之一。承包人的索赔范围非常广泛，一般只要因非承包人自身责任、对合同履约造成其工期延长或成本增加的事项，都有可能向发包人提出索赔。如发包人违反合同约定，未及时交付施工图纸、未提供合格施工场地、决策错误等原因造成工程建设停工、返工、窝工。或未按合同规定期限支付工程款等，造成承包人额外付出的资金使用费用，也可向发包人提出赔偿要求。也可因发包人应承担风险未承担的原因，如恶劣气候条件影响、国家法规修改等造成承包人损失或损害时，向发包人提出补偿要求。

(2) 只有实际发生了经济损失或权利损害，一方才能向对方索赔。经济损失是指因对方因素造成合同外的额外支出，如人工费、材料费、机械费、管理费等额外开支；权利损害是指虽然没有经济上的损失，但造成了一方权利上的损害，如由于恶劣气候条件对工程进度的不利影响，承包人有权要求工期延长等。因此发生了实际的经济损失或权利损害，应是一方提出索赔的一个基本前提条件。有时上述两者同时存在，如发包人未及时交付合格的施工场地，既造成承包人的经济损失，又侵犯了承包人的工期权利，因此，承包人既要求经济赔偿，又要求工期延长；有时两者则可单独存在，如恶劣气候条件影响、不可抗力事件等，承包人根据合同规定或惯例则只能要求工期延长，不应要求经济补偿。

(3) 索赔是一种未经对方确认的单方行为。它与我们通常所说的工程签证不同。在施工过程中签证是承发包双方就额外费用补偿或工期延长等达成一致的书面证明材料和补充协议，它可以直接作为工程款结算或最终增减工程造价的依据，而索赔则是单方面行为，对对方尚未形成约束力，这种索赔要求最终能否实现，必须要通过双方确认（如双方协商、谈判、调解或仲裁、诉讼）后才能实现。许多人一听到“索赔”两字，很容易联想到争议的仲裁、诉讼或双方激烈的对抗，因此往往认为应当尽可能避免索赔，担心因索赔而影响双方的合作或感情。实质上索赔是一种正当的权利或要求，是合情、合理、合法的行为，它是在正确履行合同的基础上争取合理的偿付，不是无中生有，无理争利。索赔同守约、合作并不矛盾、对立，索赔本身就是水利市场经济中合作的一部分，只要是符合有关规定的、合法的或者符合有关惯例的，就应该理直气壮地、主动地向对方索赔。大部分索赔都可以通过协商谈判和调解等方式获得解决，只有在双方坚持己见而无法达成一致时，才会提交仲裁或诉诸法院求得解决，即使诉诸法律程序，也应当被看成是遵法守约的正当行为。

模块8.1.3 索赔的原因

1. 发包人违约

发包人违约包括发包人、监理人及承包人没有履行合同责任，没有正确地行使合同赋予的权利，出现工程管理失误等。常常表现为没有按照合同约定履行自己的义务。监理人未能按照合同约定完成工作，如未能及时发出图纸、指令等也视为发包人违约。

2. 合同缺陷

如合同条文不全、错误、矛盾、有二义性，设计图纸、技术规范错误等，表现为合同文件规定不严谨甚至矛盾、合同中的遗漏或错误。在这种情况下，工程师应当给予解释，如果这种解释将导致成本增加或工期延长，发包人应当给予补偿。

3. 合同变更

如双方签订新的变更协议、备忘录、修正案，发包人下达工程变更指令等，表现为设计变更、施工方法变更、追加或者取消某项工作、合同其他规定的变更等。

4. 工程环境变化

水利工程项目本身和工程环境有许多不确定性，技术环境、经济环境、政治环境、法律环境等的变化都会导致水利工程的计划实施过程与实际情况不一样，这些因素都会导致施工工期和费用变化，承包商可依据相关合同条款进行索赔。

5. 不可抗力因素

不可抗力可以分为自然事件和社会事件。不利的物质条件通常是指承包人在施工现场遇到的不可预见的自然物质条件、非自然的物质障碍和污染物，包括自然事件及社会事性，如恶劣的气候条件、地震、洪水、战争状态、罢工等。

6. 其他第三方原因

表现为与水利工程有关的第三方的问题而引起的对本工程的不利影响，其他原因引起的索赔。业主指定的分包商出现工程质量不合格、工程进度延误等违约情况；合同范围内未明确说明，但对施工造成费用和工期增加；施工过程设计有误对设计修改而引起的变更等。

模块8.1.4 索赔的分类

1. 按索赔当事人分类

(1) 承包人与发包人之间索赔。

(2) 承包人与分包人之间索赔。

(3) 承包人与供货人之间索赔。

(4) 承包人与保险人之间索赔。

2. 按索赔事件的影响分类

(1) 工期拖延索赔。由于发包人未能按合同规定提供施工条件，如未及时交付设计图纸、技术资料、场地、道路等；或非承包人原因发包人指令停止工程实施；或其他不可抗力因素作用等原因，造成工程中断，或工程进度放慢，使工期拖延，承包人对此提出索赔。

(2) 不可预见的外部障碍或条件索赔。如果在施工期间，承包人在现场遇到一个有经验的承包人通常不能预见到的外界障碍或条件，例如地质与预计的（发包人提供的资料）不同，出现未预见到的岩石、淤泥或地下水等。

(3) 工程变更索赔。由于发包人或工程师指令修改设计、增加或减少工程量、增加或删除部分工程、修改实施计划、变更施工次序，造成工期延长和费用损失，承包人对此提出索赔。

（4）工程终止索赔。由于某种原因，如不可抗力因素影响、发包人违约，使工程被迫在竣工前停止实施，并不再继续进行，使承包人蒙受经济损失，因此提出索赔。

（5）其他索赔。如货币贬值、汇率变化，物价和工资上涨、政策法令变化、发包人推迟支付工程款等原因引起的索赔。

3. 按索赔要求分类

（1）工期索赔。要求发包人延长工期，推迟竣工日期。

（2）费用索赔。要求发包人补偿费用损失，调整合同价格。

4. 按索赔所依据的理由分类

（1）合同内索赔。索赔以合同条文作为依据，发生了合同规定给承包人以补偿的干扰事件，承包人根据合同规定提出索赔要求。这是最常见的索赔。

（2）合同外索赔。指工程过程中发生的干扰事件的性质已经超过合同范围。在合同中找不出具体的依据，一般必须根据适用于合同关系的法律解决索赔问题。

（3）道义索赔。指由于承包人失误（如报价失误、环境调查失误等），或发生承包人应负责的风险而造成承包人重大的损失。

5. 按索赔的处理方式分类

（1）单项索赔。单项索赔是针对某一干扰事件提出的。索赔的处理是在合同实施过程中，干扰事件发生时，或发生后立即进行。它由合同管理人员处理，并在合同规定的索赔有效期内向发包人提交索赔意向书和索赔报告。

（2）总索赔。又叫一揽子索赔或综合索赔。这是在国际工程中经常采用的索赔处理和解决方法。一般在工程竣工前，承包人将工程过程中未解决的单项索赔集中起来，提出一份总索赔报告。合同双方在工程交付前或交付后进行最终谈判，以一揽子方案解决索赔问题。

模块8.1.5 索赔成立的条件

索赔的成立，应该同时具备三个前提条件：

（1）与合同对照，事件已造成了承包人工程项目成本的额外支出，或直接工期损失。

（2）造成费用增加或工期损失的原因，按合同约定不属于承包人的行为责任或风险责任。

（3）承包人按合同规定的程序和时间提交索赔意向通知和索赔报告。

以上三个条件必须同时具备，缺一不可。

模块8.1.6 索赔的方法

（1）索赔意向通知。索赔意向通知要简明扼要地说明索赔事由发生的时间、地点、简单事实情况描述和发展动态、索赔依据和理由、索赔事件的不利影响等。

（2）索赔资料的准备。在索赔资料准备阶段，主要工作如下：

1）跟踪和调查干扰事件，掌握事件产生的详细经过。

2）分析干扰事件产生的原因，划清各方责任，确定索赔根据。

3）损失或损害调查分析与计算，确定工期索赔和费用索赔值。

4）搜集证据，获得充分而有效的各种证据。

5）起草索赔文件。

（3）索赔文件的提交。承包人必须在发出索赔意向通知后的28天内或经过工程师同意的其他合理时间内向工程师提交一份详细的索赔文件和有关资料。如果干扰事件对工程的影响持续时间长，承包人则应按工程师要求的合理间隔（一般为28天），提交中间索赔报告。

索赔文件的主要内容包括以下几个方面：

1）总述部分。承包人为该索赔事项付出的努力和附加开支，承包人的具体索赔要求。

2）论证部分。论证部分是索赔报告的关键部分。

3）索赔款项（和/或工期）计算部分。

4）证据部分。

（4）索赔文件的审核对于承包人向发包人的索赔请求，索赔文件首先应该交由工程师审核对索赔的初步处理意见要提交发包人。

（5）发包人审查。

（6）协商。对于工程师的初步处理意见，发包人需要进行审查和批准，然后工程师才可以签发有关证书。

（7）反索赔的基本内容。

（8）对索赔报告的反击或反驳要点。对对方索赔报告的反击或反驳，一般可以从以下几个方面进行：

1）索赔要求或报告的时限性。

2）索赔事件的真实性。

3）干扰事件的原因、责任分析。

4）索赔理由分析。

5）索赔证据分析。

6）索赔值审核。

模块8.1.7　索赔的现实意义

在水利工程建设各个阶段，都可能发生索赔。但发生索赔最集中、处理难度最复杂的情况发生在水利工程施工阶段，因此，我们通常说的水利工程建设索赔主要是指水利工程施工的索赔。

合同执行的过程中，如果一方认为另一方没能履行合同义务或妨碍了自己履行合同义务或是当发生合同中规定的风险事件后，结果造成经济损失，此时受损方通常会提出索赔要求。显然，索赔是一个问题的两个方面，是签订合同的双方各自应该享有的合法权利，实际上是业主与承包商之间在分担工程风险方面的责任再分配。

索赔是合同执行阶段一种避免风险的方法，同时也是避免风险的最后手段。水利工程建设索赔在国际水利建筑市场上是承包商保护自身正当权益、弥补工程损失、提高经济效益的重要手段。许多水利工程项目通过成功的索赔，能使工程收入的改善达到工程造价的10％～20％，有些工程的索赔甚至超过了工程合同额本身。在国内，索赔及其管理还是工程建设管理中一个相对薄弱的环节。

索赔是一种正当的权利要求，它是业主、监理工程师和承包商之间一项正常的、大量发生而普遍存在的合同管理业务，是一种以法律和合同为依据、合情合理的行为。

任务8.2　水利工程费用索赔

模块8.2.1　索赔费用的组成

索赔费用的主要组成部分，同工程款的计价内容相似。按我国现行规定（参见建标〔2003〕206号《建筑安装工程费用项目组成》），建安工程合同价包括直接费、间接费、利润和税金。我国的这种规定，同国际上通行的做法还不完全一致。按国际惯例，一般承包商可索赔费用的内容如图8.1所示。

从原则上说，承包商有索赔权利的工程成本增加，都是可以索赔的费用。但是，对于不同原因引起的索赔，承包商可索赔的具体费用内容是不完全一样的。哪些内容可索赔，要按照各项费用的特点、条件进行分析论证。

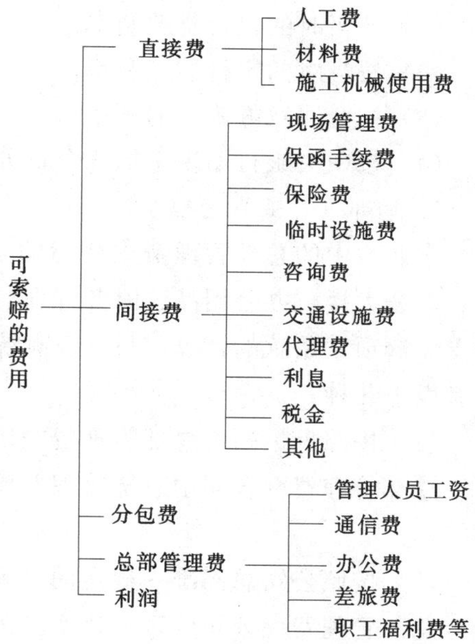

图8.1　可索赔费用的组成

1. 人工费

人工费包括施工人员的基本工资、工资性质的津贴、加班费、奖金以及法定的安全福利等费用。对于索赔费用中的人工费部分而言，人工费是指完成合同之外的额外工作所花费的人工费用；由于非承包商责任的工效降低所增加的人工费用；超过法定工作时间加班劳动；法定人工费增长以及非承包商责任工程延期导致的人员窝工费和工资上涨费等。

2. 材料费

材料费的索赔包括：由于索赔事项材料实际用量超过计划用量而增加的材料费；由于客观原因材料价格大幅度上涨；由于非承包商责任工程延期导致的材料价格上涨和超期储存费用。材料费中应包括运输费、仓储费以及合理的损耗费用。如果由于承包商管理不善，造成材料损坏失效，则不能列入索赔计价。承包商应该建立健全物资管理制度，记录建筑材料的进货日期和价格，建立领料耗用制度，以便索赔时能准确地分离出索赔事项所引起的材料额外耗用量。为了证明材料单价的上涨，承包商应提供可靠的订货单、采购单，或官方公布的材料价格调整指数。

3. 施工机械使用费

施工机械使用费的索赔包括：由于完成额外工作增加的机械使用费；非承包商责任工效降低增加的机械使用费；由于业主或监理工程师原因导致机械停工的窝工费。窝工费的计算，如系租赁设备，一般按实际租金和调进调出费的分摊计算；如系承包商自有设备，一般按台班折旧费计算，而不能按台班费计算，因台班费中包括了设备使用费。

4. 分包费用

分包费用索赔指的是分包商的索赔费，一般也包括人工、材料、机械使用费的索赔。分包商的索赔应如数列入总承包商的索赔款总额以内。

5. 现场管理费

索赔款中的现场管理费是指承包商完成额外工程、索赔事项工作以及工期延长期间的现场管理费，包括管理人员工资、办公、通信、交通费等。

6. 利息

在索赔款额的计算中，经常包括利息。利息的索赔通常发生于下列情况：拖期付款的利息；错误扣款的利息。至于具体利率应是多少，在实践中可采用不同的标准，主要有这样几种规定：

（1）按当时的银行贷款利率。

（2）按当时的银行透支利率。

（3）按合同双方协议的利率。

（4）按中央银行贴现率加三个百分点。

7. 总部（企业）管理费

索赔款中的总部管理费主要指的是工程延期期间所增加的管理费。包括总部职工工资、办公大楼、办公用品、财务管理、通信设施以及总部领导人员赴工地检查指导工作等开支。这项索赔款的计算，目前没有统一的方法。在国际工程施工索赔中总部管理费的计算有以下几种：

（1）按照投标书中总部管理费的比例（3%～8%）计算。

总部管理费＝合同中总部管理费比率（%）×（直接费索赔款额＋现场管理费索赔款额等）

（2）按照公司总部统一规定的管理费比率计算。

总部管理费＝公司管理费比率（%）×（直接费索赔款额＋现场管理费索赔款额等）

（3）以工程延期的总天数为基础，计算总部管理费的索赔额。

索赔的总部管理费＝该工程的每日管理费×工程延期的天数

8. 利润

一般来说，由于工程范围的变更、文件有缺陷或技术性错误、业主未能提供现场等引起的索赔，承包商可以列入利润。但对于工程暂停的索赔，由于利润通常是包括在每项实施工程内容的价格之内的，而延长工期并未影响削减某些项目的实施，也未导致利润减少。所以，一般监理工程师很难同意在工程暂停的费用索赔中加进利润损失。

索赔利润的款额计算通常是与原报价单中的利润百分率保持一致。

模块 8.2.2 索赔费用的计算方法

索赔费用的计算方法有实际费用法、总费用法和修正的总费用法。

1. 实际费用法

实际费用法是计算工程索赔时最常用的一种方法。这种方法的计算原则是以承包商为某项索赔工作所支付的实际开支为根据，向业主要求费用补偿。

用实际费用法计算时，在直接费的额外费用部分的基础上，再加上应得的间接费和利润，即是承包商应得的索赔金额。由于实际费用法所依据的是实际发生的成本记录或单据，所以，在施工过程中，系统而准确地积累记录资料是非常重要的。

2. 总费用法

总费用法就是当发生多次索赔事件以后，重新计算该工程的实际总费用，实际总费用减去投标报价时的估算总费用，即为索赔金额，即

索赔金额＝实际总费用－投标报价估算总费用

不少人对采用该方法计算索赔费用持批评态度，因为实际发生的总费用中可能包括了承包商的原因，如施工组织不善而增加的费用；同时投标报价估算的总费用也可能为了中标而过低。所以这种方法只有在难以采用实际费用法时才应用。

3. 修正的总费用法

修正的总费用法是对总费用法的改进，即在总费用计算的原则上，去掉一些不合理的因素，使其更合理。修正的内容如下：①将计算索赔款的时段局限于受到外界影响的时间，而不是整个施工期；②只计算受影响时段内的某项工作所受影响的损失，而不是计算该时段内所有施工工作所受的损失；③与该项工作无关的费用不列入总费用中；④对投标报价费用重新进行核算：按受影响时段内该项工作的实际单价进行核算，乘以实际完成的该项工作的工程量，得出调整后的报价费用。

按修正后的总费用计算索赔金额的公式如下：

索赔金额＝某项工作调整后的实际总费用－该项工作的报价费用

与总费用法相比，修正的总费用法有了实质性的改进，它的准确程度已接近于实际费用法。

【案例8.1】 某水利工程项目由于业主导流明渠修改设计，监理工程师下令承包商工程暂停一个月。试分析在这种情况下，承包商可索赔哪些费用？

【解】 可索赔如下费用：

(1) 人工费：对于不可辞退的工人，索赔人工窝工费，应按人工工日成本计算；对于可以辞退的工人，可索赔人工上涨费。

(2) 材料费：可索赔超期储存费用或材料价格上涨费。

(3) 施工机械使用费：可索赔机械窝工费或机械台班上涨费。自有机械窝工费一般按台班折旧费索赔；租赁机械一般按实际租金和调进调出的分摊费计算。

(4) 分包费用：是指由于工程暂停分包商向总包索赔的费用。向业主索赔应包括分包商向总包索赔的费用。

(5) 现场管理费：由于全面停工，可索赔增加的工地管理费。可按日计算，也可按直接成本的百分比计算。

(6) 保险费：可索赔延期一个月的保险费，按保险公司保险费率计算。

(7) 保函手续费：可索赔延期一个月的保函手续费，按银行规定的保函手续费率

计算。

(8) 可索赔延期一个月增加的利息支出，按合同约定的利率计算。

(9) 总部管理费：由于全面停工，可索赔延期增加的总部管理费，可按总部规定的百分比计算。如果工程只是部分停工，监理工程师可能不同意总部管理费的索赔。

任务8.3 水利工程工期索赔

模块8.3.1 工期延误

工期延误又称为工程延误或进度延误，是指水利工程实施过程中任何一项或多项工作的实际完成日期迟于计划规定的完成日期，从而可能导致整个合同工期的延长。工期延误对合同双方一般都会造成损失。工期延误的后果是形式上的时间损失，实质上会造成经济损失。

在很多项目中，时间是施工的基本要素，业主和承包商在合同条款中一致同意，如果承包商不能在规定的日期前完成项目，则对于承包商完成工作所需要的超过指定完工日期的每一天支付预先商定的金额给业主，是承包商的经济责任。这种资金总量代表了这些延误给业主造成的经济损失，因为难以确定业主损失的真实价值，所以预先商定的金额就用于代替遭受的时机损失。这种估计就被称为违约赔偿，它在整个水利行业被广泛采用，要求承包商为超过规定完工日期的每一个日历日支付这种固定的资金数额给业主。

模块8.3.2 工期延误的分类

1. 按照工期延误的原因划分

(1) 因业主和工程师原因引起的延误。

(2) 因承包商原因引起的延误。

(3) 不可控制的因素应起的延误。

2. 按照索赔要求和结果划分

(1) 可索赔延误。可索赔延误是指非承包商原因引起的工程延误，包括业主或工程师的原因和双方不可控制的因素引起的索赔。

(2) 不可索赔延误。不可索赔延误是指因承包商原因引起的延误，承包商不应向业主提出索赔，而且应该采取措施赶工，否则应向业主支付误期损害赔偿。

3. 按延误工作在工程网络计划的线路划分

(1) 关键线路延误。由于关键线路上任何工作（或工序）的延误都会造成总工期的推迟，因此，非承包商原因造成关键线路延误都可索赔延误。

(2) 非关键线路延误。非关键线路上的工作一般都存在机动时间，其延误是否会影响到总工期的推迟取决于其总时差的大小和延误时间的长短。如果延误时间少于该工作的总时差，业主一般不会给予工期顺延，但可能给予费用补偿；如果延误时间大于该工作的总时差，非关键线路的工作就会转化为关键工作，从而成为可索赔延误。

4. 按照延误事件之间的关联性划分

(1) 单一延误。

(2) 共同延误。

(3) 交叉延误。

模块 8.3.3 工期索赔的依据和条件

《建设工程施工合同示范文本》(GF—99—0201) 第十三条规定，因以下原因造成工期延误，经工程师确认，工期相应顺延：

(1) 发包人未能按专用条款的约定提供图纸及开工条件。

(2) 发包人未能按约定日期支付工程预付款、进度款，致使施工不能正常进行。

(3) 工程师未按合同约定提供所需指令、批准等，致使施工不能正常进行。

(4) 设计变更和工程量增加。

(5) 一周内非承包商原因停水、停电、停气造成停工累计超过 8 小时。

(6) 不可抗力。

(7) 专用条款中约定或工程师同意工期顺延的其他情况。

模块 8.3.4 工期索赔的分析和计算方法

1. 工期索赔的分析

工期索赔的分析包括延误原因分析、延误责任的界定、网络计划 (CPM) 分析、工期索赔的计算等。

运用网络计划方法分析延误事件是否发生在关键线路上，以决定延误是否可以索赔。在工期索赔中，一般只考虑对关键线路上的延误或者非关键线路因延误而变成关键线路时才给予顺延工期。

2. 工期索赔的计算方法

(1) 直接法。如果某干扰事件直接发生在关键线路上，造成总工期的延误，可以直接将该干扰事件的实际干扰时间（延误时间）作为工期索赔值。

(2) 比例分析法。采用比例分析法时，可以按工程量的比例进行分析，例如：某工程基础施工中出现了意外情况，导致工程量由原来的 $2800m^3$ 增加到 $3500m^3$，原定工期是 40 天，则承包商可以提出的工期索赔值是

工期索赔值＝原工期×新增工程量/原工程量＝40×(3500－2800)/2800＝10(天)

本例中，如果合同规定工程量增减 10%为承包商应承担的风险，则工期索赔值应该是

工期索赔值＝40×(3500－2800×110%)/2800＝6(天)

工期索赔值也可以按照造价的比例进行分析，例如：某工程合同价为 1200 万元，总工期为 24 个月，施工过程中业主增加额外工程 200 万元，则承包商提出的工期索赔值为

工期索赔值主原合同工期×附加或新增工程造价/原合同总价＝24×200/1200＝4(月)

3. 网络分析法

在实际工程中，影响工期的干扰事件可能会很多，每个干扰事件的影响程度可能都不

一样，有的直接在关键线路上，有的不在关键线路上，多个干扰事件的共同影响结果究竟是多少可能引起合同双方很大的争议，采用网络分析方法是比较科学合理的，其思路是：假设工程按照双方认可的工程网络计划确定的施工顺序和时间施工，当某个或某几个干扰事件发生后，使网络中的某个工作或某些工作受到影响，使其持续时间延长或开始时间推迟，从而影响总工期，则将这些工作受干扰后的新的持续时间和开始时间等代入网络中，重新进行网络分析和计算，得到的新工期与原工期之间的差值就是干扰事件对总工期的影响，也就是承包商可以提出的工期索赔值。网络分析方法通过分析干扰事件发生前和发生后网络计划的计算工期之差来计算工期索赔值，可以用于各种干扰事件和多种干扰事件共同作用所引起的工期索赔。

【案例 8.2】 某工程项目的进度计划如图 8.2 所示，总工期为 32 周，在实施过程中发生了延误，工作②—④由原来的 6 周延至 7 周，工作③—⑤由原来的 4 周延至 5 周，工作④—⑥由原来的 5 周延至 9 周，其中工作②—④的延误是因承包商自身原因造成的，其余均由非承包商原因造成。

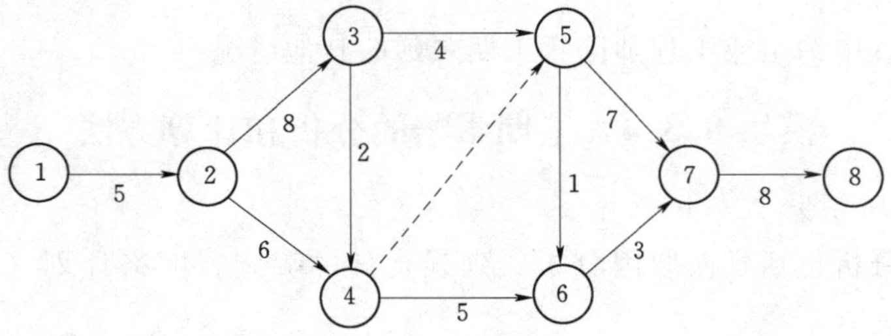

图 8.2　某项目分部工程进度计划网络图

将延误后的持续时间代入原网络计划，即得到工程实际网络图，如图 8.3 所示。比较图 8.2 和图 8.3，可以发现实际总工期变为 35 周，延误了 3 周，承包商责任造成的延误（1 周）不在关键线路上，因此，承包商可以向业主要求延长工期 3 周。

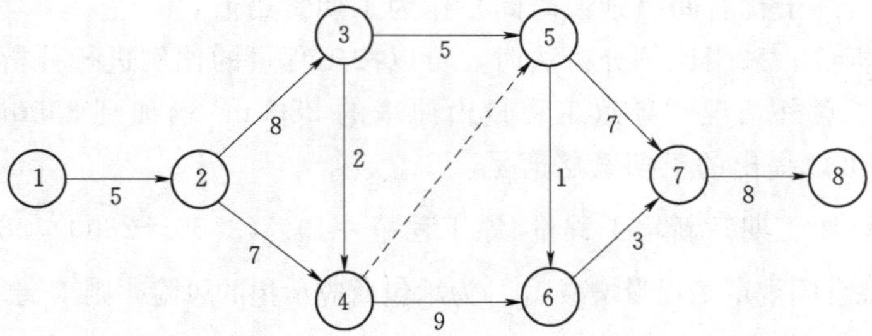

图 8.3　工程实际进度网络图

任务 8.4　案　例　分　析

【案例 8.3】 某承包商与业主签订一份施工合同，规定合同工期为 68 天，工期每提前1天奖励2000元，每拖后一天罚款3000元。乙方提交的施工网络进度计划如图8.4所示，该计划得到甲方代表的批准。

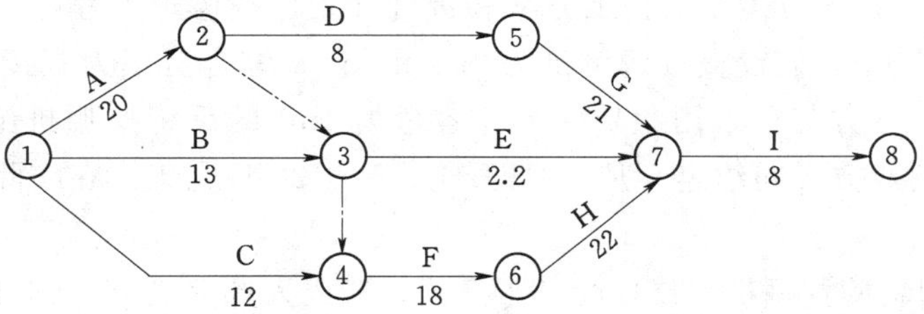

8.4 施工网络进度计划

在实际施工过程中发生了如下几事件。

事件1： 甲方未能按时提供出全部施工场地，使A、B两项工作的作业时间分别延长了3天和2天，造成这两项工作分别窝工8和10个工作日。工作C未受影响。

事件2： 在工作D施工时，乙方主要施工设备出现故障，停工检修两天，造成窝工20个工日。

事件3： 在工作E施工时，由于甲方提供的某种材料不合格，造成拆除用工30个工作日，机械设备闲置3个台班，台班单价为300元，材料费损失2万元，因拆除重新施工使作业时间延长3天。

事件4： 在工作F施工时，因设计变更，造成施工时间增加2天，多用人工15个工日，增加其他费用1万元。

问题：

（1）在上述事件中，乙方可就哪些事件提出工期补偿和费用补偿要求？

（2）该工程的实际施工天数为多少天？可得到的工期补偿为多少天？工期奖罚天数为多少天？

（3）当地人工日工资单价为35元/工日，窝工人工费补偿标准为20元/工日。施工管理费、利润等均不予补偿。则在该工程中，乙方可得到的合理经济补偿为多少？

参考答案：

（1）答：事件1可以提出工期补偿和费用补偿要求，因为施工场地提供时间延长属于甲方应承担的责任，而工作A位于关键路线。事件2不能提出补偿要求，因为施工设备故障属于乙方承担的风险。事件3可以提出费用补偿要求，因为甲方提供的材料不合格，应由甲方承担责任。但由此增加的作业时没有超过该项工程的总时差。事件4可以提出费用和工期补偿要求，因设计变更责任在甲方；且工作F位于关键路线。

（2）答：计算原网络图，工程施工网络进度计划的关键路线为①→②→③→④→⑤→⑥→⑦→⑧，计划工期为68天，与合同工期相同，将图中各项工作的持续时间以实际持续时间代替，计算网络图关键路线不变，实际工期为73天。将甲方负责的各项工作持续时间延长天数加到原计划中，计算出关键路线不变，工期仍为73天。所以该工程索赔工期为5天，工期奖罚天数为0天。

（3）答：乙方可得到合理经济补偿总额为$(8+10)\times 20+30\times 35+3\times 300+20000+$

15×35+10000=32835(元)。

【案例 8.4】 某公司（乙方）于某年 4 月 20 日与某厂（甲方）签订了修建建筑物为 $3000m^2$ 的施工合同。乙方编制的施工方案和进度计划已获监理工程师批准。该工程的基坑开挖土方为 $4500m^3$，假设直接费单价为 4.2 元/m^2，综合费率为直接费的 20%。该基坑施工方案规定：土方工程采用租赁一台斗容量为 $1m^3$ 的反铲挖掘机施工（租赁费 450 元/台班）。甲、乙双方合同约定 5 月 11 日开工，5 月 20 日完工。在实际施工中发生了如下几项事件：

事件 1：因租赁的挖掘机大修，晚开工 2 天，造成人员窝工 10 个工日。

事件 2：施工过程中，因遇软土层，接到监理工程师 5 月 15 日停工的指令，进行地质复查，配合用工 15 个工日。

事件 3：5 月 19 日接到监理工程师于 5 月 20 日复工令，同时提出基坑开挖深度加深 2m 的设计变更通知单，由此增加土方开挖量 $900m^3$。

事件 4：5 月 20—22 日，因下大雨迫使基坑开挖暂停，造成人员窝工 10 个工日。

事件 5：5 月 23 日用 30 个工日修复冲坏的永久道路，5 月 24 日恢复挖掘工作，最终基坑于 5 月 30 日挖坑完毕。

问题：

(1) 建筑公司对上述哪些事件可以向厂方要求索赔，哪些事件不可以要求索赔？并说明原因。

(2) 每项事件工期索赔各是多少天？总计工期索赔是多少天？

(3) 假设人工费单价为 23 元/工日，因增加用工所需的管理费为增加人工费的 30%，则合理的费用索赔总额是多少？

(4) 建筑公司应向厂方提供的索赔文件有哪些？

参考答案：

(1) 事件 1：索赔不成立。因此事件发生原因属承包商自身责任。

事件 2：索赔成立。因该施工地质条件的变化是一个有经验的承包商所无法合理预见的。

事件 3：索赔成立。这是因设计变更引发的索赔。

事件 4：索赔成立。这是因特殊反常的恶劣天气造成工程延误。

事件 5：索赔成立。因恶劣的自然条件或不可抗力引起的工程损坏及修复应由业主承担责任。

(2) 事件 2：索赔工期 5 天（5 月 15—19 日）。

事件 3：索赔工期 2 天。因增加工程量引起的工期延长，按批准的施工进度计划计算。

原计划每天完成工程量：4500÷10 = 450（m^3）。

现增加工程量 $900m^3$，因此应增加工期为 900÷450 =2（天）。

事件 4：索赔工期 3 天（5 月 20—22 日）因自然灾害造成的工期延误责任由业主承担。共计索赔工期为 5+2+3+1 = 11（天）。

(3) 事件 2：

1) 人工费：15×23 = 345（元）（注：增加的人工费应按人工费单价计算）。

2）机械费：450×5 ＝ 2250（元）（注：机械窝工，其费用应按租赁费计算）。

3）管理费：345×30％ ＝ 103.5（元）（注：题目中条件为管理费为增加人工费的30％，与机械费等无关）。

事件3：可直接按土方开挖单价计算：900×4.2×(1＋20％) ＝ 4536(元)(注：此处与按F1D1C条款计算不一样)。

事件4：费用索赔不成立（注：因自然灾害造成的承包商窝工损失由承包商自行承担）。

事件5：

1）人工费：30×23 ＝ 690（元）。

2）机械费：450×1＝450（元）（注：不要忘记此时机械窝工1天）。

3）管理费：690×30％＝207（元）。

合计可索赔费用为354＋2250＋103.5＋4536＋690＋207＝8581.5（元）。

(4)（略）。

思　考　题

(1) 什么是索赔？索赔具有哪些特征？

(2) 水利工程合同的索赔是如何分类的？

(3) 简述承包商可以提出的索赔事件有哪些？

(4) 简述索赔证据的含义是什么？索赔证据的种类有哪些？

(5) 试分析索赔的程序包括哪几个方面内容？

(6) 试分析索赔技巧可包括的内容有哪些？

(7) 承包人可以索赔的费用一般包括哪几个方面？

习　　题

一、单选题

(1) 承包人在索赔事项发生后的（　　）天以内，应向工程师正式提出索赔意向通知。

A. 14　　B. 7　　C. 28　　D. 21

(2) 下列关于建设工程索赔的说法，正确的是（　　）。

A. 承包人可以向发包人索赔，发包人不可以向承包人索赔

B. 索赔按处理方式的不同分为工期索赔和费用索赔

C. 工程师在收到承包人送交的索赔报告的有关资料后28天未予答复或未对承包人作进一步要求，视为该项索赔已经认可

D. 索赔意向通知发出后的14天内，承包人必须向工程师提交索赔报告及有关资料

(3) 业主方预防承包商索赔的措施是（　　）。

A. 加强计划管理　　B. 加强质量管理

C. 严格履行合同，避免违约　　D. 签订全面、细致、准确的施工合同

(4) 索赔是指在合同的实施过程中，（　　）因对方不履行或未能正确履行合同所规

定的义务或未能保证承诺的合同条件实现而遭受损失后，向对方提出的补偿要求。

A. 业主方　　B. 第三方　　C. 承包商　　D. 合同中的一方

(5) 在施工过程中，由于发包人或工程师指令修改设计、修改实施计划、变更施工顺序，造成工期延长和费用损失，承包商可提出索赔。这种索赔属于（　）引起的索赔。

A. 地质条件的变化　B. 不可抗力　　C. 工程变更　　D. 业主风险

(6) 索赔可以从不同角度分类，如按索赔事件的影响分类，可分为（　）。

A. 单项索赔和综合索赔　　B. 工期拖延索赔和工程变更索赔

C. 工期索赔和费用索赔　　D. 发包人和承包人、承包人与分包人之间的索赔

(7) 索赔处理的最主要依据是（　）。

A. 合同文件　　B. 工程变更　　C. 结算资料　　D. 市场价格

(8) 下列关于索赔和反索赔的说法，正确的是（　）。

A. 索赔实际上是一种经济惩罚行为

B. 索赔和反索赔具有同时性

C. 只有发包人可以针对承包人的索赔提出反索赔

D. 索赔单指承包人向发包人的索赔

二、多选题

(1) 建设工程索赔按所依据的理由不同可分为（　）。

A. 合同内索赔　　B. 工期索赔　　C. 费用索赔

D. 合同外索赔　　E. 道义索赔

(2) 承包商向业主索赔成立的条件包括有（　）。

A. 由于业主原因造成费用增加和工期损失

B. 由于工程师原因造成费用增加和工期损失

C. 由于分包商原因造成费用增加和工期损失

D. 按合同规定的程序提交了索赔意向

E. 提交了索赔报告

(3) 承包商可以就下列（　）事件的发生向业主提出索赔。

A. 施工中遇到地下文物被迫停工

B. 施工机械大修，误工3天

C. 材料供应商延期交货

D. 业主要求提前竣工，导致工程成本增加

E. 设计图纸错误，造成返工

三、案例题

某水利工程基坑开挖后发现地下情况和发包商提供的地质资料不符，有古河道，须将河道中的淤泥清除并对地基进行二次处理。为此，业主以书面形式通知施工单位停工10天，并同意合同工期顺延10天。为确保继续施工，要求工人、施工机械等不要撤离施工现场，但在通知中未涉及由此造成施工单位停工损失如何处理。施工单位认为对其损失过大，意欲索赔。

问题：

（1）施工单位的索赔能否成立，索赔证据是什么？

（2）由此引起的损失费用项目有哪些？

（3）如果提出索赔要求，应向业主提供哪些索赔文件？

项目9 国际水利建设工程承包合同管理

【引例】 国外某污水处理项目中心泵站永久供电的变更：2005年2月14日中国某集团公司与某公司签订了污水处理项目的施工合同，施工合同引用1999版的标准施工合同条件。

在施工过程中，按照招标图纸的规定承包商负责铺设750m的电缆用来连接中心泵站与附近未来的一所变电站，此段电缆的连接是为了实现中心泵站的永久供电。但是在2005年的施工阶段工程师发布的图纸却没有显示变电站的确切位置，直到2009年业主才与当地的电信局达成关于中心泵站永久供电的协议，即从中心泵站引出一条2500m的电缆来连接当时还未建成的一处变电站，电缆的设计尺寸也发生了变更。这就意味着承包商要铺设超出合同范围近2km的电缆，且此工作需要当地的有专业资格分包商来完成，因为按照当地电信局的规定，只有在电信局有过注册的承包商才有资格建造动力电缆。

承包商在此背景下雇佣了在当地电信局有过注册的一家分包商完成了中心泵站永久供电的电缆铺设，分包费用为71810.67美元。由于此项工作的工程量及电缆的设计尺寸也发生了变更另外开始施工的时间也被延迟了很久，承包商就此向业主提出了索赔。

【思考】

（1）承包商如何进行索赔？

（2）索赔项目有哪些，依据是什么？

（3）索赔如有争议，如何解决？

任务9.1 国际水利工程承包合同类型

国际工程承包合同依照不同的标准，有不同的分类方法。

根据承包的形式和业务内容，可分为工程总承包合同、工程分包合同、劳务合同、联合承包合同、转包合同、设计合同、监理合同、管理承包合同等。

工程总承包合同，通常称作工程承包合同或承包合同，是指就某一工程项目的建设、完成和维修等全部工作，由该项目的业主和承建该项目的承包商之间所签订的合同。这是国际工程承包业务中最重要的合同。

工程分包合同，是指在承包商与业主之间签订了工程承包合同之后，承包商和分包商之间就某一分包业务签订的合同；劳务分包合同，习惯上也称作包清工合同，是指为提供工程项目的建设、完成及维修所需的全部施工人员和管理人员所签订的合同。

劳务合同，从本质上说这是一种雇佣合同，它是业主或承包商（分包商）为建设某一工程项目，愿意雇佣劳务提供者所提供的人员而签订的合同。

联合承包合同，指两个或两个以上合伙人之间，以承包人的名义为共同承担某一工程项目的建设、完成和维修等全部工作而签订的合同。

转包合同，是承包商和业主就某一工程项目的建设、完成和维修签订了工程承包合同之后，由于种种原因，承包商将该工程项目的建设、完成和维修等工作转包给另一个承包商而签订的合同。

设计合同，是工程项目的业主和设计单位之间为该工程项目的设计而签订的合同。

监理合同，是咨询公司为承担某一工程项目的监理任务而与业主签订的合同。

管理承包合同，是项目管理承包商代表业主对工程项目进行全过程、全方位的项目管理而签订的合同。

根据不同的计价方法，可分为总价合同、单价合同和成本加酬金合同。

模块 9.1.1　总　价　合　同

总价合同又称为一揽子合同或总价包干合同，是以准确的设计图纸和详尽的说明为计算工程量的基础，并考虑各种费用价格变化的因素，确定合同总价。在合同执行过程中，除非业主要求变更原定工作内存，承包商一般不得要求变更总价，因此，总价合同具有以下特点：

（1）发包单位可以在报价竞争状态下确定项目的总造价，可以较早确定或者预测工程成本。

（2）业主的风险较小，承包人将承担较多的风险。

（3）评标时易于迅速确定最低报价的投标人。

（4）在施工进度上能极大地调动承包人的积极性。

（5）发包单位能更容易、更有把握地对项目进行控制。

（6）必须完整而明确地规定承包人的工作。

（7）必须将设计和施工方面的变化控制在最小限度内。

总价合同又分固定总价合同和变动总价合同两种。

1. 固定总价合同

固定总价合同的价格计算是以图纸及规定、规范为基础，工程任务和内容明确，业主的要求和条件清楚，合同总价一次包死，固定不变，即不再因为环境的变化和工程量的增减而变化。在这类合同中，承包商承担了全部的工作量和价格的风险。因此，承包商在报价时应对一切费用的价格变动因素以及不可预见因素都做充分的估计，并将其包含在合同价格之中。

在国际上，这种合同被广泛接受和采用，因为有比较成熟的法规和先例的经验；对业主而言，在合同签订时就可以基本确定项目的总投资额，对投资控制有利；在双方都无法预测的风险条件下和可能有工程变更的情况下，承包商承担了较大的风险，业主的风险较小。但是，工程变更和不可预见的困难也常常引起合同双方的纠纷或者诉讼，最终导致其他费用的增加。

当然，在固定总价合同中还可以约定，在发生重大工程变更、累计工程变更超过一定幅度或者其他特殊条件下可以对合同价格进行调整。因此，需要定义重大工程变更的含义、累计工程变更的幅度以及什么样的特殊条件才能调整合同价格、如何调整合同价格等。

采用固定总价合同，双方结算比较简单，但是由于承包商承担了较大的风险，因此报价中不可避免地要增加一笔较高的不可预见风险费。承包商的风险主要有两个方面：一是价格风险，二是工作量风险。价格风险有报价计算错误、漏报项目、物价和人工费上涨等；工作量风险有工程量计算错误、工程范围不确定、工程变更或者由于设计深度不够所造成的误差等。

固定总价合同适用于以下情况：

（1）工程量小、工期短，估计在施工过程中环境因素变化小，工程条件稳定并合理。

（2）工程设计详细，图纸完整、清楚，工程任务和范围明确。

（3）工程结构和技术简单，风险小。

（4）投标期相对宽裕，承包商可以有充足的时间详细考察现场、复核工程量，分析招标文件，拟定施工计划。

2. 变动总价合同

变动总价合同又称为可调总价合同，合同价格是以图纸及规定、规范为基础，按照时价进行计算，得到包括全部工程任务和内容的暂定合同价格。它是一种相对固定的价格，在合同执行过程中，由于通货膨胀等原因而使所使用的工、料成本增加时，可以按照合同约定对合同总价进行相应的调整。当然，一般由于设计变更、工程量变化和其他工程条件变化所引起的费用变化也可以进行调整。因此，通货膨胀等不可预见因素的风险由业主承担，对承包商而言，其风险相对较小，但对业主而言，不利于其进行投资控制，突破投资的风险就增大了。

根据《建设工程施工合同（示范文本）》（GF—99—0201），合同双方可约定，在以下条件下可对合同价款进行调整：

（1）法律、行政法规和国家有关政策变化影响合同价款。

（2）工程造价管理部门公布的价格调整。

（3）一周内非承包人原因停水、停电、停气造成的停工累计超过8小时。

（4）双方约定的其他因素。

在工程施工承包招标时，施工期限一年左右的项目一般实行固定总价合同，通常不考虑价格调整问题，以签订合同时的单价和总价为准，物价上涨的风险全部由承包商承担。但是对建设周期一年半以上的工程项目，则应考虑下列因素引起的价格变化问题：①劳务工资以及材料费用的上涨。②其他影响工程造价的因素，如运输费、燃料费、电力等价格的变化。③外汇汇率的不稳定。④国家或者省、市立法的改变引起的工程费用的上涨。

总价合同和单价合同有时在形式上很相似，例如，在有的总价合同的招标文件中也有工程量表，也要求承包商提出各分项工程的报价，与单价合同在形式上很相似，但两者在性质上是完全不同的。总价合同是总价优先，承包商报总价，双方商讨并确定合同总价，最终也按总价结算。

模块9.1.2 单 价 合 同

单价合同又称为计量合同、工程量清单合同或半开口价合同，是以工程量为基础，按一定的单价计算总价的合同，适用于发包时尚不能精确地确定工程量和在施工过程中工程量可能有较大变化的工程项目。因此合同中约定的只是分部分项工程的单价，而不是工程总价，最后根据实际完成的工程量，乘以相应的合同单价付款。单价合同也需要估算工程量，如果实际完成的工程量相对于估算工程量有较大幅度的增加或减少时（例如25%），单价也可以进行调整。因此，单价合同具有以下特点：

（1）由于单价合同允许随工程量变化而调整工程总价，业主和承包商都不存在工程量方面的风险，因此对合同双方都比较公平。

（2）由于招标前发包单位无需对工程范围作出完整的、详尽的规定，因此可以缩短招标准备时间；投标人只需对所列工程内容报出自己的单价，因此缩短投标时间。

（3）由于业主需要核实已经完成的工程量，因此在施工过程中工作量大；由于用于计算应付工程款的实际工程量可能超过估算工程量，因此实际投资容易超过计划投资，对投资控制不利。

在国际工程承包中，单价合同应用较为广泛，如FIDIC合同就是以单价合同为主。实践中单价合同又分为固定单价合同和变动单价合同。

当采用固定单价合同时，无论发生哪些影响价格的因素都不对单价进行调整，因而对承包商而言就存在一定的风险。固定单价合同适用于工期较短、工程量变化幅度不会太大的项目。

当采用变动单价合同时，合同双方可以约定一个估算工程量，当实际工程量发生较大变化时可以对单价进行调整，同时还应该约定如何对单价进行调整；当然也可以约定，当通货膨胀达到一定水平或者国家政策发生变化时，可以对哪些工程内容的单价进行调整以及如何调整等。因此，承包商的风险就相对较小。

模块9.1.3 成本加酬金合同

1. 特点

成本加酬金合同称为开口价合同，也称为成本补偿合同。这是与固定总价合同正好相反的合同，此类合同一般适用于开工前对工程内容尚不太清楚的情形，此时不仅不能算出工程总价，而且连应该有哪些单价也不能确定，因此业主向承包商支付实际发生的工程成本，外加一笔酬金作为管理费和利润。成本加酬金合同对承包商较为有利，但对业主不利，尤其是按工程实际成本付款，不利于承包商节约成本。因此，成本加酬金合同具有以下特点：

对业主而言，这种合同形式也有一定优点，如：

（1）可以通过分段施工缩短工期，而不必等待所有施工图完成才开始招标和施工。

（2）可以减少承包商的对立情绪，承包商对工程变更和不可预见条件的反应会比较积极和快捷。

（3）可以利用承包商的施工技术专家，帮助改进或弥补设计中的不足。

（4）可以根据自身力量和需要，较深入地介入和控制工程施工和管理。

（5）可以通过确定最大保证价格约束工程成本不超过某一限值，从而转移一部分风险。

对承包商来说，这种合同比固定总价的风险低，利润比较有保证，因而比较有积极性。其缺点是合同的不确定性，由于设计未完成，无法准确确定合同的工程内容、工程量以及合同的终止时间，有时难以对工程计划进行合理安排。

2. 适用条件

成本加酬金合同通常适用于如下条件：

（1）工程特别复杂，工程技术、结构方案不能预先确定，或者尽管可以确定工程技术和结构方案，但是不可能进行竞争性的招标活动并以总价合同或单价合同的形式确定承包商，如研究开发性质的工程项目。

（2）时间特别紧迫，如抢险、救灾工程，来不及进行详细的计划和商谈。

3. 形式

当实行施工总承包管理模式或CM模式时，业主与施工总承包管理单位或CM单位的合同一般采用成本加酬金合同。在国际上，许多项目管理合同、咨询服务合同等也多采用成本加酬金合同方式。实践中成本加酬金合同又分为多种形式，各种具体形式如下：

（1）成本加固定费用合同。根据双方讨论同意的工程规模、估计工期、技术要求、工作性质及复杂性、所涉及的风险等来考虑确定一笔固定数目的报酬金额作为管理费及利润，对人工、材料、机械台班等直接成本则实报实销。如果设计变更或增加新项目，当直接费超过原估算成本的一定比例（如10%）时，固定的报酬也要增加。在工程总成本一开始估计不准，可能变化不大的情况下，可采用此合同形式，有时可分几个阶段谈判付给固定报酬。这种方式虽然不能鼓励承包商降低成本，但为了尽快得到酬金，承包商会尽力缩短工期。有时也可在固定费用之外根据工程质量、工期和节约成本等因素，给承包商另加奖金，以鼓励承包商积极工作。

（2）成本加固定比例费用合同。工程成本中直接费加一定比例的报酬费，报酬部分的比例在签订合同时由双方确定。这种方式的报酬费用总额随成本加大而增加，不利于缩短工期和降低成本。一般在工程初期很难描述工作范围和性质，或工期紧迫，无法按常规编制招标文件招标时采用。

（3）成本加奖金合同。奖金是根据报价书中的成本估算指标制定的，在合同中对这个估算指标规定一个底点和顶点，分别为工程成本估算的60%～75%和110%～135%。承包商在估算指标的顶点以下完成工程则可得到奖金，超过顶点则要对超出部分支付罚款。如果成本在底点之下，则可加大酬金值或酬金百分比。采用这种方式通常规定，当实际成本超过顶点对承包商罚款时，最大罚款限额不超过原先商定的最高酬金值。

在招标时，当图纸、规范等准备不充分，不能据以确定合同价格，而仅能制定一个估算指标时可采用这种形式。

（4）最大成本加费用合同。在工程成本总价合同基础上加固定酬金费用的方式，即当设计深度达到可以报总价的深度，投标人报一个工程成本总价和一个固定的酬金（包括各项管理费、风险费和利润）。如果实际成本超过合同中规定的工程成本总价，由承包商承担所有的额外费用，若实施过程中节约了成本，节约的部分归业主，或者由业主与承包商分享，在合同中要确定节约分成比例。在非代理型（风险型）CM模式的合同中就采用这种方式。

任务9.2　常用国际水利建设工程承包合同条件

模块9.2.1　国际水利建设工程承包合同条件

国际工程承包合同的拟定，一般是参照国际通用合同文件范本。国际通用合同文件如国际咨询工程师联合会（FIDIC）的《土木工程施工合同条件》，其文本结构分为通用条件和专用条件。通用条件是指工程建设项目不论属于哪个行业，也不管处于哪个国家或地区，只要是土木工程类项目的施工均可适用，具有广泛的应用性。专用条件是相对于通用条件而言的，它是根据准备实施项目的工程专业特点，以及工程所在地的政治、经济、法律、自然条件等地域特点，针对通用条件中条款的规定加以具体化，针对性较强。专用条件可以是对通用条件中的规定进行相应的补充完善、修改或取代其中的某些内容，或增补通用条件中没有规定的条款。因此在法律地位上，专用条件一般也高于通用条件。

通用条件和专用条件的各条款序号相对应，共同构成对某一问题的约定责任。例如，（假设）通用条件有第10条，而专用条件也有第10条，那么通用条件第10条是对一般情况的表述，专用条件第10条则是对通用条件第10条的补充和具体化。通用条件第10条和专用条件第10条一起构成了对该问题的全面表述。如果通用条件的某一条款内容完备、适用，专用条件可不再重复列此条款。因此，通用条件的条款是1、2、3、…按顺序排列，专用条件则视情况，可能是2、3、5、6、9、…排列。

编写专用条件的可能情况如下：

（1）对通用条件进行具体化，或补充进一步信息。

（2）通用条件可能需要补充材料。

（3）因工程类型、环境或所在地区要求必须增加的条款。

（4）工程所在地法律或施工环境要求对通用条件某些条款的变更。

（5）补充通用条件内没有包括的条款。

（6）合同履行中要求的标准化文件格式。

一般情况下，国际土木工程项目的招标及施工合同通用条件都是采用FIDIC。

模块9.2.2　国际工程承包通用合同条件

国际通用的承包合同条件主要有以下几种：

（1）国际咨询工程师联合会（FIDIC）制定的FIDIC合同，适用于国际工程承包项目。

（2）英国土木工程师学会（ICE）制定的ICE合同，主要适用于道路、桥梁、水利等大型土木工程及构筑物；1993年，ICE吸收了ICE及JCT等诸多施工合同条件的优点，制定了NEC施工合同条件；1995年出版了第二版，更名为“工程设计与施工合同（ECC）”。

（3）欧洲发展基金会（EDF）制定的EDF合同，适用于EDF贷款的工程项目。

（4）美国建筑师学会（AIA）制定的AIA合同，该合同虽不属于国际性文件，但在国际上也有一定影响。

1. FIDIC 系列合同条件

FIDIC 是指国际咨询工程师联合会，是国际上最权威的咨询工程师的组织之一。与其他类似的国际组织一样，它推动了高质量的工程咨询服务业的发展。

FIDIC 专业委员会编制了许多规范性的文件，被许多国际组织和许多国家采用，其中最主要的文件就是一系列的工程合同条件。在 1999 年以前，FIDIC 编制出版的合同条件包括《土木工程施工合同条件（FIDIC“红皮书”）》《电气和机械工程合同条件（FIDIC“黄皮书”）》《设计-建造与交钥匙工程合同条件（FIDIC“橘皮书”）》和《土木工程施工分包合同条件》等。为了适应国际工程市场的需要，FIDIC 于 1999 年出版了一套新型的合同条件，旨在逐步取代以前的合同条件，这套新版合同条件共四本，它们是《施工合同条件》《永久设备和设计-建造合同条件》《EPC/交钥匙项目合同条件》和《简明合同格式》。

(1)《施工合同条件》(Condition of Contract for Construction，简称“新红皮书”)。“新红皮书”与原“红皮书”相对应，但其名称改变后合同的适用范围更大。该合同主要用于由发包人设计的或由咨询工程师设计的房屋建筑工程（Building Works）和土木工程（Engineering Works）的施工项目。合同计价方式属于单价合同，但也有某些子项采用包干价格。工程款按实际完成工程量乘以单价进行结算。一般情况下，单价可随各类物价的波动而调整。业主委派工程师管理合同，监督工程进度、质量，签发支付证书、接收证书和履约证书，处理合同管理中的有关事项。

(2)《永久设备和设计-建造合同条件》(Conditions of Contract for Plant and Design-Build，简称“新黄皮书”)。适用于由承包商做绝大部分设计的工程项目，承包商要按照业主的要求进行设计、提供设备以及建造其他工程（可能包括土木、机械、电力等工程的组合）。合同计价采用总价合同方式，如果发生法规规定的变化或物价波动，合同价格可随之调整。其合同管理与《施工合同条件》下由工程师负责合同管理的模式基本类似。

(3)《EPC 交钥匙项目合同条件》(Conditions of Contract for EPC Turnkey Projects，简称“银皮书”)。适用于在交钥匙的基础上进行的工程项目的设计和施工，承包商要负责所有的设计、采购和建造工作，在交钥匙时，要提供一个设施配备完整、可以投产运行的项目。合同计价采用固定总价方式，只有在某些特定风险出现时才调整价格。在该合同条件下，没有业主委托的工程师这一角色，由业主或业主代表管理合同和工程的具体实施。与前两种合同条件相比，承包商要承担较大的风险。

(4)《简明合同格式》(Short Form of Contract)。该合同条件主要适用于投资较低的一般不需要分包的建筑工程或设施，或尽管投资较高，但工作内容简单、重复，或建设周期短。合同计价可以采用单价合同、总价合同或者其他方式。

FIDIC 系列合同条件具有国际性、通用性和权威性。其合同条款公正合理，职责分明，程序严谨，易于操作。考虑到工程项目的一次性、唯一性等特点，FIDIC 合同条件分成了“通用条件”(General Conditions) 和“专用条件”(Conditions of Particular Application) 两部分。通用条件适用于所有的工程。专用条件则针对一个具体的工程项目，是在考虑项目所在国法律法规、项目特点和发包人要求不同的基础上，对通用条件进行的具体化、修改和补充。

2. 英国ICE合同条件

英国土木工程师学会是英国代表土木工程师的专业机构及资质评定组织，也是国际上很有影响的专业学会。ICE编制的合同条件目前在国际上也得到广泛的应用，尤其是在英国和英联邦国家，普遍采用英国有关的学会组织编制的合同示范文本。其中使用最多的是《ICE合同条件（土木工程施工）》。

由于传统的ICE合同条件存在缺点：合同当事人出自不同的商业利益，在合同实施过程中容易冲突，咨询工程师在合同管理中，特别是在出现争议时的公正性受到质疑，因而在此类传统的模式下的合同管理中，各方容易引起争议和索赔。为了解决上述问题，ICE研究制定了一套新的合同范本，于1993年出版，称为《新工程合同》（New Engineering Contract，NEC)。1995年出版了第二版，更名为“工程设计与施工合同（ECC)”。

ECC合同的特点有以下几个方面：

（1）灵活性。

1）适用于所有领域，如土木、电气、机械和房屋建筑工程项目。

2）可用于承包商承担全部设计责任，承担部分设计责任和不承担设计责任的工程项目，因而可适用于各种工程建设管理模式。

3）设计了6种主要选项（即合同模式)，9条共用的核心条款和15项可任选的次要选项，可根据需要灵活使用。

4）工程分包的比例可以从0到100％。

5）既可用于英国，也可用于其他国家。

（2）简洁性。采用浅显易懂的英语写成，避免使用长句子，避免使用只有合同专家才能理解的法律术语和措辞。

（3）体现伙伴关系理念。

1）ECC合同的工作原则是合同参与各方的互相信任和合作。

2）在合同双方之间合理分摊风险，鼓励业主和承包商通过共同预测来降低风险。

3）严格定义项目决策的客观基础，减少项目决策的主观性。

4）引入“早期警告程序”及处理“补偿事件”的方法。

5）设立“裁决人”制度，使争议解决在萌芽状态。

（4）有利于项目的信息化管理。以工作流程图的方式表达，其完整的逻辑性有利于通过信息技术加以实现，有利于工程项目的信息化管理。

3. 欧洲EDF合同条件

EDF合同的主要内容包括：

（1）工程、供货和服务合同的通用规则。

（2）工程合同通用条件。

（3）供货合同通用条件。

（4）服务合同通用条件。

（5）调解与仲裁程序规则。

EDF合同的法律依据是法国的法律以及行政管理法规，属于大陆法规的合同条款。它的一个主要特点是设在接受EDF贷款的国家中的EDF驻当地代表，往往会在EDF贷款工程项目的业主与承包方之间发生争执或冲突时进行介入，从而使EDF的非正式调解纠纷的作用事实上成为这类合同的一个内容。

4. 美国AIA系列合同条件

美国建筑师学会（AIA）成立于1857年，是重要的建筑师专业组织，致力于提高建筑师的专业水平。AIA出版的系列合同文件在美国建筑业及国际工程承包领域具有较高的权威性。

经过多年的发展，AIA合同文件已经系列化，形成了包括80多个独立文件在内的复杂体系，这些文件适用于不同的工程建设管理模式、合同类型以及项目的不同方面，根据文件的不同性质，AIA文件分为A、B、C、D、G、INT六个系列。其中：A系列是关于业主与承包人之间的合同文件；B系列是关于业主与建筑师之间的合同文件；C系列是关于建筑师与提供专业服务的咨询机构之间的合同文件；D系列是建筑师行业所用的有关文件；G系列是合同和办公管理中使用的文件和表格；INT系列用于国际工程项目的合同文件（为B系列的一部分）。

AIA合同条件主要用于私营的房屋建筑工程，在美洲地区具有较高的权威性，应用广泛。

总之，这些国际通用合同条件有两个特点：一是虽然合同条件在一段时间后会进行修改，但合同的基本结构和原则较为稳定、统一；二是合同条件逐步走上系列化，每种合同都对国际工程承包中的不同情况制定了具体的文本，从而形成了较为完备的合同体系。

但是多种合同文本的存在也带来了一些问题。主要是要求国际工程承包企业及从业人员必须熟悉不同合同的风格、内涵和确切性，否则将难以适应不同类型的合同，或者在同一工程项目中运用不同合同文本时还可能造成冲突。

任务9.3　国际水利建设工程承包合同

模块9.3.1　合同管理的组织机构与内容

合同管理的组织机构有业主、工程师和承包商，业主与承包商和工程师分别签订合同，是合同关系；工程师与承包商只是工作关系。三方关系的主要任务是工程建设合同的执行和实施，因此也构成了合同管理的三方主体，他们都在严密地控制施工合同的实施情况，都在从自身的角度进行合同管理，承担着不同的职责。

1. 业主

在工程建设期间，业主的目标是以适当的价格，在规定的合同工期内得到一个符合质量要求的工程。在国际合同条款中，对业主合同管理的主要内容都有相应的规定，如由业主通知中标的投标商并向他授予合同；批准承包商提出的履约保证人、保险人及保险条件；批准承包商进驻工地，负责批准或不批准承包商要求进行的各部分工作；执行合同协议，按合同要求接受已完工的部分工程，并最终接受整个工程；对在执行合同中由于承包商责任造成的损失，业主可在支付中扣除；破产，业主可授权其他人继续完成项目；在承包商失约无法完成工程时，业主可以终止合同等。

2. 工程师

工程师代表领导一个监理执行班子，包括各专业监理工程师、合同工程师以及检查员、绘图员、会计等，在工程师代表的组织指导下进行具体的监理工作。监理班子通常随着项目进入不同的阶段而灵活配置。

工程师的合同管理主要包括以下工作内容：

（1）按承包商的工作进度计划对项目进行进度控制。

1）材料、设备的采购与供应。

2）工程师监督工程进度。

3）工程师安排提供图纸、发布指示等。

4）确定提出指定分包合同的时间。

5）协调承包商与其他各方的关系等。

（2）工程计量与支付管理。

（3）工程质量监督与验收。

（4）工程变更管理。

（5）工程索赔管理。

（6）分包管理。

（7）合同文件的澄清。

3. 承包商

承包商的中心任务是按合同要求，在合同所约定的价格之内，保质保量地如期完成工程并负责维修。国际工程承包的承包商合同管理可概括成三个阶段：一是投标争取（签订）合同，二是执行合同，三是合同终止的管理，其中关键是前两个阶段。签订合同是承包商经过投标报价，正式取得承包工程的合法资格；执行合同是承包商实施并完成施工建设的过程。这两个阶段的主要工作内容如下：

（1）投标阶段的合同管理。

1）熟悉并掌握招标文件，明确报价内容。

2）以招标文件中双方经济责任的划分作为确定报价费用内容的基础。

3）充分利用现场考察成果和价格行情资料。承包商在工程投标之前对工程现场所进行的考察和经济调研，可为制定正确的报价提供资料和依据。

4）以施工方案技术水平作为报价计算的基本条件。国际工程项目的招标文件中均列有相应的技术规范和标准，有时还有关于施工方法和工艺的要求，这是考虑价格计算的基本条件。在编制施工组织方案和计算报价时，应以承包商所能达到的施工技术水平和管理水平为基础加以考虑。

5）承包商在招标文件中发现的问题，包括矛盾、错误及疑义和不理解的地方，应在标前会上公开向业主或管理公司工程师提出，或以书面形式进行询问。

6）承包商中标后，业主与承包商就要商签承包合同协议书，承包商应利用此机会进行认真的合同谈判。对招标文件中发现的合同问题和风险，可以在这个阶段争取修改。对一些不利于承包商的合同条件，承包商可以提出一些优惠条件以换取其修改，如进一步降低报价、缩短工期、延长保修期、提出更好的施工措施和方案、提供新的服务项目等。

7）承包商应力求通过合同条件的修改和补充，来减少或控制风险损失。如增设业主义务条款（如业主的招标文件仅规定了月支付证书在工程师签字后业主应支付的期限，而未说明到期不支付怎么办，就要加上支付利息及较高的利息率）、增设保值条款（如采用固定汇率以防止外汇风险）、增设风险合同条款（合同中关于不可抗力的条款）等。

（2）项目实施中的合同管理。承包商在项目实施过程中的合同管理有四个任务：

1）分解合同工作内容，进行合同的逐级细化交底。对工程实施按合同进行全局控制，协调与业主、监理工程师的关系，使整个工程按合同的计划、质量、安全等要求有秩序地进行。

2）通过对分包商的合同管理，对其工作进行监督管理，并提供相应的帮助。

3）通过合同管理监控业主、监理工程师的合同履约行为，保障自身的利益和工作的顺利进行。

4）及时预防可能产生的合同问题，尽量避免合同纠纷。

国际工程承包管理的中心是合同管理。承包工程的三大预期目标（或要素）即质量、工期、成本，都是通过合同来体现的。

模块9.3.2 工程变更管理

工程项目在实施过程中可能会受到外界多种因素的干扰，其无法事先预测，施工中又无法避免，就会产生工程变更。因此，变更管理在合同管理中就显得尤为重要。各种标准合同条件，对变更均作出明确规定。工程或其中任何部分的形式、质量或数量上的变化，均应视为变更。构成变更的前提条件是工程师必须为变更的内容发出书面变更指示，否则，不能视为变更。

1. 工程变更原因

工程变更产生的原因通常有以下几点：

（1）施工条件的变化。

（2）工程范围发生变化。

（3）设计原因。

（4）合同文件缺陷。

（5）法律、法规变化。

2. 工程变更方式和程序

（1）工程变更的方式。

1）工程师批准的书面变更。

2）工程师发出的其认为正确的书面变更。

3）工程师以口头形式发出的变更。

承包商应遵守口头指示，并在合同规定的期限内要求工程师书面确认其口头指示，否则，承包商可能得不到变更工作的支付。

（2）工程变更的程序。

1）提出工程变更。咨询工程师、业主和承包商均可提出工程变更请求。工程师提出变更多数是发现设计中的不足或错误。变更工作的设计可以由工程师承担，也可以指令承包商完成。

承包商提出的工程变更主要是考虑便于施工，同时也考虑在满足项目相同功能要求的前提下，降低工程费用，缩短工期（业主易于接受变更工程的请求）。承包商提出变更时，除说明变更原因外，尚需提交变更后的设计图纸和相应的计算书。

业主提出工程变更，则常常是为了满足使用上的要求。业主提出的变更同样需要说明变更原因，提交设计图纸和有关计算书。

2）审查和批准工程变更。对工程的任何变更，都应该注意以下两点：

a. 咨询工程师与项目业主进行充分的协商，最后由工程师发出书面变更指示。

b. 项目业主可以委任咨询工程师一定的批准工程变更的权限（一般是规定工程变更的费用额），在此权限内，工程师可自主批准工程变更，超出此权限则须由业主批准。

3）编制工程变更文件，发布工程变更指示。

a. 工程变更指示，说明工程变更的原因及详细的变更内容说明（应说明根据合同的哪一条款发出变更指示；变更工作是马上实施，还是在确定变更工作的费用后实施；承包商发出要求增加变更工作费用和延长工期的通知的时间限制；变更工作的内容等）。

b. 程变更指示的附件，包括工程量表、工程变更设计图纸和其他与实施变更工作有关的文件等。

4）承包商向工程师发出对变更工作索取额外支付的意向通知。这是进行估价的先决条件，必须在发出下列通知之一后，进行变更工作的估价，否则不予估价。

a. 由承包商将其对变更工作索取额外付款或变更费率或价格的意图通知工程师。承包商在收到工程师签发的变更指示时，应在指示规定的时间内，向工程师发出该通知，否则承包商将被认为自动放弃调整合同价款的权利。

b. 由工程师将其改变费率或价格的意图通知承包商。工程师改变费率或价格的意图，可在签发的变更指示中进行说明，也可单独向承包商发出此意向通知。

5）变更工作的估价。变更工作的估价，即确定费率和价格，其程序如下。

a. 如工程师认为适当，应以合同中规定的费率和价格进行估价。

b. 如合同中未包括适用于该变更工作的费率和价格，则应在合理的范围内使用合同中的费率和价格作为估价的基础。

c. 如工程师认为合同中没有适用于该变更工作的费率和价格，则工程师在与业主和承包商进行适当的协商后，由工程师和承包商议定合适的费率和价格。

d. 如未能达成一致意见，则工程师应确定他认为适当的此类另外的费率和价格，并相应地通知承包商，同时将一份副本呈交业主。

6）变更工作的费用支付。如果承包商已按工程师的指示实施变更工作，工程师应将已完成的变更工作或已部分完成的变更工作的费用，加入合同总价中，同时列入当月的支付证书中支付给承包商。

上述费率和价格在同意或决定之前，工程师应确定暂行费率和价格以便有可能作为暂付款，包含在当月发出的证书中。

当合同中规定以多于一种的货币进行支付时，应说明以不同货币进行支付的比例。

模块 9.3.3 国际工程承包索赔管理

1. 索赔管理概述

（1）索赔的定义。索赔是指签订合同的一方，依据合同的有关规定，向另一方提出调整合同价格，调整合同工期，或其他方面的合理要求，以弥补自己的损失，维护本身的合法权益。在国际工程承包实践中，经常使用索赔和反索赔的概念。前者是承包商向业主提出索赔，后者则是业主向承包商提出索赔。索赔包含了四层意思：

1）一方认为是他应获得的。

2）向对方申请或要求。

3）双方尚未达成协议。

4）所索要的是一种权利或付款。

（2）索赔的原因。建设项目由于本身的特点，使其在实施过程中，受到多种因素的干扰。这些干扰因素导致制定的计划与实际差别较大，增加了施工的风险性。

承包商承揽工程项目，为了达到盈利目的，就必须采取合法的途径，在费用超支时利用合同中可以引用的条款提出索赔，以保护自己的利益。因此，在国际工程承包活动中，随时可能发生各种难以预料的索赔情况，关键是要把握索赔时机。导致承包商实施工程的费用增加和造成工期延误的主要原因列举如下：

1）施工条件变化。

a. 不利的外界障碍和条件，如无法合理预见的地下水地质断层、熔岩孔洞等。

b. 发现化石、文物古迹等。

c. 发生不可抗力事件，如洪水、地震等自然然灾害。

2）工程师方面的原因。

a. 工程师未能按时向承包商提供施工所需图纸。

b. 工程师提供不正确的数据。

c. 工程师的指示承包商进行合同规定之外的勘探、试验、剥露，指示暂停施工。

d. 工程变更：有的变更工作须在工程师发布变更指示后马上实施，有的在确定变更工作的费率或价格后再实施。

3）业主方面的原因。

a. 业主的风险，如战争、叛乱、暴乱等。

b. 业主未能提供施工所需的足够大的现场。

c. 业主违约。

4）合同本身的原因。

a. 合同论述含糊不清。

b. 合同规定为其他承包商提供服务。

c. 合同额增减超过 15%。

d. 法律法规的变化，货币及汇率的变化。

2. 工程索赔依据与索赔程序

FIDIC 合同条件索赔程序规定了各方在索赔事件发生后，如何在限定的时间内发出索赔通知和提交有关证明资料，并保持事件的同期记录，做到了有章可循。

（1）索赔依据。承包商或业主提出索赔，必须出示具有一定说服力的索赔依据，这也是决定索赔是否成功的关键因素。索赔的一般依据有以下几方面：

1）构成合同的原始文件。

2）工程师的指示。

3）来往函件。

4）会议记录。

5）施工现场记录。

6）工程财务记录。

7）现场气象记录。

8）市场信息资料。

9）政策法令文件。

（2）索赔程序。

1）提出索赔意向通知。由于业主或工程师方面的原因，或由于其他非承包商原因，造成工程范围或工程量的变化，引起工程拖期或费用增加时，承包商均有权据出索赔，但应在合同规定的时间内，向工程师发出索赔意向通知。

2）报送索赔资料。

a. 报送索赔资料的时间。承包商应在发生索赔事件后，尽快准备索赔资料，在向工程师发出索赔通知后的28天内或在工程师同意的合理时间内，向工程师报送一份索赔报告，说明索赔款额和索赔的依据。

b. 索赔报告编写。

（a）总论部分，概括地叙述索赔事项，包括事件发生的具体时间、地点、原因和产生持续影响的时间。

（b）合同论述部分，主要说明是依据合同条件中的哪些条款提出该项索赔 。

（c）索赔款额和（或）工期延长的计算论证。

（d）证据部分，包括收据、发票和照片等。

c. 索赔处理。按国际工程施工索赔的处理惯例，工程师收到承包商发出的索赔通知后，在不必承认业主责任的情况下，应马上审查承包商的同期记录，并要求承包商补充必要的资料。同时，工程师应论证索赔原因、索赔依据、索赔款额和应给予的工期延长，并与业主和承包商进行适当协商，作出索赔事项的处理决定。

对于有连续性影响的索赔事件，工程师应在收到承包商提交的临时详情报告后，应作出临时延期和临时支付索赔款的决定。在收到最终详情后，经核实全部情况后，工程师应与业主和承包商进行协商，对该索赔事件所需延长的全部工期和应支付的费用作出最终决定。但需注意，最终决定的结果不应导致减少工程师业已决定给予的工期延长值和费用索赔值。

3. 工程师的反索赔管理

反索赔是指业主向承包商提出的索赔要求。它与承包商向业主提出的索赔要求是对立统一的。反索赔一般是指工程师在对承包商提出的索赔进行审核评价时指出其错误的合同依据和计算方法，否定其中的部分索赔款额或全部索赔款额；此外，也包括工程师依据合同内容，代表业主对承包商的违约行为提出反索赔要求。

（1）反索赔的工作内容。

1）审核评价承包商的索赔报告。

a. 审定索赔权。

（a）索赔通知书，即审核承包商是否就索赔事件在合同规定的时间内向工程师发出索赔的意向通知。如果承包商未及时发出索赔通知，则认为其自动放弃索赔权利。

（b）索赔的依据：处理索赔的原则是以事实为依据，以合同为准绳；因此承包商的索赔必须明确说明是依据合同的哪些条款提出索赔，并有充足的理由证明承包商对索赔事件不负任何责任。

b. 审核索赔款额。在肯定承包商的索赔权的前提下，工程师应对承包商的索赔的计算方法进行逐项核实，剔除不合理的计价项目和计价方法，同时应说明不合理原因，最后计算出索赔总价。

2）向承包商提出索赔。业主对承包商的违约行为可提出费用索赔。但由于业主是买方，同时也是投资方，其最终目的是按时并保质保量完成项目，一般情况下，不单独向承包商提出费用索赔，而是采用保留索赔权的方式，对承包商的违约行为向其发出警告或索赔的意向通知。

既维护业主的利益，又不使双方的关系过于紧张，这也有利于工程的顺利实施。

只有在特殊情况下，业主才向承包商提出反索赔。如由于承包商违约，导致合同提前终止，在双方进行清算时，业主向承包商提出费用索赔。

模块9.3.4　国际工程承包合同争议解决方式

国际工程承包合同争议解决的方式一般包括协商、调解、仲裁或诉讼等。

1. 协商

协商解决争议是最常见也是最有效的方式，也是应该首选的最基本的方式。

2. 调解

如果合同双方经过协商谈判达不成一致意见，则可以邀请中间人进行调解。

3. 仲裁

当协商和调解不成时，仲裁是国际工程承包合同争议解决的常用方式。

（1）仲裁的地点。国际工程承包合同争议解决的仲裁地点，通常有以下三种选择：①在工程所在国仲裁，这是比较常见的选择；②在被诉方所在国仲裁；③在合同中约定的第三国仲裁。

（2）仲裁的效力。在双方的合同中应该约定仲裁的效力，即仲裁决定是否为终局性的。如果合同一方或双方对裁决不服，是否可以提起诉讼，是否可以强制执行等。在我国仲裁实行一裁终局制。

（3）仲裁的特点。与诉讼方式相比，采用仲裁方式解决合同争议具有以下特点：①仲裁程序效率高，周期短，费用少；②保密性；③专业化。

任务 9.4　使用 FIDIC 条款的施工合同管理简介

FIDIC 是“国际咨询工程师联合会”的法文缩写，简称“菲迪克”。条款以业主和承包商签订的承包合同作为基础，以独立、公正的第三方（施工监理）为核心，从而形成业主、监理、承包商三者之间互相联系、互相制约、互相监督的合同管理模式。FIDIC 条款虽然不是法律，也不是法规，但是全世界公认的一种国际惯例。

模块 9.4.1　施工合同文件的组成

构成合同的各个文件应被视作互为说明的。为解释之目的，各文件的优先次序如下：

(1) 合同协议书。

(2) 中标函。

(3) 投标函。

(4) 合同专用条件。

(5) 合同通用条件。

(6) 规范。

(7) 图纸。

(8) 资料表以及其他构成合同一部分的文件。

具体内容见表 9.1。

表 9.1　　施工合同文件的组成

<table>
<tr><td colspan="2" rowspan="2">合同协议书</td><td>业主发出中标函的 28 天内，接到承包商提交的有效履约保证后，双方签署的法律性标准化格式文件</td></tr>
<tr><td>为了避免履行合同过程中产生争议、专业条件指南中最好注明接受的合同价格、基准日期、开工日期</td></tr>
<tr><td colspan="2">中标函</td><td>业主签署的对投标书的正式接受函</td></tr>
<tr><td colspan="2" rowspan="2">投标函</td><td>承包商填写并签字的法律性投标函和投标函附录</td></tr>
<tr><td>包括报价和对招标文件及合同条款的确认文件</td></tr>
<tr><td colspan="2">合同专用条件</td><td></td></tr>
<tr><td colspan="2">合同通用条件</td><td></td></tr>
<tr><td rowspan="8">规范</td><td rowspan="8">除了工程主要部位施工应达到的技术标准和规范以外还可包括</td><td>对承包商文件的要求</td></tr>
<tr><td>应由业主获得的许可</td></tr>
<tr><td>对基础、结构、工程设备、通行手段的阶段性</td></tr>
<tr><td>承包商的设计</td></tr>
<tr><td>防线的基准点、基准线和参考标高</td></tr>
<tr><td>合同涉及的第三方</td></tr>
<tr><td>环境限制</td></tr>
<tr><td>水、电、气和其他现场供应的设施</td></tr>
</table>

续表

规范	除了工程主要部位施工应达到的技术标准和规范以外还可包括	业主的设备和免费提供的材料
		指定分包商
		合同内规定承包商应为业主提供的人员和设施
		承包商负责采购材料和设备提供的样本
		制造和施工过程中的检验
		竣工检验
		暂列金额
图纸		合同中规定的工程图纸，及由业主（或代表）根据合同颁发的对图纸的增加和修改
资料表以及其他构成合同一部分的文件		资料表：由承包商填写并随投标函一起提交的文件，包括工程量表、数量、列表及费率、单价表等
		构成合同一部分的其他文件：在合同协议书或中标函中列明范围的文件（包括合同履行过程中构成对双方有约束力的文件）

如果在合同文件中发现任何含混或矛盾之处，工程师应颁发任何必要的澄清或指示。

模块9.4.2　合　同　担　保

1. 承包商提供的担保

合同条款中规定，承包商签订合同时应提供履约担保，接受预付款前应提供预付款担保。

（1）履约担保。

1）履约担保的保证期限。

a. 履约保函应担保承包商圆满完成施工和保修的义务为止。

b. 但范本中推荐的履约保函格式内说明，如果双方有约定的话，允许颁发整个工程的接收证书后，将履约保函的担保金额减少一定的百分比。

2）业主凭保函索赔。通用条件中明确规定了4种情况下业主可以凭履约保函索赔，这些情况包括：

a. 专用条款内约定的缺陷通知期满后仍未能解除承包商的保修义务时，承包商应延长履约保函有效期而未延长。

b. 按照业主索赔或争议、仲裁等决定，承包商未向业主支付相应款项。

c. 缺陷通知期内承包商接到业主修补缺陷通知后42天内未派人修补。

d. 由于承包商的严重违约行为业主终止合同。

（2）预付款担保。当承包商提交了银行预付款保函时，业主向承包商支付一笔预付款。预付款总额，分期预付的次数与时间（一次以上时），以及适用的货币与比例应符合投标函附录中的规定。

该保函应由业主认可的机构和国家（或其他司法管辖区）签发，并且其格式应使用专用条件中所附的格式或业主认可的其他格式。

在预付款完全偿还之前，承包商应保证该银行预付款保函一直有效，但该银行预付款保函的总额应随承包商在期中支付证书中所偿还的数额逐步冲销而降低。如果该银行保函的条款中规定了截止日期，并且在此截止日期前 28 天预付款还未完全偿还，则承包商应该相应地延长银行保函的期限，直到预付款完全偿还。

该预付款应在支付证书中按百分比扣减的方式偿还。除非在投标函附录中另外注明了其他百分比，否则：

1）此种扣减应开始于支付证书中所有被证明了的期中付款的总额（不包括预付款及保留金的扣减与偿还）超过接受的合同款额（减去暂定金额）的 10%时。

2）按照预付款的货币的种类及其比例，分期从每份支付证书中的数额（不包括预付款及保留金的扣减与偿还）中扣除 25%，直至还清全部预付款。

如果在颁发工程的接收证书前或按条款第 15 条“业主提出终止”，第 16 条“承包商提出暂停和终止”，或第 19 条“不可抗力”（视情况而定）终止合同前，尚未偿清预付款，承包商应将届时未付债务的全部余额立即支付给业主。

2. 业主提供的担保

FIDIC 施工合同条件专用条件范例中，业主应向承包商提交“支付保函”的可选择使用的条款。业主提供的支付保函担保期限至缺陷通知期满后 6 个月，并且为无条件担保，使合同双方的担保义务对等。

模块 9.4.3　合同的转让与分包

1. 合同的转让

转让是指中标的承包商把对工程的承包权转让给另一家施工企业的行为。

任一方都不得转让整个或部分合同或转让根据合同应得的利益或权益。但一方经另一方的事先同意可以转让整个或部分合同，决定权完全在于另一方；或者可将其按照合同对任何到期或将到期的金额所享有的权利，以银行或金融机构作为受益人，作为抵押转让出去。

2. 合同的分包

分包是指中标的承包商委托第三方为其实施部分或全部合同工程。承包商不得将整个工程分包出去。

承包商应将分包商、分包商的代理人或雇员的行为或违约视为承包商自己的行为或违约，并为之负全部责任。除非专用条件中另有说明，否则：

（1）承包商在选择材料供应商或向合同中已注明的分包商进行分包时，无需征得同意。

（2）其他拟雇用的分包商须得到工程师的事先同意。

（3）承包商应至少提前 28 天将每位分包商的工程预期开工日期以及现场开工日期通知工程师。

（4）每份分包合同应包含一条规定，即业主有权按照第 4.5 款“分包合同利益的转让”（如果可行）或出现第 15.2 款“业主提出终止”中规定的终止合同的情况时要求将此分包合同转让给业主。

FIDIC条款5条对业主指定分包作出了相应的规定。

1）指定分包商的概念。指定分包商是由业主（或工程师）指定、选定，完成某项特定工作内容并与承包商签订分包合同的特殊分包商。

2）指定分包商的特点。虽然指定分包商与一般分包商处于相同的合同地位，但二者并不完全一致，主要差异体现在以下几个方面：

a. 选择分包单位的权利不同。承担指定分包工作任务的单位由业主或工程师选定，而一般分包商则由承包商选择。

b. 分包合同的工作内容不同。指定分包工作属于承包商无力完成，不属于合同约定应由承包商必须完成范围之内的工作，即承包商投标报价时没有摊入间接费、管理费、利润、税金的工作，因此不损害承包商的合法权益。而一般分包商的工作则为承包商承包工作范围的一部分。

c. 工程款的支付开支项目不同。为了不损害承包商的利益，给指定分包商的付款应从暂列金额内开支。而对一般分包商的付款，则从工程量清单中相应工作内容项内支付。

d. 业主对分包商利益的保护不同。如果承包商没有合法理由而扣押了指定分包商上个月应得工程款的话，业主有权按工程师出具的证明从本月应得款内扣除这笔金额直接付给指定分包商。对于一般分包商则无此类规定，业主和工程师不介入一般分包合同履行的监督。

e. 承包商对分包商违约行为承担责任的范围不同。除非由于承包商向指定分包商发布了错误的指示要承担责任外，对指定分包商的任何违约行为给业主或第三者造成损害而导致索赔或诉讼，承包商不承担责任。如果一般分包商有违约行为，业主将其视为承包商的违约行为，按照主合同的规定追究承包商的责任。

3）对指定的反对。承包商没有义务雇用一名他已通知工程师并提交具体证明资料说明其有理由反对的指定分包商。如果因为（但不限于）下述任何事宜而反对，则该反对应被认为是合理的，除非业主同意保障承包商免于承担下述事宜的后果：

a. 有理由相信分包商没有足够的能力、资源或资金实力。

b. 分包合同未规定，指定分包商应保障承包商免于承担由分包商、其代理人、雇员的任何疏忽或对货物的错误操作的责任。

c. 或者分包合同未规定，指定分包商对所分包工程（包括设计，如有时），则业主应承担以下责任：

（a）向承包商承担该项义务和责任以使承包商可以依照合同免除他的义务和责任。

（b）保障承包商免于按照合同或与合同有关的以及由于分包商未能履行这些义务或完成这些责任而导致的后果所具有的所有义务和责任。

模块9.4.4　合同争议的解决

1. *解决合同争议的程序*

首先由双方在投标附录中规定的日期前，联合任命一个争议裁决委员会（Dispute Adjudication Board，DAB）。

如果双方间发生了有关或起因于合同或工程实施的争议，任何一方可以将该争议以书面形式，提交DAB，并将副本送另一方和工程师，委托DAB作出决定。双方应按照DAB为对该争议做出决定可能提出的要求，立即给DAB提供所需的所有资料、现场进入权及相应的设施。

DAB应在收到此项委托后84天内，提出它的决定。

如果任何一方对DAB的决定不满意，可以在收到该决定通知后28天内，将其不满向另一方发出通知。

在发出了表示不满的通知后，双方在仲裁前应努力以友好的方式解决争议，如果仍达不成一致，仲裁在表示不满的通知发出后56天进行。

2. 争议裁决委员会

(1) 争议裁决委员会的组成。签订合同时，业主与承包商通过协商组成裁决委员会。裁决委员会可选定为1名或3名成员，一般由3名成员组成，合同每一方应提名1名成员，由对方批准。双方应与这两名成员共同并商定第三位成员，第三人作为主席。

(2) 争议裁决委员会的性质。属于非强制性但具有法律效力的行为，相当于我国法律中解决合同争议的调解，但其性质则属于个人委托。成员应满足以下要求：

1) 对承包合同的履行有经验。

2) 在合同的解释方面有经验。

3) 能流利地使用合同中规定的交流语言。

(3) 工作。由于裁决委员会的主要任务是解决合同争议，因此不同于工程师需要常驻工地。

1) 平时工作。裁决委员会的成员对工程的实施定期进行考察现场，了解施工进度和实际潜在的问题，一般在关键施工作业期间到现场考察，但两次考察的间隔时间不少于140天，离开现场前，应向业主和承包商交考察报告。

2) 解决合同争议的工作。接到任何一方申请后，在工地或其他选定的地点处理争议的有关问题。

(4) 报酬。付给委员的酬金分为月聘请费和日酬金两部分，由业主与承包商平均负担。裁决委员会到现场考察和处理合同争议的时间按日酬金计算，相当于咨询费。

(5) 成员的义务。保证公正处理合同争议是其最基本的义务，虽然当事人双方各提名1名成员，但他不能代表任何一方的单方利益，因此合同规定：

1) 在业主与承包商双方同意的任何时候，他们可以共同将事宜提交给争议裁决委员会，请他们提出意见。没有另一方的同意，任一方不得就任何事宜向争议委员会建议。

2) 裁决委员会或其中的任何成员不应从业主、承包商或工程师处单方获得任何经济利益或其他利益。

3) 不得在业主、承包商或工程师处担任咨询顾问或其他职务。

4) 合同争议提交仲裁时，不能被任命为仲裁人，只能作为证人向仲裁提供争议证据。

模块9.4.5 施工合同的质量、进度和费用控制

1. 施工质量控制

(1) 对承包商人员的要求。

1）承包商应提供承包人员的详细报告，承包商应按工程师批准的格式，每月向工程师提交说明现场各类承包商人员（包括分包商人员）数量的详细报告。

2）在工程施工过程中，承包商应安排一定的管理人员对工作的计划、安排、指导、管理、检验和试验提供一切必要的监督。

3）工程师有权要求承包商立即从该工程中撤掉由承包商提供的受雇于工程的有下列行为的任何人（包括承包商代表）：经常行为不当，或工作漫不经心；无能力履行义务或玩忽职守；不遵守合同规定或经常出现有损安全、健康、环境保护的行为。

4）承包商应在开工日期前任命承包商代表，授予他必需的一切权利，由他全权代表承包商履行合同并接受工程师的指示。承包商代表的任命和撤换要经工程师的同意。承包商代表应用其全部时间去实施合同，他可将权利、职责或责任委任给任何胜任的人员并可随时撤回，但须事先通知工程师。

（2）有关施工现场的材料、工程设备的规定。

1）业主人员在一切合理的时间内有权进入所有现场和获得材料的合格证明材料及在生产、制造和施工期间对材料、工艺进行检查，对工程设备及材料的生产制造进度进行检查。承包商应向业主人员提供进行上述工作的一概方便。

2）对于合同中有规定的检验（竣工后的检验除外），由承包商提供所需的一切用品和人员。检验的时间和地点由承包商和工程师商定。工程师可以通过变更改变规定的检验位置和详细内容，或批示承包商进行附加检验。工程师应提前24小时通知承包商他将参加检验，如果工程师未能如期前往（工程师另有批示除外），承包商可以自己进行检验，工程师应确认此检验结果。承包商要及时向工程师提交具有证明的检验报告，规定的检验通过后，工程师应向承包商颁发检验证书。如果按照工程师的批示对某项工作进行检验或由于工程师的延误导致承包商遭受工期、费用及合理的利润损失，承包商可以提出索赔。

3）如果工程师经检查或检验发现任何工程设备、材料或工艺有缺陷或不符合合同的其他规定，可以对其拒收，承包商应立即进行修复。工程师可要求对修复后的工程设备、材料和工艺按相同条款条件再次进行检验直到其合格为止。

（3）有关施工质量及验收的规定。

1）工程师对施工过程的检查。

a. 质量保证体系。承包商应按合同的要求建立质量保证体系，该体系应符合合同的详细规定。工程师应对承包商的质量保证体系进行审查，使其发挥良好的作用。

b. 工程师应在施工过程中检查和监督承包商的各项工程活动，包括施工中的材料、设备、工艺、人员等每一个环节。

c. 工程师可以进行合同内没有规定的检查和试验。为了确保工程质量，工程师可以根据工程施工的进展情况和工程部位的重要性进行合同没有规定的必要检查或试验。有权要求对承包商采购的材料进行额外的物理、化学、金相等试验；对已覆盖的工程进行重新剥露检查；对已完成的工程进行穿孔检查。

2）工程师对覆盖前工程的检查。没有工程师的批准，工程的任何部分均不得覆盖或使之无法查看。承包商应在规定的时间内通知工程师参加工程的此类部分的检查，且不得无故拖延。如果工程师认为检查并不必要，则应通知承包商。

3）工程师对覆盖后工程的检查。如果承包商没有及时通知工程师，工程师可以要求对已覆盖的工程进行检查。承包商则应按工程师随时发出的指示，移去工程的任何部分的覆盖物，或在其内或贯穿其中开孔，并将该部分必须恢复原状和使之完好，所需费用由承包商承担。

4）工程师有权指令暂时停工。由于承包商的违约或者为工程的合理的施工或工程的安全，工程师有权指令暂时停工。承包商应按照工程师批示的时间和方式暂停工程施工，在暂停工程施工期间承包商应对工程进行必要的保护和安全保障。

5）工程师在颁发接收证书前对工程的检查。

a. 地表应恢复原状。在工程师颁发接收证书前，承包商应将场地及地表面恢复原状。

b. 颁发接收证书前的检验。工程师在颁发接收证书前，应对工程进行全面检验，接收证书将确认工程已基本竣工。

c. 非承包商的原因妨碍竣工检验的情况的处理。

6）缺陷通知期的质量控制。在工程的缺陷通知期满之前，工程出现任何缺陷或其他不合格之处，工程师可向承包商下达批示，承包商应该在移交证书注明的竣工日期之后，尽快地完成在当时尚未完成的工作；工程师批示承包商对工程进行修补重建和补救缺陷时，承包商应在缺陷通知期内或期满后14天内实施这些工作。当承包商未能在合理的时间内执行这些批示时，业主有权雇用他人从事该项工作，并付给报酬。

2. 进度控制

进度计划的内容包括：承包商计划实施工作的次序和各项工作的预期时间；每个指定分包商工作的各个阶段；合同中规定的检查和检验的次序时间；承包商拟采用的施工方法和各主要阶段的概括性描述，以及对各个主要阶段现场所需的承包商人员和承包商设备的数量的合理估算和说明。当承包商预料到工程将受某事件或情况的不利影响时，应及时通知工程师，并按要求说明估计的合同价格的增加额及工程延误天数，并提交变更建议书。

（1）工程师对工程进度计划的管理。

1）审查、批准工程进度计划。工程师在收到承包商提交的工程进度计划后，应按照合同的规定对工程实际情况及其他方面的因素进行审查。其中如果有不符合合同要求的部分，应在21天内通知承包商，承包商应对计划进行修订。否则，承包商应立即按进度计划执行。

2）监督工程进度计划实施。监督工程进度计划实施的依据是被确认的承包商的工程进度计划。如果工程师发现工程的实际进度不符合工程进度计划，或者进度计划某些内容不符合合同的要求，则承包商应根据工程师的要求提出一份修订的进度计划，修改后的工程进度计划也应重新交工程师确认。由此引起的风险和开支，包括由此导致业主产生的附加费用（如工程师的报酬等），均由承包商承担。

（2）承包商对延误工期所应承担的责任。

1）误期损失赔偿。如果承包商未能按合同规定的竣工日期前完成工程，则承包商应向业主支付误期损害赔偿费。误期损害赔偿费应按投标书附件中注明的每天应付的金额与合同中原定的竣工时间到接收证书中注明的实际竣工日期之间的天数的乘积计算。但损失赔偿费应限制在投标书附件中注明的限额内。这笔金额是承包商为这种过失所应支付的唯一款项。这些赔偿费不应解除承包商对完成该项工程的义务或合同规定的承包商的任何其他义务和责任。

2）终止对承包商的雇用。如果承包商严重违约，包括拖延工期又固执地不采取补救措施，业主有权终止对他的雇用，而且承包商还要承担由此而造成的业主的损失费用。

（3）有关接收证书和解除缺陷责任证书的规定。

1）工程和分项工程的接收证书。承包商可以在他认为工程达到合同规定的竣工检验标准日期 14 天前，向工程师发出申领接收证书的通知。如果工程分成若干个分项工程时，承包商可类似地对每个分项工程申领接收证书。

2）对部分工程的接收。部分工程指合同中已规定的区段中的一个部分。只要业主同意，工程师就可对永久工程的任何部分颁发接收证书，除非合同中另有规定或合同双方有协议，在工程师颁发包括某部分工程的接收证书之前，业主不得使用该部分工程，否则一经使用，则：

a. 可认为业主接收了该部分工程，对该部分工程承担照管责任。

b. 如果承包商要求，工程师应为此部分工程颁发接收证书。

c. 如果因此给承包商导致了费用，承包商有权索赔这笔费用及合理的利润。

若对工程或某区段中的一部分颁发了接收证书，则该工程或该区段剩余部分的误期损害赔偿费的日费率将按相应比例减小，但最大限额不变。

3）对竣工检验的干扰。若因为业主的原因妨碍竣工检验已达 14 天以上，则认为在原定竣工检验之日业主已接收了工程或区段，工程师应颁发接收证书。工程师应在 14 天前发出通知，要求承包商在缺陷通知期满前进行竣工检验。若因延误竣工检验导致承包商的损失，则承包商可据此索赔损失的工期、费用和利润。

（4）履约证书。

1）缺陷通知期的计算。

2）承包商在缺陷通知期内要完成接收证书中指明的扫尾工作，并按业主的批示对工程中出现的各种缺陷进行修正、重建或补救。

3）修补缺陷的费用。

4）缺陷通知期的延长。

5）未能补救缺陷。

6）进一步的检验。

7）履约证书的颁发。

（5）现场的清理。在接到履约证书后 28 天内，承包商应清理现场，运走他的设备、剩余材料、垃圾等。否则业主可自行出售或处理留下的物品，并扣下所花费的费用，如有余额应归还承包商。

接收证书并不是工程的最终批准，不解除承包商对工程质量及其他方面的任何责任。只有工程师颁发的履约证书才是对工程的批准。

3. 费用控制

（1）预付款。

1）动员预付款。业主为解决承包商开展施工前期准备工作时的资金短缺，而预先支付的一笔款项。业主在收到承包商提交的预付款返还保函后，应支付一笔预付款，作为动员的无息贷款的额度、预付次数及时间应在投标书附录中说明。

2）材料预付款。承包商订购货物运抵施工现场，业主将以货物发票值乘以合同约定比（一般为70%～75%）的款项额在进度款中预付给承包商。材料、设备一旦用于永久工程，则应从工程进度款内扣回。

（2）支付工程进度款。承包商应在每个月末后，按工程师批准的格式向工程师提交报表，一式六份，详细说明承包商自己认为有权得到的款项。

工程师在收到月报表和证明文件后28天内，应向业主发出期中付款证书，其中应说明工程师公正地确定的应付金额，并附细节说明。

各期中付款证书确认的金额，在工程师收到报表和证明文件后56天内支付。最终付款证书确认的金额，在业主收到该付款证书后56天内支付。

（3）竣工结算。承包商在收到工程接受证书后84天内，应向工程师提交竣工报表及证明文件，一式六份。

承包商在提交最终报表时，应提交一份书面结清证明，确认最终报表上的总额代表了根据合同或合同有关的事项，应付给承包商的所有款项的全部和最终报表结算总额。

承包商在提交最终报表时，应提交一份书面结清证明，确认最终报表上的总额代表了根据合同或合同有关的事项，应付给承包商的所有款项的全部和最终报表结算总额。

（4）保留金。工程接收证书颁发后，工程保留金的前一半应支付给承包商，缺陷通知期限满后工程保留金的后一半应支付给承包商，除非工程缺陷没有得到承包商的修补。

模块9.4.6　工程变更与索赔

1. 工程变更

由于工程变更属于合同履行过程中的正常管理工作，工程师可以根据施工进展的实际情况，在认为必要时就以下几个方面发布变更指令：

（1）对合同中任何工作工程量的改变。

（2）任何工作质量或其他特性的变更。

（3）工程任何部分标高、位置和尺寸的改变。第（2）和（3）属于重大的设计变更。

（4）删减任何合同约定的工作内容。省略的工作应是不再需要的工程，不允许用变更指令的方式将承包范围内的工作变更给其他承包商实施。

（5）进行永久工程所必需的任何附加工作、永久设备、材料供应或其他服务，包括任何联合竣工检验、钻孔和其他检验以及勘察工作。

（6）改变原定的施工顺序或时间安排。

2. 变更程序

如果工程师在发布任何变更指示之前要求承包商提交一份建议书，则承包商应尽快作出书面反应，要么说明理由为何不能遵守指示（如果未遵守时），要么提交以下材料：

(1) 将要实施的工作的说明书以及该工作实施的进度计划。

(2) 承包商依据第8.3款对进度计划和竣工时间作出任何必要修改的建议书。

(3) 承包商对变更估价的建议书。

工程师在接到上述建议后（依据第13.2款“价值工程”或其他规定），应尽快予以答复，说明批准与否或提出意见。在等待答复期间，承包商不应延误任何工作。

工程师应向承包商发出每一项实施变更的指示，并要求其记录费用，承包商应确认收到该指示。

每一项变更应依据第12款“测量与估价”进行估价，除非工程师依据本款另外作出指示或批准。

3. 施工索赔

(1) 索赔通知。承包商应在第一次出现引起索赔事件后28天内将他的索赔意图通知工程师。未能在28天内发出索赔通知，则不得索赔。

(2) 索赔记录。索赔事件发生后承包商应有当时相应的记录，并在索赔事件解决前继续保持合理的记录，以备检查、核实。

(3) 索赔证明。承包商应在察觉引起索赔事件或情况后42天内向工程师递交一份分细目的索赔账单（含延长的时间、追加付款等）和索赔依据等详细资料，在索赔事件的影响结束后的28天内递交最终账单。

(4) 索赔回应。工程师在收到索赔报告或对过去索赔的任何进一步证明资料后42天内，或在工程师可能建议并经承包商认可的期限内，做出回应，表示批准或不批准并附具体意见。

(5) 支付索赔金额。当承包商提供了足够的索赔事件细节，索赔金额是工程师经过同业主和承包商协商的，则承包商应有权将该索赔金额列入由工程师核准的付款证书中。

任务9.5 案 例 分 析

【案例9.1】 污水处理项目中心泵站永久供电的变更

一、合同背景简介

(1) 2005年2月14日中国某集团公司与某公司签订了污水处理项目的施工合同：

1) 合同额：15424737美元。

2) 合同范围：××市五个区的污水管网的建设。
××1区的中心泵站的建设。
两条平行的提升管线的建设。
××2区的9个小型泵站的建设。
灌溉管线的建设。

3) 合同工期：1082天。

4) 施工合同所引用的合同条件：1999版的标准施工合同条件。

5) 工程师：×××

(2) 2006 年 3 月 14 日，合同双方签订了一份谅解备忘录，在此备忘录中承包商与业主达成的主要协议为：业主保证工程师会在此后的工作中加强自己的合同义务执行能力；业主同意授予承包商不多于一年的合同延期；承包商同意复工。

随后在 2007 年 9 月 17 日合同双方就飓风事件签订了补充协议。补充协议规定业主额外支付承包商 293.34 万美元作为补偿飓风给承包商带来的损失；合同工作范围由原来的 5 个区管网铺设缩减至 2 个区，同时也去掉了××2 区的 9 个小型泵站的建设；合同工期顺延至 2009 年 9 月 30 日。

(3) 2008 年 4 月 13 日承包商、业主、工程师三方在 84 号会议上讨论了若干问题，其中就 2007 年签订的补充协议中关于承包商的工作范围的变更做了澄清。84 号会议还记录了工程师及承包商在未来两个月内应应完成的一些首要工作。

(4) 2010 年 12 月 6 日合同双方再次签订了一份合同补遗，此补遗主要是对 2007 年签订的补充协议当中成立 DAB 的条款进行了细化并正式启动。

二、索赔案例摘要

按照招标图纸的规定承包商负责铺设 750m 的电缆用来连接中心泵站与附近未来的一所变电站，此段电缆的连接是为了实现中心泵站的永久供电。但是在 2005 年的施工阶段工程师发布的图纸却没有显示变电站的确切位置，直到 2009 年业主才与当地的电信局达成关于中心泵站永久供电的协议，即从中心泵站引出一条 2500m 的电缆来连接当时还未建成的一处变电站，电缆的设计尺寸也发生了变更。这就意味着承包商要铺设超出合同范围近 2km 的电缆，且此工作需要当地的有专业资格分包商来完成，因为按照××电信局的规定，只有在电信局有过注册的承包商才有资格建造动力电缆。

承包商在此背景下雇佣了在当地电信局有过注册的一家分包商完成了中心泵站永久供电的电缆铺设，分包费用为 71810.67 美元。由于此项工作的工程量及电缆的设计尺寸也发生了变更，另外开始施工的时间也被延迟了很久，承包商就此向业主提出了索赔。承包商是按照付给分包商的实际费用再加上管理费之后向业主进行的索赔，工程师代表对承包商提出的索赔所进行的初始评估为：超出合同的工程量参照原合同的类似单价给予支付。承包商不接受工程师代表的初始评估并按照合同第 67 款将此索赔正式递交了工程师做决定。工程师在随后的决定中肯定了工程师代表对超出合同的工程量的评估方法。承包商认为工程师的决定并不合理不能被接受，于是将此争议递交了 DAB 裁决并索赔了利息。

DAB 对承包商的索赔及工程师的评估进行了综合考虑之后采用了折中的裁决方法。即在原合同价的基础上对承包商所做的工作给予材料上涨的综合考虑，并给予补偿，但不是全额按照分包商的价格支付承包商，承包商的利息索赔不成立。

三、承包商所引用的合同条款及支持文件

The Contractor presents his case based on the relevant Clauses of the Contract. Text in italics is extracted from the Contract Documents for purpose of illustration - with emphasis added where applicable by underlining.

4.1 SCC Clause 51 Variation

(1) The Engineer shall make any variation of the form, quality or quantity of the

Works or any part thereof that may have been approved by the Employer and he shall have power to order the Contractor to do and the Contractor shall do any of the following:

…

(a) increase or decrease the quantity of any work included in the Contract.

(b) omit any such work.

(c) change the character or quality of any work included in the Contract.

(d) change the level, lines position and dimension of any part of the Works, and…

(e) execute additional work of any kind necessary for the completion of the Works.

…

And no such variation shall in any way vitiate or invalidate the Contract, but the value, if any, of all such variations shall be taken into account in ascertaining the amount of the Contract Price.

4.2 SCC Clause 52. (1) Valuation of Variation

"All extra or additional works done or work omitted by order of the Engineer shall be valued at the rates and prices set out in the Contract if, in the opinion of the Engineer, the same shall be applicable. If the Contract does not contain any rates or prices applicable to the extra or additional work then suitable rates or prices shall be agreed upon between the Engineer and the Contractor. In the event of disagreement the Engineer shall fix such rates or prices as shall, in his opinion, be reasonable and proper."

4.3 Summary of the Contractor's Case

The Tender drawings did not show any details (such as cable route, or location of substation) for the permanent power supply to Central Pumping Station. The only information available in Tender documents regarding this permanent power supply is included in the Bill of Quantities Page No. d/11.7/13R and Page No. d/13/1 R1. According to Bill of Quantities Page No. d/11.7/13R cable route is 750m. However, Bill of Quantities Page No. d/13/1 R1 provided Provisional Sums of RO 250, 000 and RO 20, 000 for electrical and power supply related works.

Therefore at tender time the Contractor could not obtain price quotations from Sub-Contractors qualified for this work by the Muscat Power Authority (MEDC) and could only insert a generic rate for this work in BoQ Item Page No. d/11.7/13R since the Central Pumping Station was located in the center of a heavily built-up area of the city with various possible route to substations with different degrees of obstruction.

It is the Contractor's understanding that the Provisional Sum items allowance was included in the BoQ due to the lack of a proper design for this part of the work. Therefore due to the extended delay in finalizing design of this aspect of the works and the very large increase in quantity, with associated design expense the applicable rate for this Variation should be evaluated at the actual market price, i.e., based on the price of the approved specialist sub-contractor and paid through the existing BOQ rate and Provisional Sums.

Comparison of actual cost incurred and provisions made in Tender document

Actual Market Price (RO)		**Tender Provisions (RO)**	
Actual amount paid to the subcontractor	269, 290	Amount allocated for permanent power supply works in BOQ Page d/11. 3/13R and d/11. 3/13R	93, 823
Agreed (27. 7%) overhead and profit for variation works	74, 593	Provisional sums for relevant works in BOQ Page d/11. 13/1R Item B & C	270, 000
Total amount	**343, 883**	**Total amount**	**363, 823**

The Contractor paid to its subcontractor an amount of RO 269, 290 for entire power supply work to CPS. The average overhead and profit mark-up as agreed with the Engineer/Employer is 27. 7%. Therefore the evaluation of actual market price is: RO 269, 290× 1. 277 = **RO 343, 883**, and results in payment by the Employer in accordance with official billing Documents in which the Main Contractor is neither regarded or penalized due to the long delay or changes to this work.

The Provisional Sums of RO 270, 000 plus tender Unit rate amount of RO 93, 823 for power supply works for CPS = RO 363, 823.

After allowance for Inflation[1] this amount would become RO 363, 823× (170. 2/131) = RO 472, 692, which is greater than the amount determined as fair and applicable recompense.

The Engineer's inaction and denial of the Contractor's claim is unreasonable because this unfairly penalizes the Contractor for deficiencies in the Design. Damage to the Contractors Cash Flow due to inappropriate denial should be reimbursed by receipt of Interest.

The Contractor's entitlement of additional cost and the interest due to inappropriate payment of the Contractor's claim are provided in below calculation.

四、索赔计算

The Contractor's entitlement of additional cost and the interest due to inappropriate payment

1. Amount of varied work

To make reasonable evaluation the **Building Material Wholesale Price Index**[2] published by Sultanate of Oman, Ministry of National Economy was adopted and shown in Table 1 below.

Table 1　　Building Material Wholesale Price Index

Year	2004	2005	2006	2007	2008
General Index	114. 8	119. 8	131	141. 6	170. 2
Variation (%) compare to the previous year		4. 36	9. 35	8. 07	20. 24

Value of Works for the quantity included in the BoQ is calculated in Table 2 below:

[1] Refer Table - 1 in Annex - 1 below.

[2] The Building Material Wholesale Price Index published by XX, Ministry of National Economy is attached in Appendix-C item 12.

Table 2　　Value of Works included in the BoQ

S. Nr.	Before Variation	Quantity	Unit	Unit Price (RO/m)	Total	Supporting Document
a	Measured cable laying work	750	m	33.710	25，282.500	BOQ page d/11.7/13R Item B
b	Design	0	m	0	0	

The Contractor was ready to start the work in July 2006 as evidenced by its letter ref no. OWSP/EPY/1723 - 2006 dated 4th July 2006. If the works were executed in year 2006 by subcontractor without variation, the cost as executed by sub - contractor will be:

Table 3　　The Would-be Cost of Works included in the BoQ at time of July 2006

S. Nr.	After Variation	Quantity	Unit	Subcontract Unit Price (RO/m)	Total (RO)	Supporting Documents
c	Measured Works	750	m	78.179	58，634.250	Subcontract Agreement, Price Index
d	Design	0	m	0	0	Subcontract Agreement, Price Index

The above assumed sub-contract unit price was converted and calculated using the actual subcontract unit price from Table - 4 below and wholesale price index from Table - 1 above, and following formula:

Unit price = Subcontract unit price/ {1+ (Index 2008－Index 2006) /index 2006}
=101.573/ {1+ (170.2－131) /131}
= 78.179 RO/m

Actual Cost and Unit Price of Works executed in year 2008 by sub-contractor as per sub-contract agreement is shown in Table 3 below:

Table 4　　Actual Cost and Unit Price of Works

S. Nr.	After Variation	As-Built Quantity	Unit	Subcontract Unit Price (RO/m)	Lump Sum Price (RO)	Supporting Document
e	Measured Works	2，410	m	101.573	244,790.000	As-Built Drawing, As - Built Quantity; Subcontract Agreement
f	Design	2，410	m	10.166	24，500.000	As-Built Drawing, As - Built Quantity; Subcontract Agreement

The above subcontract unit price = Lump sum of measured works/As-built Quantity. Please note that the as - built Quantity❶ as joint measured by the Contractor the Engineer was 2409.88 meters, for the convenience of calculation, the total as-built quantity of varied work is rounded to 2410 meters.

Then the total additional cost＝e＋f－c

＝ 244,790＋24,500－58,634.250＝210,655.750　(g)

The average overhead and profit mark-up as agreed with the Engineer/Employer is 27.7%.

Then the total additional amount claimed＝g×(1＋27.7%)＝269,007　(h)

Then the total amount of varied work＝h＋a

＝269,007＋25,283

＝294,290(RO)

2. Interest due to inappropriate payment denial of above claim amount

From Interim Payment Certificate No. 25 the Engineer has been certifying RO 131,681 only. While the Contractor's claim amount of varied work as calculated in Item A above is RO 294,290.

So, the amount of inappropriate payment denial

＝the Contractor's claim amount－payment certified by the Engineer❷

＝294, 290－131,681

＝RO 162,609

Interim Payment Certificate No. 25 was certified on 2nd August 2009. Considering 30th June 2011 as the expected DAB decision date, amount of interest shall be calculated for 697days. Interest rate shall be 7% in accordance with SCC clause 60.9.

Thus, amount of interest＝RO 162,609×7%×697/365＝RO 21,736

Summary of the Contractor's Entitlement:

(1) Total amount of varied work as claimed under this referral: RO 294,290

(2) Amount certified by the Engineer: RO 131,681

(3) Interest due to inappropriate payment denial: RO 21,736

Contractor's entitlement＝ (1)－(2)＋(3)＝RO 184,345

五、DAB 对承包商索赔的最终评估

(1) 首先承包商将电缆铺设的分包成本加上自身的管理费后打包转嫁给业主的索赔方法是不能被 DAB 认可的。因为合同中明确规定了“承包商在工程师指令下或者没有指令下所做的额外工作都应该按照合同中相应的单价获得支付，如果合同中没有适用的单价那么工程师应在合同价的基础上对新的工作给予重新评估”。

(2) 但是由于永久供电设计变更及变电站最终位置的确定时间较晚，使得原材料的购

❶ Refer joint measurement sheet as attached in Appendix - C Item 13.

❷ Refer extracted copy of payment of claim and variation in Interim Payment Certificate No. 25 and 30.

买及工程施工都被迫延误。而由于时间的拖延承包商在购买材料方面确实遭受了物价上涨所带来的损失。DAB认为此项目的主合同为固定单价合同且不赋予材料调差的考虑，那么一般情况下在合同工期内的物价上涨属于承包商的风险。但是就永久供电的案例来看电缆价格的上涨是由于变电站位置的确定时间较晚及后来电缆设计尺寸发生了变更等综合因素导致的。而上述综合因素的影响并非承包商单方面可以消除，所以在这种情况下在具体评估承包商的索赔时应将电缆价格的上涨因素给予适当的考虑。

(3) DAB认为2005年7月的电缆价格可以反映承包商按照原设计施工应采购的电缆价格，而经过设计变更及重新确定变电站的位置而使得实际的采购时间遭到延误的最终采购时间应为2008年5月。而从2005年7月至2008年5月期间DAB根据××建筑材料的上涨指数推算出铜的价格上涨了2.47倍。DAB将铜价上涨指数及动力电缆尺寸由原设计的$400mm^2$变更为$240mm^2$这两个因素进行了综合考虑之后得出：变更后的动力电缆的原材料铜的单价（RO/m）上涨了1.48倍具体计算如下：

$$240mm^2/400mm^2\times 2.47=1.48$$ (increase cost factor due to $240mm^2$ cable)

(4) 原合同中2No×3c×$240mm^2$（变更后的动力电缆）的材料价格为20.027RO/m，经物价上涨之后的价格应为

$$20.027\times 1.48=RO29.640$$

(5) 所以，DAB将铜价上涨指数及动力电缆尺寸由原设计的$400mm^2$变更为$240mm^2$这两个因素进行了综合考虑之后得出：由于物价上涨及设计变更而造成的承包商铺设电缆的成本的增加量为RO9.513/m。具体计算如下：

$$29.64-20.027=RO9.513/m$$

(6) 动力电缆的原设计尺寸为$400mm^2$而铺设此电缆的合同单价为RO33.71/m，经过设计变更后动力电缆的设计尺寸为$240mm^2$。综合考虑电缆设计尺寸的减小及物价的上涨后，DAB认为最终铺设尺寸为$240mm^2$电缆的单价应为33.71＋9.513＝RO43.223/m。

(7) DAB最终决定铺设动力电缆的新价RO43.223/m应适用于变更后的工程量2288m，合价为2288m ×RO43.223/m ＝ RO98894.224从而代替工程师的评估2288m×RO33.71/m ＝ RO58799.312，永久供电的其他附属工作按照工程师的评估不变。

(8) DAB的裁决相比工程师的评估增量为

$$RO98894.224-RO58799.312=RO40094.912$$

签订合同时承包商同意了给予业主3.3%的折扣，那么按照此推算经DAB裁决后相比工程师的评估最终的增量为

$$RO40094.912\times(1-3.3\%)=RO38771.780$$

思考题

(1) 国际工程承包合同按承包的形式和业务内容分为哪些类型，按计价方法分为哪些类型？

(2) 简述各种国际工程承包合同的特点与适用条件。

(3) 简述国际工程承包合同中的通用条件和专用条件编写，各主要条款之间的相互关系。

(4) 简述国际工程承包合同通用合同条件。

(5) 简述国际工程承包合同，承包商合同管理的主要阶段和任务。

(6) 简述国际工程承包合同工程变更方式与程序。

(7) 简述国际工程承包合同索赔管理与反索赔管理。

(8) 简述国际工程承包合同争议解决方式。

(9) 简述 FIDIC 施工合同文件的组成。

(10) 简述 FIDIC 施工合同担保类型。

(11) 简述 FIDIC 施工合同争议的解决方式。

(12) 简述 FIDI 施工合同的质量、进度和费用控制。

(13) 简述 FIDI 施工合同的工程变更与索赔要求。

习　题

一、单选题

(1)《永久设备和设计-建造合同条件》的合同计价方式采用（　　）。

A. 固定单价合同　　B. 总价合同

C. 变动单价合同　　D. 成本加酬金合同

(2) FIDIC 系列合同条件中，适用于由承包商做绝大部分设计的工程项目，承包商要按照业主的要求进行设计、提供设备以及建造其他工程的是（　　）。

A.《施工合同条件》　　B.《永久设备和设计-建造合同条件》

C.《简明合同格式》　　D.《EPC 交钥匙项目合同条件》

(3) 通过（　　）方式解决合同争议，合同双方关系仍比较友好，不伤感情。

A. 仲裁　　B. 诉讼

C. 调解　　D. 特聘争议裁决委员会

(4) 在施工承包合同争议的解决方式中，具有保密性特点的是（　　）。

A. 协商解决　　B. 调解　　C. 仲裁　　D. DAB 方式

(5) 国际工程承包合同的争议解决应该首选（　　）方式。

A. 协商　　B. 调解　　C. 仲裁　　D. 诉讼

(6) FIDIC 系列合同条件中，采用固定总价方式计价，只有在出现某些特定风险时才能调整价格的合同是（　　）。

A. 施工合同条件　　B. EPC 交钥匙项目合同条件

C. 永久设备和设计-建造合同条件　　D. 简明合同格式

(7) 根据《FIDIC 施工合同条件》，履约担保的保证期限到（　　）为止。

A. 圆满完成施工和保修的义务

B. 工程师颁发工程接收证书

C. 结清单生效

D. 合同工期结束

(8) 根据《FIDIC 施工合同条件》，业主凭保履约函索赔的情形是（　　）。

A. 施工过程中实际进度落后于计划进度

B. 承包商未按约定向分包商支付工程款

C. 承包商为严格执行工程师的变更指令

D. 缺陷通知期内承包商接到业主修补缺陷通知后42天内未派人修补

(9) 在FIDIC的《施工合同条件》中，争议裁决委员会的成员在与本工程有关的其他工作中（　　）。

A. 不得担任业主咨询顾问，但提交仲裁时可任仲裁员

B. 不得担任业主咨询顾问，提交仲裁时也不得任仲裁员

C. 可以担任业主咨询顾问，但提交仲裁时不得任仲裁员

D. 可以担任业主咨询顾问，提交仲裁时也可担任仲裁员

(10) FIDIC施工合同条件中关于争议裁决委员会的规定，下列表述正确的是（　　）。

A. 争议裁决委员会由仲裁委员会指定

B. 争议裁决委员会成员的报酬应由业主承担

C. 争议裁决委员会的裁决是合同争议的最终解决方式

D. 争议裁决委员会的裁决属于非强制性但具有法律效力的行为

(11) 按照FIDIC《施工合同条件》规定，如果指定分包商不是因执行承包商的错误指令而出现违约行为时，（　　）。

A. 业主可将指定分包商的违约行为视为承包商的违约

B. 应由选定指定分包商的工程师和指定分包商共同承担责任

C. 应由承包商和指定分包商共同承担责任

D. 应由指定分包商直接对业主承担责任

二、多选题

(1) 通过调解解决合同争议的优点包括（　　）。

A. 能较好地表达双方对协商谈判结果的不满意和争取解决争议的决心

B. 具有保密性

C. 程序简单，灵活性较大，调解不成，不影响采取其他解决途径

D. 增加了解决争议的公正性，双方都会顾及声誉和影响，容易接受调解人的劝说和意见

E. 节约时间、精力和费用

(2) 与诉讼方式相比，采用仲裁方式解决国际工程承包合同争议的优点有（　　）。

A. 效率高　　B. 周期短　　C. 约束力强

D. 费用少　　E. 保密性好

(3) 在FIDIC的《施工合同条件》中，指定分包商与一般分包商的不同之处表现在（　　）等方面。

A. 选择分包单位的权利不同　　B. 分包合同的工作内容不同

C. 分包合同的当事人不同　　D. 工程款的支付开支项目不同

E. 业主对分包商利益的保护不同

(4) FIDIC 1999年版《施工合同条件》（新红皮书）主要用于（　　）的施工项目。

A. 由咨询工程师设计的土木工程
B. 由咨询工程师设计的房屋建筑工程
C. 由承包人设计的土木工程
D. 由承包人设计的房屋建筑工程
E. 由发包人设计的房屋建筑工程

(5) 仲裁的特点主要有（　　）。

A. 效率高、周期短　　B. 保密性　　C. 费用多　　D. 专业化
E. 费用少

附　　录

附录 1　中华人民共和国招标投标法

（1999 年 8 月 30 日第九届全国人民代表大会常务委员会第十一次会议通过，1999 年 8 月 30 日中华人民共和国主席令第 21 号公布，自 2000 年 1 月 1 日起施行）

第一章　总　　则

第一条　为了规范招标投标活动，保护国家利益、社会公共利益和招标投标活动当事人的合法权益，提高经济效益，保证项目质量，制定本法。

第二条　在中华人民共和国境内进行招标投标活动，适用本法。

第三条　在中华人民共和国境内进行下列工程建设项目包括项目的勘察、设计、施工、监理以及与工程建设有关的重要设备、材料等的采购，必须进行招标：

（一）大型基础设施、公用事业等关系社会公共利益、公众安全的项目。

（二）全部或者部分使用国有资金投资或者国家融资的项目。

（三）使用国际组织或者外国政府贷款、援助资金的项目。

前款所列项目的具体范围和规模标准，由国务院发展计划部门会同国务院有关部门制订，报国务院批准。

法律或者国务院对必须进行招标的其他项目的范围有规定的，依照其规定。

第四条　任何单位和个人不得将依法必须进行招标的项目化整为零或者以其他任何方式规避招标。

第五条　招标投标活动应当遵循公开、公平、公正和诚实信用的原则。

第六条　依法必须进行招标的项目，其招标投标活动不受地区或者部门的限制。任何单位和个人不得违法限制或者排斥本地区、本系统以外的法人或者其他组织参加投标，不得以任何方式非法干涉招标投标活动。

第七条　招标投标活动及其当事人应当接受依法实施的监督。

有关行政监督部门依法对招标投标活动实施监督，依法查处招标投标活动中的违法行为。

对招标投标活动的行政监督及有关部门的具体职权划分，由国务院规定。

第二章　招　　标

第八条　招标人是依照本法规定提出招标项目、进行招标的法人或者其他组织。

第九条　招标项目按照国家有关规定需要履行项目审批手续的，应当先履行审批手续，取得批准。招标人应当有进行招标项目的相应资金或者资金来源已经落实，并应当在招标文件中如实载明。

第十条　招标分为公开招标和邀请招标。

公开招标，是指招标人以招标公告的方式邀请不特定的法人或者其他组织投标。

邀请招标，是指招标人以投标邀请书的方式邀请特定的法人或者其他组织投标。

第十一条　国务院发展计划部门确定的国家重点项目和省、自治区、直辖市人民政府确定的地方重点项目不适宜公开招标的，经国务院发展计划部门或者省、自治区、直辖市人民政府批准，可以进行邀请招标。

第十二条　招标人有权自行选择招标代理机构，委托其办理招标事宜。任何单位和个人不得以任何方式为招标人指定招标代理机构。

招标人具有编制招标文件和组织评标能力的，可以自行办理招标事宜。任何单位和个人不得强制其委托招标代理机构办理招标事宜。

依法必须进行招标的项目，招标人自行办理招标事宜的，应当向有关行政监督部门备案。

第十三条　招标代理机构是依法设立、从事招标代理业务并提供相关服务的社会中介组织。

招标代理机构应当具备下列条件：

（一）有从事招标代理业务的营业场所和相应资金。

（二）有能够编制招标文件和组织评标的相应专业力量。

第十四条　招标代理机构与行政机关和其他国家机关不得存在隶属关系或者其他利益关系。

第十五条　招标代理机构应当在招标人委托的范围内办理招标事宜，并遵守本法关于招标人的规定。

第十六条　招标人采用公开招标方式的，应当发布招标公告。依法必须进行招标的项目的招标公告，应当通过国家指定的报刊、信息网络或者其他媒介发布。招标公告应当载明招标人的名称和地址、招标项目的性质、数量、实施地点和时间以及获取招标文件的办法等事项。

第十七条　招标人采用邀请招标方式的，应当向三个以上具备承担招标项目的能力、资信良好的特定的法人或者其他组织发出投标邀请书。

投标邀请书应当载明本法第十六条第二款规定的事项。

第十八条　招标人可以根据招标项目本身的要求，在招标公告或者投标邀请书中，要求潜在投标人提供有关资质证明文件和业绩情况，并对潜在投标人进行资格审查；国家对投标人的资格条件有规定的，依照其规定。

招标人不得以不合理的条件限制或者排斥潜在投标人，不得对潜在投标人实行歧视待遇。

第十九条　招标人应当根据招标项目的特点和需要编制招标文件。招标文件应当包括招标项目的技术要求、对投标人资格审查的标准、投标报价要求和评标标准等所有实质性要求和条件以及拟签订合同的主要条款。

国家对招标项目的技术、标准有规定的，招标人应当按照其规定在招标文件中提出相应要求。

招标项目需要划分标段、确定工期的，招标人应当合理划分标段、确定工期，并在招标文件中载明。

第二十条　招标文件不得要求或者标明特定的生产供应者以及含有倾向或者排斥潜在投标人的其他内容。

第二十一条　招标人根据招标项目的具体情况，可以组织潜在投标人踏勘项目现场。

第二十二条　招标人不得向他人透露已获取招标文件的潜在投标人的名称、数量以及可能影响公平竞争的有关招标投标的其他情况。

招标人设有标底的，标底必须保密。

第二十三条　招标人对已发出的招标文件进行必要的澄清或者修改的，应当在招标文件要求提交投标文件截止时间至少十五日前，以书面形式通知所有招标文件收受人。该澄清或者修改的内容为招标文件的组成部分。

第二十四条　招标人应当确定投标人编制投标文件所需要的合理时间；但是，依法必须进行招标的项目，自招标文件开始发出之日起至投标人提交投标文件截止之日止，最短不得少于二十日。

第三章　投　　标

第二十五条　投标人是响应招标、参加投标竞争的法人或者其他组织。依法招标的科研项目允许个人参加投标的，投标的个人适用本法有关投标人的规定。

第二十六条　投标人应当具备承担招标项目的能力；国家有关规定对投标人资格条件或者招标文件对投标人资格条件有规定的，投标人应当具备规定的资格条件。

第二十七条　投标人应当按照招标文件的要求编制投标文件。投标文件应当对招标文件提出的实质性要求和条件作出响应。

招标项目属于建设施工的，投标文件的内容应当包括拟派出的项目负责人与主要技术人员的简历、业绩和拟用于完成招标项目的机械设备等。

第二十八条　投标人应当在招标文件要求提交投标文件的截止时间前，将投标文件送达投标地点。招标人收到投标文件后，应当签收保存，不得开启。投标人少于三个的，招标人应当依照本法重新招标。

在招标文件要求提交投标文件的截止时间后送达的投标文件，招标人应当拒收。

第二十九条　投标人在招标文件要求提交投标文件的截止时间前，可以补充、修改或者撤回已提交的投标文件，并书面通知招标人。补充、修改的内容为投标文件的组成部分。

第三十条　投标人根据招标文件载明的项目实际情况，拟在中标后将中标项目的部分非主体、非关键性工作进行分包的，应当在投标文件中载明。

第三十一条　两个以上法人或者其他组织可以组成一个联合体，以一个投标人的身份共同投标。

联合体各方均应当具备承担招标项目的相应能力；国家有关规定或者招标文件对投标人资格条件有规定的，联合体各方均应当具备规定的相应资格条件。由同一专业的单位组成的联合体，按照资质等级较低的单位确定资质等级。联合体各方应当签订共同投标协议，明确约定各方拟承担的工作和责任，并将共同投标协议连同投标文件一并提交招标人。联合体中标的，联合体各方应当共同与招标人签订合同，就中标项目向招标人承担连带责任。

招标人不得强制投标人组成联合体共同投标，不得限制投标人之间的竞争。

第三十二条 投标人不得相互串通投标报价，不得排挤其他投标人的公平竞争，损害招标人或者其他投标人的合法权益。

投标人不得与招标人串通投标，损害国家利益、社会公共利益或者他人的合法权益。

禁止投标人以向招标人或者评标委员会成员行贿的手段谋取中标。

第三十三条 投标人不得以低于成本的报价竞标，也不得以他人名义投标或者以其他方式弄虚作假，骗取中标。

第四章 开标、评标和中标

第三十四条 开标应当在招标文件确定的提交投标文件截止时间的同一时间公开进行；开标地点应当为招标文件中预先确定的地点。

第三十五条 开标由招标人主持，邀请所有投标人参加。

第三十六条 开标时，由投标人或者其推选的代表检查投标文件的密封情况，也可以由招标人委托的公证机构检查并公证；经确认无误后，由工作人员当众拆封，宣读投标人名称、投标价格和投标文件的其他主要内容。

招标人在招标文件要求提交投标文件的截止时间前收到的所有投标文件，开标时都应当当众予以拆封、宣读。

开标过程应当记录，并存档备查。

第三十七条 评标由招标人依法组建的评标委员会负责。

依法必须进行招标的项目，其评标委员会由招标人的代表和有关技术、经济等方面的专家组成，成员人数为五人以上单数，其中技术、经济等方面的专家不得少于成员总数的三分之二。前款专家应当从事相关领域工作满八年并具有高级职称或者具有同等专业水平，由招标人从国务院有关部门或者省、自治区、直辖市人民政府有关部门提供的专家名册或者招标代理机构的专家库内的相关专业的专家名单中确定；一般招标项目可以采取随机抽取方式，特殊招标项目可以由招标人直接确定。

与投标人有利害关系的人不得进入相关项目的评标委员会，已经进入的应当更换。

评标委员会成员的名单在中标结果确定前应当保密。

第三十八条 招标人应当采取必要的措施，保证评标在严格保密的情况下进行。任何单位和个人不得非法干预、影响评标的过程和结果。

第三十九条 评标委员会可以要求投标人对投标文件中含义不明确的内容作必要的澄清或者说明，但是澄清或者说明不得超出投标文件的范围或者改变投标文件的实质性内容。

第四十条 评标委员会应当按照招标文件确定的评标标准和方法，对投标文件进行评审和比较；设有标底的，应当参考标底。评标委员会完成评标后，应当向招标人提出书面评标报告，并推荐合格的中标候选人。

招标人根据评标委员会提出的书面评标报告和推荐的中标候选人确定中标人。招标人也可以授权评标委员会直接确定中标人。

国务院对特定招标项目的评标有特别规定的，从其规定。

第四十一条　中标人的投标应当符合下列条件之一：

（一）能够最大限度地满足招标文件中规定的各项综合评价标准。

（二）能够满足招标文件的实质性要求，并且经评审的投标价格最低；但是投标价格低于成本的除外。

第四十二条　评标委员会经评审，认为所有投标都不符合招标文件要求的，可以否决所有投标。

依法必须进行招标的项目的所有投标被否决的，招标人应当依照本法重新招标。

第四十三条　在确定中标人前，招标人不得与投标人就投标价格、投标方案等实质性内容进行谈判。

第四十四条　评标委员会成员应当客观、公正地履行职务，遵守职业道德，对所提出的评审意见承担个人责任。

评标委员会成员不得私下接触投标人，不得收受投标人的财物或者其他好处。评标委员会成员和参与评标的有关工作人员不得透露对投标文件的评审和比较、中标候选人的推荐情况以及与评标有关的其他情况。

第四十五条　中标人确定后，招标人应当向中标人发出中标通知书，并同时将中标结果通知所有未中标的投标人。

中标通知书对招标人和中标人具有法律效力。中标通知书发出后，招标人改变中标结果的，或者中标人放弃中标项目的，应当依法承担法律责任。

第四十六条　招标人和中标人应当自中标通知书发出之日起三十日内，按照招标文件和中标人的投标文件订立书面合同。招标人和中标人不得再行订立背离合同实质性内容的其他协议。

招标文件要求中标人提交履约保证金的，中标人应当提交。

第四十七条　依法必须进行招标的项目，招标人应当自确定中标人之日起十五日内，向有关行政监督部门提交招标投标情况的书面报告。

第四十八条　中标人应当按照合同约定履行义务，完成中标项目。中标人不得向他人转让中标项目，也不得将中标项目肢解后分别向他人转让。

中标人按照合同约定或者经招标人同意，可以将中标项目的部分非主体、非关键性工作分包给他人完成。接受分包的人应当具备相应的资格条件，并不得再次分包。

中标人应当就分包项目向招标人负责，接受分包的人就分包项目承担连带责任。

第五章　法　律　责　任

第四十九条　违反本法规定，必须进行招标的项目而不招标的，将必须进行招标的项目化整为零或者以其他任何方式规避招标的，责令限期改正，可以处项目合同金额千分之五以上千分之十以下的罚款；对全部或者部分使用国有资金的项目，可以暂停项目执行或者暂停资金拨付；对单位直接负责的主管人员和其他直接责任人员依法给予处分。

第五十条 招标代理机构违反本法规定，泄露应当保密的与招标投标活动有关的情况和资料的，或者与招标人、投标人串通损害国家利益、社会公共利益或者他人合法权益的，处五万元以上二十五万元以下的罚款，对单位直接负责的主管人员和其他直接责任人员处单位罚款数额百分之五以上百分之十以下的罚款；有违法所得的，并处没收违法所得；情节严重的，禁止其一年至二年内代理依法必须进行招标的项目并予以公告，直至由工商行政管理机关吊销营业执照；构成犯罪的，依法追究刑事责任。给他人造成损失的，依法承担赔偿责任。

前款所列行为影响中标结果的，中标无效。

第五十一条 招标人以不合理的条件限制或者排斥潜在投标人的，对潜在投标人实行歧视待遇的，强制要求投标人组成联合体共同投标的，或者限制投标人之间竞争的，责令改正，可以处一万元以上五万元以下的罚款。

第五十二条 依法必须进行招标的项目的招标人向他人透露已获取招标文件的潜在投标人的名称、数量或者可能影响公平竞争的有关招标投标的其他情况的，或者泄露标底的，给予警告，可以并处一万元以上十万元以下的罚款；对单位直接负责的主管人员和其他直接责任人员依法给予处分；构成犯罪的，依法追究刑事责任。

前款所列行为影响中标结果的，中标无效。

第五十三条 投标人相互串通投标或者与招标人串通投标的，投标人以向招标人或者评标委员会成员行贿的手段谋取中标的，中标无效，处中标项目金额千分之五以上千分之十以下的罚款，对单位直接负责的主管人员和其他直接责任人员处单位罚款数额百分之五以上百分之十以下的罚款；有违法所得的，并处没收违法所得；情节严重的，取消其一年至二年内参加依法必须进行招标的项目的投标资格并予以公告，直至由工商行政管理机关吊销营业执照；构成犯罪的，依法追究刑事责任。给他人造成损失的，依法承担赔偿责任。

第五十四条 投标人以他人名义投标或者以其他方式弄虚作假，骗取中标的，中标无效，给招标人造成损失的，依法承担赔偿责任；构成犯罪的，依法追究刑事责任。

依法必须进行招标的项目的投标人有前款所列行为尚未构成犯罪的，处中标项目金额千分之五以上千分之十以下的罚款，对单位直接负责的主管人员和其他直接责任人员处单位罚款数额百分之五以上百分之十以下的罚款；有违法所得的，并处没收违法所得；情节严重的，取消其一年至三年内参加依法必须进行招标的项目的投标资格并予以公告，直至由工商行政管理机关吊销营业执照。

第五十五条 依法必须进行招标的项目，招标人违反本法规定，与投标人就投标价格、投标方案等实质性内容进行谈判的，给予警告，对单位直接负责的主管人员和其他直接责任人员依法给予处分。

前款所列行为影响中标结果的，中标无效。

第五十六条 评标委员会成员收受投标人的财物或者其他好处的，评标委员会成员或者参加评标的有关工作人员向他人透露对投标文件的评审和比较、中标候选人的推荐以及与评标有关的其他情况的，给予警告，没收收受的财物，可以并处三千元以上五万元以下的罚款，对有所列违法行为的评标委员会成员取消担任评标委员会成员的资格，不得再参加任何依法必须进行招标的项目的评标；构成犯罪的，依法追究刑事责任。

第五十七条　招标人在评标委员会依法推荐的中标候选人以外确定中标人的，依法必须进行招标的项目在所有投标被评标委员会否决后自行确定中标人的，中标无效。责令改正，可以处中标项目金额千分之五以上千分之十以下的罚款；对单位直接负责的主管人员和其他直接责任人员依法给予处分。

第五十八条　中标人将中标项目转让给他人的，将中标项目肢解后分别转让给他人的，违反本法规定将中标项目的部分主体、关键性工作分包给他人的，或者分包人再次分包的，转让、分包无效，处转让、分包项目金额千分之五以上千分之十以下的罚款；有违法所得的，并处没收违法所得；可以责令停业整顿；情节严重的，由工商行政管理机关吊销营业执照。

第五十九条　招标人与中标人不按照招标文件和中标人的投标文件订立合同的，或者招标人、中标人订立背离合同实质性内容的协议的，责令改正；可以处中标项目金额千分之五以上千分之十以下的罚款。

第六十条　中标人不履行与招标人订立的合同的，履约保证金不予退还，给招标人造成的损失超过履约保证金数额的，还应当对超过部分予以赔偿；没有提交履约保证金的，应当对招标人的损失承担赔偿责任。

中标人不按照与招标人订立的合同履行义务，情节严重的，取消其二年至五年内参加依法必须进行招标的项目的投标资格并予以公告，直至由工商行政管理机关吊销营业执照。

因不可抗力不能履行合同的，不适用前两款规定。

第六十一条　本章规定的行政处罚，由国务院规定的有关行政监督部门决定。本法已对实施行政处罚的机关作出规定的除外。

第六十二条　任何单位违反本法规定，限制或者排斥本地区、本系统以外的法人或者其他组织参加投标的，为招标人指定招标代理机构的，强制招标人委托招标代理机构办理招标事宜的，或者以其他方式干涉招标投标活动的，责令改正；对单位直接负责的主管人员和其他直接责任人员依法给予警告、记过、记大过的处分，情节较重的，依法给予降级、撤职、开除的处分。

个人利用职权进行前款违法行为的，依照前款规定追究责任。

第六十三条　对招标投标活动依法负有行政监督职责的国家机关工作人员徇私舞弊、滥用职权或者玩忽职守，构成犯罪的，依法追究刑事责任；不构成犯罪的，依法给予行政处分。

第六十四条　依法必须进行招标的项目违反本法规定，中标无效的，应当依照本法规定的中标条件从其余投标人中重新确定中标人或者依照本法重新进行招标。

第六章　附　则

第六十五条　投标人和其他利害关系人认为招标投标活动不符合本法有关规定的，有权向招标人提出异议或者依法向有关行政监督部门投诉。

第六十六条　涉及国家安全、国家秘密、抢险救灾或者属于利用扶贫资金实行以工代赈、需要使用农民工等特殊情况，不适宜进行招标的项目，按照国家有关规定可以不进行招标。

第六十七条　使用国际组织或者外国政府贷款、援助资金的项目进行招标，贷款方、资金提供方对招标投标的具体条件和程序有不同规定的，可以适用其规定，但违背中华人民共和国的社会公共利益的除外。

第六十八条　本法自2000年1月1日起施行。

附录2　中华人民共和国招标投标法实施条例

（中华人民共和国国务院令第613号）

（2011年12月20日中华人民共和国国务院令第613号公布　根据2017年3月1日《国务院关于修改和废止部分行政法规的决定》第一次修订　根据2018年3月19日《国务院关于修改和废止部分行政法规的决定》第二次修订　根据2019年3月2日《国务院关于修改部分行政法规的决定》第三次修订）

第一章　总　　则

第一条　为了规范招标投标活动，根据《中华人民共和国招标投标法》（以下简称招标投标法），制定本条例。

第二条　招标投标法第三条所称工程建设项目，是指工程以及与工程建设有关的货物、服务。

前款所称工程，是指建设工程，包括建筑物和构筑物的新建、改建、扩建及其相关的装修、拆除、修缮等；所称与工程建设有关的货物，是指构成工程不可分割的组成部分，且为实现工程基本功能所必需的设备、材料等；所称与工程建设有关的服务，是指为完成工程所需的勘察、设计、监理等服务。

第三条　依法必须进行招标的工程建设项目的具体范围和规模标准，由国务院发展改革部门会同国务院有关部门制订，报国务院批准后公布施行。

第四条　国务院发展改革部门指导和协调全国招标投标工作，对国家重大建设项目的工程招标投标活动实施监督检查。国务院工业和信息化、住房城乡建设、交通运输、铁道、水利、商务等部门，按照规定的职责分工对有关招标投标活动实施监督。

县级以上地方人民政府发展改革部门指导和协调本行政区域的招标投标工作。县级以上地方人民政府有关部门按照规定的职责分工，对招标投标活动实施监督，依法查处招标投标活动中的违法行为。县级以上地方人民政府对其所属部门有关招标投标活动的监督职责分工另有规定的，从其规定。

财政部门依法对实行招标投标的政府采购工程建设项目的政府采购政策执行情况实施监督。

监察机关依法对与招标投标活动有关的监察对象实施监察。

第五条　设区的市级以上地方人民政府可以根据实际需要，建立统一规范的招标投标交易场所，为招标投标活动提供服务。招标投标交易场所不得与行政监督部门存在隶属关系，不得以营利为目的。

国家鼓励利用信息网络进行电子招标投标。

第六条　禁止国家工作人员以任何方式非法干涉招标投标活动。

第二章　招　　标

第七条　按照国家有关规定需要履行项目审批、核准手续的依法必须进行招标的项目，其招标范围、招标方式、招标组织形式应当报项目审批、核准部门审批、核准。项目审批、核准部门应当及时将审批、核准确定的招标范围、招标方式、招标组织形式通报有关行政监督部门。

第八条　国有资金占控股或者主导地位的依法必须进行招标的项目，应当公开招标；但有下列情形之一的，可以邀请招标：

（一）技术复杂、有特殊要求或者受自然环境限制，只有少量潜在投标人可供选择。

（二）采用公开招标方式的费用占项目合同金额的比例过大。

有前款第二项所列情形，属于本条例第七条规定的项目，由项目审批、核准部门在审批、核准项目时作出认定；其他项目由招标人申请有关行政监督部门作出认定。

第九条　除招标投标法第六十六条规定的可以不进行招标的特殊情况外，有下列情形之一的，可以不进行招标：

（一）需要采用不可替代的专利或者专有技术。

（二）采购人依法能够自行建设、生产或者提供。

（三）已通过招标方式选定的特许经营项目投资人依法能够自行建设、生产或者提供。

（四）需要向原中标人采购工程、货物或者服务，否则将影响施工或者功能配套要求。

（五）国家规定的其他特殊情形。

招标人为适用前款规定弄虚作假的，属于招标投标法第四条规定的规避招标。

第十条　招标投标法第十二条第二款规定的招标人具有编制招标文件和组织评标能力，是指招标人具有与招标项目规模和复杂程度相适应的技术、经济等方面的专业人员。

第十一条　国务院住房城乡建设、商务、发展改革、工业和信息化等部门，按照规定的职责分工对招标代理机构依法实施监督管理。

第十二条　招标代理机构应当拥有一定数量的具备编制招标文件、组织评标等相应能力的专业人员。

第十三条　招标代理机构在招标人委托的范围内开展招标代理业务，任何单位和个人不得非法干涉。

招标代理机构代理招标业务，应当遵守招标投标法和本条例关于招标人的规定。招标代理机构不得在所代理的招标项目中投标或者代理投标，也不得为所代理的招标项目的投标人提供咨询。

第十四条　招标人应当与被委托的招标代理机构签订书面委托合同，合同约定的收费标准应当符合国家有关规定。

第十五条　公开招标的项目，应当依照招标投标法和本条例的规定发布招标公告、编制招标文件。

招标人采用资格预审办法对潜在投标人进行资格审查的，应当发布资格预审公告、编制资格预审文件。

依法必须进行招标的项目的资格预审公告和招标公告，应当在国务院发展改革部门依法指定的媒介发布。在不同媒介发布的同一招标项目的资格预审公告或者招标公告的内容应当一致。指定媒介发布依法必须进行招标的项目的境内资格预审公告、招标公告，不得收取费用。

编制依法必须进行招标的项目的资格预审文件和招标文件，应当使用国务院发展改革部门会同有关行政监督部门制定的标准文本。

第十六条　招标人应当按照资格预审公告、招标公告或者投标邀请书规定的时间、地点发售资格预审文件或者招标文件。资格预审文件或者招标文件的发售期不得少于5日。

招标人发售资格预审文件、招标文件收取的费用应当限于补偿印刷、邮寄的成本支出，不得以营利为目的。

第十七条　招标人应当合理确定提交资格预审申请文件的时间。依法必须进行招标的项目提交资格预审申请文件的时间，自资格预审文件停止发售之日起不得少于5日。

第十八条　资格预审应当按照资格预审文件载明的标准和方法进行。

国有资金占控股或者主导地位的依法必须进行招标的项目，招标人应当组建资格审查委员会审查资格预审申请文件。资格审查委员会及其成员应当遵守招标投标法和本条例有关评标委员会及其成员的规定。

第十九条　资格预审结束后，招标人应当及时向资格预审申请人发出资格预审结果通知书。未通过资格预审的申请人不具有投标资格。

通过资格预审的申请人少于3个的，应当重新招标。

第二十条　招标人采用资格后审办法对投标人进行资格审查的，应当在开标后由评标委员会按照招标文件规定的标准和方法对投标人的资格进行审查。

第二十一条　招标人可以对已发出的资格预审文件或者招标文件进行必要的澄清或者修改。澄清或者修改的内容可能影响资格预审申请文件或者投标文件编制的，招标人应当在提交资格预审申请文件截止时间至少3日前，或者投标截止时间至少15日前，以书面形式通知所有获取资格预审文件或者招标文件的潜在投标人；不足3日或者15日的，招标人应当顺延提交资格预审申请文件或者投标文件的截止时间。

第二十二条　潜在投标人或者其他利害关系人对资格预审文件有异议的，应当在提交资格预审申请文件截止时间2日前提出；对招标文件有异议的，应当在投标截止时间10日前提出。招标人应当自收到异议之日起3日内作出答复；作出答复前，应当暂停招标投标活动。

第二十三条　招标人编制的资格预审文件、招标文件的内容违反法律、行政法规的强制性规定，违反公开、公平、公正和诚实信用原则，影响资格预审结果或者潜在投标人投标的，依法必须进行招标的项目的招标人应当在修改资格预审文件或者招标文件后重新招标。

第二十四条　招标人对招标项目划分标段的，应当遵守招标投标法的有关规定，不得利用划分标段限制或者排斥潜在投标人。依法必须进行招标的项目的招标人不得利用划分标段规避招标。

第二十五条　招标人应当在招标文件中载明投标有效期。投标有效期从提交投标文件的截止之日起算。

第二十六条　招标人在招标文件中要求投标人提交投标保证金的，投标保证金不得超过招标项目估算价的2%。投标保证金有效期应当与投标有效期一致。

依法必须进行招标的项目的境内投标单位，以现金或者支票形式提交的投标保证金应当从其基本账户转出。

招标人不得挪用投标保证金。

第二十七条 招标人可以自行决定是否编制标底。一个招标项目只能有一个标底。标底必须保密。

接受委托编制标底的中介机构不得参加受托编制标底项目的投标，也不得为该项目的投标人编制投标文件或者提供咨询。

招标人设有最高投标限价的，应当在招标文件中明确最高投标限价或者最高投标限价的计算方法。招标人不得规定最低投标限价。

第二十八条 招标人不得组织单个或者部分潜在投标人踏勘项目现场。

第二十九条 招标人可以依法对工程以及与工程建设有关的货物、服务全部或者部分实行总承包招标。以暂估价形式包括在总承包范围内的工程、货物、服务属于依法必须进行招标的项目范围且达到国家规定规模标准的，应当依法进行招标。

前款所称暂估价，是指总承包招标时不能确定价格而由招标人在招标文件中暂时估定的工程、货物、服务的金额。

第三十条 对技术复杂或者无法精确拟定技术规格的项目，招标人可以分两阶段进行招标。

第一阶段，投标人按照招标公告或者投标邀请书的要求提交不带报价的技术建议，招标人根据投标人提交的技术建议确定技术标准和要求，编制招标文件。

第二阶段，招标人向在第一阶段提交技术建议的投标人提供招标文件，投标人按照招标文件的要求提交包括最终技术方案和投标报价的投标文件。

招标人要求投标人提交投标保证金的，应当在第二阶段提出。

第三十一条 招标人终止招标的，应当及时发布公告，或者以书面形式通知被邀请的或者已经获取资格预审文件、招标文件的潜在投标人。已经发售资格预审文件、招标文件或者已经收取投标保证金的，招标人应当及时退还所收取的资格预审文件、招标文件的费用，以及所收取的投标保证金及银行同期存款利息。

第三十二条 招标人不得以不合理的条件限制、排斥潜在投标人或者投标人。

招标人有下列行为之一的，属于以不合理条件限制、排斥潜在投标人或者投标人：

（一）就同一招标项目向潜在投标人或者投标人提供有差别的项目信息。

（二）设定的资格、技术、商务条件与招标项目的具体特点和实际需要不相适应或者与合同履行无关。

（三）依法必须进行招标的项目以特定行政区域或者特定行业的业绩、奖项作为加分条件或者中标条件。

（四）对潜在投标人或者投标人采取不同的资格审查或者评标标准。

（五）限定或者指定特定的专利、商标、品牌、原产地或者供应商。

（六）依法必须进行招标的项目非法限定潜在投标人或者投标人的所有制形式或者组织形式。

（七）以其他不合理条件限制、排斥潜在投标人或者投标人。

第三章　投　　标

第三十三条　投标人参加依法必须进行招标的项目的投标，不受地区或者部门的限制，任何单位和个人不得非法干涉。

第三十四条　与招标人存在利害关系可能影响招标公正性的法人、其他组织或者个人，不得参加投标。

单位负责人为同一人或者存在控股、管理关系的不同单位，不得参加同一标段投标或者未划分标段的同一招标项目投标。

违反前两款规定的，相关投标均无效。

第三十五条　投标人撤回已提交的投标文件，应当在投标截止时间前书面通知招标人。招标人已收取投标保证金的，应当自收到投标人书面撤回通知之日起5日内退还。

投标截止后投标人撤销投标文件的，招标人可以不退还投标保证金。

第三十六条　未通过资格预审的申请人提交的投标文件，以及逾期送达或者不按照招标文件要求密封的投标文件，招标人应当拒收。

招标人应当如实记载投标文件的送达时间和密封情况，并存档备查。

第三十七条　招标人应当在资格预审公告、招标公告或者投标邀请书中载明是否接受联合体投标。

招标人接受联合体投标并进行资格预审的，联合体应当在提交资格预审申请文件前组成。资格预审后联合体增减、更换成员的，其投标无效。

联合体各方在同一招标项目中以自己名义单独投标或者参加其他联合体投标的，相关投标均无效。

第三十八条　投标人发生合并、分立、破产等重大变化的，应当及时书面告知招标人。投标人不再具备资格预审文件、招标文件规定的资格条件或者其投标影响招标公正性的，其投标无效。

第三十九条　禁止投标人相互串通投标。

有下列情形之一的，属于投标人相互串通投标：

（一）投标人之间协商投标报价等投标文件的实质性内容。

（二）投标人之间约定中标人。

（三）投标人之间约定部分投标人放弃投标或者中标。

（四）属于同一集团、协会、商会等组织成员的投标人按照该组织要求协同投标。

（五）投标人之间为谋取中标或者排斥特定投标人而采取的其他联合行动。

第四十条　有下列情形之一的，视为投标人相互串通投标：

（一）不同投标人的投标文件由同一单位或者个人编制。

（二）不同投标人委托同一单位或者个人办理投标事宜。

（三）不同投标人的投标文件载明的项目管理成员为同一人。

（四）不同投标人的投标文件异常一致或者投标报价呈规律性差异。

（五）不同投标人的投标文件相互混装。

（六）不同投标人的投标保证金从同一单位或者个人的账户转出。

第四十一条　禁止招标人与投标人串通投标。

有下列情形之一的，属于招标人与投标人串通投标：

（一）招标人在开标前开启投标文件并将有关信息泄露给其他投标人。

（二）招标人直接或者间接向投标人泄露标底、评标委员会成员等信息。

（三）招标人明示或者暗示投标人压低或者抬高投标报价。

（四）招标人授意投标人撤换、修改投标文件。

（五）招标人明示或者暗示投标人为特定投标人中标提供方便。

（六）招标人与投标人为谋求特定投标人中标而采取的其他串通行为。

第四十二条　使用通过受让或者租借等方式获取的资格、资质证书投标的，属于招标投标法第三十三条规定的以他人名义投标。

投标人有下列情形之一的，属于招标投标法第三十三条规定的以其他方式弄虚作假的行为：

（一）使用伪造、变造的许可证件。

（二）提供虚假的财务状况或者业绩。

（三）提供虚假的项目负责人或者主要技术人员简历、劳动关系证明。

（四）提供虚假的信用状况。

（五）其他弄虚作假的行为。

第四十三条　提交资格预审申请文件的申请人应当遵守招标投标法和本条例有关投标人的规定。

第四章　开标、评标和中标

第四十四条　招标人应当按照招标文件规定的时间、地点开标。

投标人少于3个的，不得开标；招标人应当重新招标。

投标人对开标有异议的，应当在开标现场提出，招标人应当当场作出答复，并制作记录。

第四十五条　国家实行统一的评标专家专业分类标准和管理办法。具体标准和办法由国务院发展改革部门会同国务院有关部门制定。

省级人民政府和国务院有关部门应当组建综合评标专家库。

第四十六条　除招标投标法第三十七条第三款规定的特殊招标项目外，依法必须进行招标的项目，其评标委员会的专家成员应当从评标专家库内相关专业的专家名单中以随机抽取方式确定。任何单位和个人不得以明示、暗示等任何方式指定或者变相指定参加评标委员会的专家成员。

依法必须进行招标的项目的招标人非因招标投标法和本条例规定的事由，不得更换依法确定的评标委员会成员。更换评标委员会的专家成员应当依照前款规定进行。

评标委员会成员与投标人有利害关系的，应当主动回避。

有关行政监督部门应当按照规定的职责分工，对评标委员会成员的确定方式、评标专家的抽取和评标活动进行监督。行政监督部门的工作人员不得担任本部门负责监督项目的评标委员会成员。

第四十七条 招标投标法第三十七条第三款所称特殊招标项目，是指技术复杂、专业性强或者国家有特殊要求，采取随机抽取方式确定的专家难以保证胜任评标工作的项目。

第四十八条 招标人应当向评标委员会提供评标所必需的信息，但不得明示或者暗示其倾向或者排斥特定投标人。

招标人应当根据项目规模和技术复杂程度等因素合理确定评标时间。超过三分之一的评标委员会成员认为评标时间不够的，招标人应当适当延长。

评标过程中，评标委员会成员有回避事由、擅离职守或者因健康等原因不能继续评标的，应当及时更换。被更换的评标委员会成员作出的评审结论无效，由更换后的评标委员会成员重新进行评审。

第四十九条 评标委员会成员应当依照招标投标法和本条例的规定，按照招标文件规定的评标标准和方法，客观、公正地对投标文件提出评审意见。招标文件没有规定的评标标准和方法不得作为评标的依据。

评标委员会成员不得私下接触投标人，不得收受投标人给予的财物或者其他好处，不得向招标人征询确定中标人的意向，不得接受任何单位或者个人明示或者暗示提出的倾向或者排斥特定投标人的要求，不得有其他不客观、不公正履行职务的行为。

第五十条 招标项目设有标底的，招标人应当在开标时公布。标底只能作为评标的参考，不得以投标报价是否接近标底作为中标条件，也不得以投标报价超过标底上下浮动范围作为否决投标的条件。

第五十一条 有下列情形之一的，评标委员会应当否决其投标：

（一）投标文件未经投标单位盖章和单位负责人签字。

（二）投标联合体没有提交共同投标协议。

（三）投标人不符合国家或者招标文件规定的资格条件。

（四）同一投标人提交两个以上不同的投标文件或者投标报价，但招标文件要求提交备选投标的除外。

（五）投标报价低于成本或者高于招标文件设定的最高投标限价。

（六）投标文件没有对招标文件的实质性要求和条件作出响应。

（七）投标人有串通投标、弄虚作假、行贿等违法行为。

第五十二条 投标文件中有含义不明确的内容、明显文字或者计算错误，评标委员会认为需要投标人作出必要澄清、说明的，应当书面通知该投标人。投标人的澄清、说明应当采用书面形式，并不得超出投标文件的范围或者改变投标文件的实质性内容。

评标委员会不得暗示或者诱导投标人作出澄清、说明，不得接受投标人主动提出的澄清、说明。

第五十三条 评标完成后，评标委员会应当向招标人提交书面评标报告和中标候选人名单。中标候选人应当不超过3个，并标明排序。

评标报告应当由评标委员会全体成员签字。对评标结果有不同意见的评标委员会成员应当以书面形式说明其不同意见和理由，评标报告应当注明该不同意见。评标委员会成员拒绝在评标报告上签字又不书面说明其不同意见和理由的，视为同意评标结果。

第五十四条 依法必须进行招标的项目，招标人应当自收到评标报告之日起3日内公示中标候选人，公示期不得少于3日。

投标人或者其他利害关系人对依法必须进行招标的项目的评标结果有异议的，应当在中标候选人公示期间提出。招标人应当自收到异议之日起3日内作出答复；作出答复前，应当暂停招标投标活动。

第五十五条 国有资金占控股或者主导地位的依法必须进行招标的项目，招标人应当确定排名第一的中标候选人为中标人。排名第一的中标候选人放弃中标、因不可抗力不能履行合同、不按照招标文件要求提交履约保证金，或者被查实存在影响中标结果的违法行为等情形，不符合中标条件的，招标人可以按照评标委员会提出的中标候选人名单排序依次确定其他中标候选人为中标人，也可以重新招标。

第五十六条 中标候选人的经营、财务状况发生较大变化或者存在违法行为，招标人认为可能影响其履约能力的，应当在发出中标通知书前由原评标委员会按照招标文件规定的标准和方法审查确认。

第五十七条 招标人和中标人应当依照招标投标法和本条例的规定签订书面合同，合同的标的、价款、质量、履行期限等主要条款应当与招标文件和中标人的投标文件的内容一致。招标人和中标人不得再行订立背离合同实质性内容的其他协议。

招标人最迟应当在书面合同签订后5日内向中标人和未中标的投标人退还投标保证金及银行同期存款利息。

第五十八条 招标文件要求中标人提交履约保证金的，中标人应当按照招标文件的要求提交。履约保证金不得超过中标合同金额的10%。

第五十九条 中标人应当按照合同约定履行义务，完成中标项目。中标人不得向他人转让中标项目，也不得将中标项目肢解后分别向他人转让。

中标人按照合同约定或者经招标人同意，可以将中标项目的部分非主体、非关键性工作分包给他人完成。接受分包的人应当具备相应的资格条件，并不得再次分包。

中标人应当就分包项目向招标人负责，接受分包的人就分包项目承担连带责任。

第五章 投 诉 与 处 理

第六十条 投标人或者其他利害关系人认为招标投标活动不符合法律、行政法规规定的，可以自知道或者应当知道之日起10日内向有关行政监督部门投诉。投诉应当有明确的请求和必要的证明材料。

就本条例第二十二条、第四十四条、第五十四条规定事项投诉的，应当先向招标人提出异议，异议答复期间不计算在前款规定的期限内。

第六十一条 投诉人就同一事项向两个以上有权受理的行政监督部门投诉的，由最先收到投诉的行政监督部门负责处理。

行政监督部门应当自收到投诉之日起3个工作日内决定是否受理投诉，并自受理投诉之日起30个工作日内作出书面处理决定；需要检验、检测、鉴定、专家评审的，所需时间不计算在内。

投诉人捏造事实、伪造材料或者以非法手段取得证明材料进行投诉的，行政监督部门应当予以驳回。

第六十二条　行政监督部门处理投诉，有权查阅、复制有关文件、资料，调查有关情况，相关单位和人员应当予以配合。必要时，行政监督部门可以责令暂停招标投标活动。

行政监督部门的工作人员对监督检查过程中知悉的国家秘密、商业秘密，应当依法予以保密。

第六章　法　律　责　任

第六十三条　招标人有下列限制或者排斥潜在投标人行为之一的，由有关行政监督部门依照招标投标法第五十一条的规定处罚：

（一）依法应当公开招标的项目不按照规定在指定媒介发布资格预审公告或者招标公告。

（二）在不同媒介发布的同一招标项目的资格预审公告或者招标公告的内容不一致，影响潜在投标人申请资格预审或者投标。

依法必须进行招标的项目的招标人不按照规定发布资格预审公告或者招标公告，构成规避招标的，依照招标投标法第四十九条的规定处罚。

第六十四条　招标人有下列情形之一的，由有关行政监督部门责令改正，可以处10万元以下的罚款：

（一）依法应当公开招标而采用邀请招标。

（二）招标文件、资格预审文件的发售、澄清、修改的时限，或者确定的提交资格预审申请文件、投标文件的时限不符合招标投标法和本条例规定。

（三）接受未通过资格预审的单位或者个人参加投标。

（四）接受应当拒收的投标文件。

招标人有前款第一项、第三项、第四项所列行为之一的，对单位直接负责的主管人员和其他直接责任人员依法给予处分。

第六十五条　招标代理机构在所代理的招标项目中投标、代理投标或者向该项目投标人提供咨询的，接受委托编制标底的中介机构参加受托编制标底项目的投标或者为该项目的投标人编制投标文件、提供咨询的，依照招标投标法第五十条的规定追究法律责任。

第六十六条　招标人超过本条例规定的比例收取投标保证金、履约保证金或者不按照规定退还投标保证金及银行同期存款利息的，由有关行政监督部门责令改正，可以处5万元以下的罚款；给他人造成损失的，依法承担赔偿责任。

第六十七条　投标人相互串通投标或者与招标人串通投标的，投标人向招标人或者评标委员会成员行贿谋取中标的，中标无效；构成犯罪的，依法追究刑事责任；尚不构成犯罪的，依照招标投标法第五十三条的规定处罚。投标人未中标的，对单位的罚款金额按照招标项目合同金额依照招标投标法规定的比例计算。

投标人有下列行为之一的，属于招标投标法第五十三条规定的情节严重行为，由有关行政监督部门取消其1年至2年内参加依法必须进行招标的项目的投标资格：

（一）以行贿谋取中标。

（二）3年内2次以上串通投标。

（三）串通投标行为损害招标人、其他投标人或者国家、集体、公民的合法利益，造成直接经济损失30万元以上。

（四）其他串通投标情节严重的行为。

投标人自本条第二款规定的处罚执行期限届满之日起3年内又有该款所列违法行为之一的，或者串通投标、以行贿谋取中标情节特别严重的，由工商行政管理机关吊销营业执照。

法律、行政法规对串通投标报价行为的处罚另有规定的，从其规定。

第六十八条 投标人以他人名义投标或者以其他方式弄虚作假骗取中标的，中标无效；构成犯罪的，依法追究刑事责任；尚不构成犯罪的，依照招标投标法第五十四条的规定处罚。依法必须进行招标的项目的投标人未中标的，对单位的罚款金额按照招标项目合同金额依照招标投标法规定的比例计算。

投标人有下列行为之一的，属于招标投标法第五十四条规定的情节严重行为，由有关行政监督部门取消其1年至3年内参加依法必须进行招标的项目的投标资格：

（一）伪造、变造资格、资质证书或者其他许可证件骗取中标。

（二）3年内2次以上使用他人名义投标。

（三）弄虚作假骗取中标给招标人造成直接经济损失30万元以上。

（四）其他弄虚作假骗取中标情节严重的行为。

投标人自本条第二款规定的处罚执行期限届满之日起3年内又有该款所列违法行为之一的，或者弄虚作假骗取中标情节特别严重的，由工商行政管理机关吊销营业执照。

第六十九条 出让或者出租资格、资质证书供他人投标的，依照法律、行政法规的规定给予行政处罚；构成犯罪的，依法追究刑事责任。

第七十条 依法必须进行招标的项目的招标人不按照规定组建评标委员会，或者确定、更换评标委员会成员违反招标投标法和本条例规定的，由有关行政监督部门责令改正，可以处10万元以下的罚款，对单位直接负责的主管人员和其他直接责任人员依法给予处分；违法确定或者更换的评标委员会成员作出的评审结论无效，依法重新进行评审。

国家工作人员以任何方式非法干涉选取评标委员会成员的，依照本条例第八十条的规定追究法律责任。

第七十一条 评标委员会成员有下列行为之一的，由有关行政监督部门责令改正；情节严重的，禁止其在一定期限内参加依法必须进行招标的项目的评标；情节特别严重的，取消其担任评标委员会成员的资格：

（一）应当回避而不回避。

（二）擅离职守。

（三）不按照招标文件规定的评标标准和方法评标。

（四）私下接触投标人。

（五）向招标人征询确定中标人的意向或者接受任何单位或者个人明示或者暗示提出的倾向或者排斥特定投标人的要求。

（六）对依法应当否决的投标不提出否决意见。

（七）暗示或者诱导投标人作出澄清、说明或者接受投标人主动提出的澄清、说明。

（八）其他不客观、不公正履行职务的行为。

第七十二条　评标委员会成员收受投标人的财物或者其他好处的，没收收受的财物，处3000元以上5万元以下的罚款，取消担任评标委员会成员的资格，不得再参加依法必须进行招标的项目的评标；构成犯罪的，依法追究刑事责任。

第七十三条　依法必须进行招标的项目的招标人有下列情形之一的，由有关行政监督部门责令改正，可以处中标项目金额10‰以下的罚款；给他人造成损失的，依法承担赔偿责任；对单位直接负责的主管人员和其他直接责任人员依法给予处分：

（一）无正当理由不发出中标通知书。

（二）不按照规定确定中标人。

（三）中标通知书发出后无正当理由改变中标结果。

（四）无正当理由不与中标人订立合同。

（五）在订立合同时向中标人提出附加条件。

第七十四条　中标人无正当理由不与招标人订立合同，在签订合同时向招标人提出附加条件，或者不按照招标文件要求提交履约保证金的，取消其中标资格，投标保证金不予退还。对依法必须进行招标的项目的中标人，由有关行政监督部门责令改正，可以处中标项目金额10‰以下的罚款。

第七十五条　招标人和中标人不按照招标文件和中标人的投标文件订立合同，合同的主要条款与招标文件、中标人的投标文件的内容不一致，或者招标人、中标人订立背离合同实质性内容的协议的，由有关行政监督部门责令改正，可以处中标项目金额5‰以上10‰以下的罚款。

第七十六条　中标人将中标项目转让给他人的，将中标项目肢解后分别转让给他人的，违反招标投标法和本条例规定将中标项目的部分主体、关键性工作分包给他人的，或者分包人再次分包的，转让、分包无效，处转让、分包项目金额5‰以上10‰以下的罚款；有违法所得的，并处没收违法所得；可以责令停业整顿；情节严重的，由工商行政管理机关吊销营业执照。

第七十七条　投标人或者其他利害关系人捏造事实、伪造材料或者以非法手段取得证明材料进行投诉，给他人造成损失的，依法承担赔偿责任。

招标人不按照规定对异议作出答复，继续进行招标投标活动的，由有关行政监督部门责令改正，拒不改正或者不能改正并影响中标结果的，依照本条例第八十一条的规定处理。

第七十八条　国家建立招标投标信用制度。有关行政监督部门应当依法公告对招标人、招标代理机构、投标人、评标委员会成员等当事人违法行为的行政处理决定。

第七十九条　项目审批、核准部门不依法审批、核准项目招标范围、招标方式、招标组织形式的，对单位直接负责的主管人员和其他直接责任人员依法给予处分。

有关行政监督部门不依法履行职责，对违反招标投标法和本条例规定的行为不依法查处，或者不按照规定处理投诉、不依法公告对招标投标当事人违法行为的行政处理决定的，对直接负责的主管人员和其他直接责任人员依法给予处分。

项目审批、核准部门和有关行政监督部门的工作人员徇私舞弊、滥用职权、玩忽职守，构成犯罪的，依法追究刑事责任。

第八十条　国家工作人员利用职务便利，以直接或者间接、明示或者暗示等任何方式非法干涉招标投标活动，有下列情形之一的，依法给予记过或者记大过处分；情节严重的，依法给予降级或者撤职处分；情节特别严重的，依法给予开除处分；构成犯罪的，依法追究刑事责任：

（一）要求对依法必须进行招标的项目不招标，或者要求对依法应当公开招标的项目不公开招标。

（二）要求评标委员会成员或者招标人以其指定的投标人作为中标候选人或者中标人，或者以其他方式非法干涉评标活动，影响中标结果。

（三）以其他方式非法干涉招标投标活动。

第八十一条　依法必须进行招标的项目的招标投标活动违反招标投标法和本条例的规定，对中标结果造成实质性影响，且不能采取补救措施予以纠正的，招标、投标、中标无效，应当依法重新招标或者评标。

第七章　附　　则

第八十二条　招标投标协会按照依法制定的章程开展活动，加强行业自律和服务。

第八十三条　政府采购的法律、行政法规对政府采购货物、服务的招标投标另有规定的，从其规定。

第八十四条　本条例自2012年2月1日起施行。

附录3　必须招标的工程项目规定

（2018年3月27日发布中华人民共和国国家发展和改革委员会第16号令，
《必须招标的工程项目规定》已经国务院批准，自2018年6月1日起施行。）

第一条　为了确定必须招标的工程项目，规范招标投标活动，提高工作效率、降低企业成本、预防腐败，根据《中华人民共和国招标投标法》第三条的规定，制定本规定。

第二条　全部或者部分使用国有资金投资或者国家融资的项目包括：

（一）使用预算资金200万元人民币以上，并且该资金占投资额10%以上的项目。

（二）使用国有企业事业单位资金，并且该资金占控股或者主导地位的项目。

第三条　使用国际组织或者外国政府贷款、援助资金的项目包括：

（一）使用世界银行、亚洲开发银行等国际组织贷款、援助资金的项目。

（二）使用外国政府及其机构贷款、援助资金的项目。

第四条　不属于本规定第二条、第三条规定情形的大型基础设施、公用事业等关系社会公共利益、公众安全的项目，必须招标的具体范围由国务院发展改革部门会同国务院有关部门按照确有必要、严格限定的原则制订，报国务院批准。

第五条　本规定第二条至第四条规定范围内的项目，其勘察、设计、施工、监理以及与工程建设有关的重要设备、材料等的采购达到下列标准之一的，必须招标：

（一）施工单项合同估算价在400万元人民币以上。

（二）重要设备、材料等货物的采购，单项合同估算价在200万元人民币以上。

（三）勘察、设计、监理等服务的采购，单项合同估算价在100万元人民币以上。

同一项目中可以合并进行的勘察、设计、施工、监理以及与工程建设有关的重要设备、材料等的采购，合同估算价合计达到前款规定标准的，必须招标。

第六条　本规定自2018年6月1日起施行。

附录4　评标委员会和评标方法暂行规定

（国家发展计划委员会、国家经济贸易委员会、建设部、铁道部、
交通部、信息产业部、水利部令第12号）

第一章　总　　则

第一条　为了规范评标活动，保证评标的公平、公正，维护招标投标活动当事人的合法权益，依照《中华人民共和国招标投标法》，制定本规定。

第二条　本规定适用于依法必须招标项目的评标活动。

第三条　评标活动遵循公平、公正、科学、择优的原则。

第四条　评标活动依法进行，任何单位和个人不得非法干预或者影响评标过程和结果。

第五条　招标人应当采取必要措施，保证评标活动在严格保密的情况下进行。

第六条　评标活动及其当事人应当接受依法实施的监督。

有关行政监督部门依照国务院或者地方政府的职责分工，对评标活动实施监督，依法查处评标活动中的违法行为。

第二章　评 标 委 员 会

第七条　评标委员会依法组建，负责评标活动，向招标人推荐中标候选人或者根据招标人的授权直接确定中标人。

第八条　评标委员会由招标人负责组建。

评标委员会成员名单一般应于开标前确定。评标委员会成员名单在中标结果确定前应当保密。

第九条　评标委员会由招标人或其委托的招标代理机构熟悉相关业务的代表，以及有关技术、经济等方面的专家组成，成员人数为五人以上单数，其中技术、经济等方面的专家不得少于成员总数的三分之二。

评标委员会设负责人的，评标委员会负责人由评标委员会成员推举产生或者由招标人确定。评标委员会负责人与评标委员会的其他成员有同等的表决权。

第十条　评标委员会的专家成员应当从省级以上人民政府有关部门提供的专家名册或者招标代理机构的专家库内的相关专家名单中确定。

按前款规定确定评标专家，可以采取随机抽取或者直接确定的方式。一般项目，可以采取随机抽取的方式；技术特别复杂、专业性要求特别高或者国家有特殊要求的招标项目，采取随机抽取方式确定的专家难以胜任的，可以由招标人直接确定。

第十一条　评标专家应符合下列条件：

（一）从事相关专业领域工作满八年并具有高级职称或者同等专业水平。

（二）熟悉有关招标投标的法律法规，并具有与招标项目相关的实践经验。

（三）能够认真、公正、诚实、廉洁地履行职责。

第十二条 有下列情形之一的，不得担任评标委员会成员：

（一）投标人或者投标人主要负责人的近亲属。

（二）项目主管部门或者行政监督部门的人员。

（三）与投标人有经济利益关系，可能影响对投标公正评审的。

（四）曾因在招标、评标以及其他与招标投标有关活动中从事违法行为而受过行政处罚或刑事处罚的。

评标委员会成员有前款规定情形之一的，应当主动提出回避。

第十三条 评标委员会成员应当客观、公正地履行职责，遵守职业道德，对所提出的评审意见承担个人责任。

评标委员会成员不得与任何投标人或者与招标结果有利害关系的人进行私下接触，不得收受投标人、中介人、其他利害关系人的财物或者其他好处。

第十四条 评标委员会成员和与评标活动有关的工作人员不得透露对投标文件的评审和比较、中标候选人的推荐情况以及与评标有关的其他情况。

前款所称与评标活动有关的工作人员，是指评标委员会成员以外的因参与评标监督工作或者事务性工作而知悉有关评标情况的所有人员。

第三章 评标的准备与初步评审

第十五条 评标委员会成员应当编制供评标使用的相应表格，认真研究招标文件，至少应了解和熟悉以下内容：

（一）招标的目标。

（二）招标项目的范围和性质。

（三）招标文件中规定的主要技术要求、标准和商务条款。

（四）招标文件规定的评标标准、评标方法和在评标过程中考虑的相关因素。

第十六条 招标人或者其委托的招标代理机构应当向评标委员会提供评标所需的重要信息和数据。

招标人设有标底的，标底应当保密，并在评标时作为参考。

第十七条 评标委员会应当根据招标文件规定的评标标准和方法，对投标文件进行系统的评审和比较。招标文件中没有规定的标准和方法不得作为评标的依据。

招标文件中规定的评标标准和评标方法应当合理，不得含有倾向或者排斥潜在投标人的内容，不得妨碍或者限制投标人之间的竞争。

第十八条 评标委员会应当按照投标报价的高低或者招标文件规定的其他方法对投标文件排序。以多种货币报价的，应当按照中国银行在开标日公布的汇率中间价换算成人民币。

招标文件应当对汇率标准和汇率风险作出规定。未作规定的，汇率风险由投标人承担。

第十九条 评标委员会可以书面方式要求投标人对投标文件中含义不明确、对同类问题表述不一致或者有明显文字和计算错误的内容作必要的澄清、说明或者补正。澄清、说明或者补正应以书面方式进行并不得超出投标文件的范围或者改变投标文件的实质性内容。

投标文件中的大写金额和小写金额不一致的，以大写金额为准；总价金额与单价金额不一致的，以单价金额为准，但单价金额小数点有明显错误的除外；对不同文字文本投标文件的解释发生异议的，以中文文本为准。

第二十条 在评标过程中，评标委员会发现投标人以他人的名义投标、串通投标、以行贿手段谋取中标或者以其他弄虚作假方式投标的，该投标人的投标应作废标处理。

第二十一条 在评标过程中，评标委员会发现投标人的报价明显低于其他投标报价或者在设有标底时明显低于标底，使得其投标报价可能低于其个别成本的，应当要求该投标人作出书面说明并提供相关证明材料。投标人不能合理说明或者不能提供相关证明材料的，由评标委员会认定该投标人以低于成本报价竞标，其投标应作废标处理。

第二十二条 投标人资格条件不符合国家有关规定和招标文件要求的，或者拒不按照要求对投标文件进行澄清、说明或者补正的，评标委员会可以否决其投标。

第二十三条 评标委员会应当审查每一投标文件是否对招标文件提出的所有实质性要求和条件作出响应。未能在实质上响应的投标，应作废标处理。

第二十四条 评标委员会应当根据招标文件，审查并逐项列出投标文件的全部投标偏差。

投标偏差分为重大偏差和细微偏差。

第二十五条 下列情况属于重大偏差：

（一）没有按照招标文件要求提供投标担保或者所提供的投标担保有瑕疵。

（二）投标文件没有投标人授权代表签字和加盖公章。

（三）投标文件载明的招标项目完成期限超过招标文件规定的期限。

（四）明显不符合技术规格、技术标准的要求。

（五）投标文件载明的货物包装方式、检验标准和方法等不符合招标文件的要求。

（六）投标文件附有招标人不能接受的条件。

（七）不符合招标文件中规定的其他实质性要求。

投标文件有上述情形之一的，为未能对招标文件作出实质性响应，并按本规定第二十三条规定作废标处理。招标文件对重大偏差另有规定的，从其规定。

第二十六条 细微偏差是指投标文件在实质上响应招标文件要求，但在个别地方存在漏项或者提供了不完整的技术信息和数据等情况，并且补正这些遗漏或者不完整不会对其他投标人造成不公平的结果。细微偏差不影响投标文件的有效性。

评标委员会应当书面要求存在细微偏差的投标人在评标结束前予以补正。拒不补正的，在详细评审时可以对细微偏差作不利于该投标人的量化，量化标准应当在招标文件中规定。

第二十七条 评标委员会根据本规定第二十条、第二十一条、第二十二条、第二十三条、第二十五条的规定否决不合格投标或者界定为废标后，因有效投标不足三个使得投标明显缺乏竞争的，评标委员会可以否决全部投标。

投标人少于三个或者所有投标被否决的，招标人应当依法重新招标。

第四章　详　细　评　审

第二十八条　经初步评审合格的投标文件，评标委员会应当根据招标文件确定的评标标准和方法，对其技术部分和商务部分作进一步评审、比较。

第二十九条　评标方法包括经评审的最低投标价法、综合评估法或者法律、行政法规允许的其他评标方法。

第三十条　经评审的最低投标价法一般适用于具有通用技术、性能标准或者招标人对其技术、性能没有特殊要求的招标项目。

第三十一条　根据经评审的最低投标价法，能够满足招标文件的实质性要求，并且经评审的最低投标价的投标，应当推荐为中标候选人。

第三十二条　采用经评审的最低投标价法的，评标委员会应当根据招标文件中规定的评标价格调整方法，以所有投标人的投标报价以及投标文件的商务部分作必要的价格调整。

采用经评审的最低投标价法的，中标人的投标应当符合招标文件规定的技术要求和标准，但评标委员会无需对投标文件的技术部分进行价格折算。

第三十三条　根据经评审的最低投标价法完成详细评审后，评标委员会应当拟定一份“标价比较表”，连同书面评标报告提交招标人。“标价比较表”应当载明投标人的投标报价、对商务偏差的价格调整和说明以及经评审的最终投标价。

第三十四条　不宜采用经评审的最低投标价法的招标项目，一般应当采取综合评估法进行评审。

第三十五条　根据综合评估法，最大限度地满足招标文件中规定的各项综合评价标准的投标，应当推荐为中标候选人。

衡量投标文件是否最大限度地满足招标文件中规定的各项评价标准，可以采取折算为货币的方法、打分的方法或者其他方法。需量化的因素及其权重应当在招标文件中明确规定。

第三十六条　评标委员会对各个评审因素进行量化时，应当将量化指标建立在同一基础或者同一标准上，使各投标文件具有可比性。

对技术部分和商务部分进行量化后，评标委员会应当对这两部分的量化结果进行加权，计算出每一投标的综合评估价或者综合评估分。

第三十七条　根据综合评估法完成评标后，评标委员会应当拟定一份“综合评估比较表”，连同书面评标报告提交招标人。“综合评估比较表”应当载明投标人的投标报价、所作的任何修正、对商务偏差的调整、对技术偏差的调整、对各评审因素的评估以及对每一投标的最终评审结果。

第三十八条　根据招标文件的规定，允许投标人投备选标的，评标委员会可以对中标人所投的备选标进行评审，以决定是否采纳备选标。不符合中标条件的投标人的备选标不予考虑。

第三十九条　对于划分有多个单项合同的招标项目，招标文件允许投标人为获得整个项目合同而提出优惠的，评标委员会可以对投标人提出的优惠进行审查，以决定是否将招标项目作为一个整体合同授予中标人。将招标项目作为一个整体合同授予的，整体合同中标人的投标应当最有利于招标人。

第四十条　评标和定标应当在投标有效期结束日 30 个工作日前完成。不能在投标有效期结束日 30 个工作日前完成评标和定标的，招标人应当通知所有投标人延长投标有效期。拒绝延长投标有效期的投标人有权收回投标保证金。同意延长投标有效期的投标人应当相应延长其投标担保的有效期，但不得修改投标文件的实质性内容。因延长投标有效期造成投标人损失的，招标人应当给予补偿，但因不可抗力需延长投标有效期的除外。

招标文件应当载明投标有效期。投标有效期从提交投标文件截止日起计算。

第五章　推荐中标候选人与定标

第四十一条　评标委员会在评标过程中发现的问题，应当及时作出处理或者向招标人提出处理建议，并作书面记录。

第四十二条　评标委员会完成评标后，应当向招标人提出书面评标报告，并抄送有关行政监督部门。评标报告应当如实记载以下内容：

（一）基本情况和数据表。

（二）评标委员会成员名单。

（三）开标记录。

（四）符合要求的投标一览表。

（五）废标情况说明。

（六）评标标准、评标方法或者评标因素一览表。

（七）经评审的价格或者评分比较一览表。

（八）经评审的投标人排序。

（九）推荐的中标候选人名单与签订合同前要处理的事宜。

（十）澄清、说明、补正事项纪要。

第四十三条　评标报告由评标委员会全体成员签字。对评标结论持有异议的评标委员会成员可以书面方式阐述其不同意见和理由。评标委员会成员拒绝在评标报告上签字且不陈述其不同意见和理由的，视为同意评标结论。评标委员会应当对此作出书面说明并记录在案。

第四十四条　向招标人提交书面评标报告后，评标委员会即告解散。评标过程中使用的文件、表格以及其他资料应当即时归还招标人。

第四十五条　评标委员会推荐的中标候选人应当限定在一至三人，并标明排列顺序。

第四十六条　中标人的投标应当符合下列条件之一：

（一）能够最大限度满足招标文件中规定的各项综合评价标准。

（二）能够满足招标文件的实质性要求，并且经评审的投标价格最低；但是投标价格低于成本的除外。

第四十七条　在确定中标人之前，招标人不得与投标人就投标价格、投标方案等实质性内容进行谈判。

第四十八条　使用国有资金投资或者国家融资的项目，招标人应当确定排名第一的中标候选人为中标人。排名第一的中标候选人放弃中标、因不可抗力提出不能履行合同，或者招标文件规定应当提交履约保证金而在规定的期限内未能提交的，招标人可以确定排名第二的中标候选人为中标人。

排名第二的中标候选人因前款规定的同样原因不能签订合同的，招标人可以确定排名第三的中标候选人为中标人。

招标人可以授权评标委员会直接确定中标人。

国务院对中标人的确定另有规定的，从其规定。

第四十九条　中标人确定后，招标人应当向中标人发出中标通知书，同时通知未中标人，并与中标人在30个工作日之内签订合同。

第五十条　中标通知书对招标人和中标人具有法律约束力。中标通知书发出后，招标人改变中标结果或者中标人放弃中标的，应当承担法律责任。

第五十一条　招标人应当与中标人按照招标文件和中标人的投标文件订立书面合同。招标人与中标人不得再行订立背离合同实质性内容的其他协议。

第五十二条　招标人与中标人签订合同后5个工作日内，应当向中标人和未中标的投标人退还投标保证金。

第六章　罚　　则

第五十三条　评标委员会成员在评标过程中擅离职守，影响评标程序正常进行，或者在评标过程中不能客观公正地履行职责的，给予警告；情节严重的，取消担任评标委员会成员的资格，不得再参加任何依法必须进行招标项目的评标，并处一万元以下的罚款。

第五十四条　评标委员会成员收受投标人、其他利害关系人的财物或者其他好处的，评标委员会成员或者与评标活动有关的工作人员向他人透露对投标文件的评审和比较、中标候选人的推荐以及与评标有关的其他情况的，给予警告，没收收受的财物，可以并处三千元以上五万元以下的罚款；对有所列违法行为的评标委员会成员取消担任评标委员会成员的资格，不得再参加任何依法必须进行招标项目的评标；构成犯罪的，依法追究刑事责任。

第五十五条　招标人在评标委员会依法推荐的中标候选人以外确定中标人的，依法必须进行招标项目在所有投标被评标委员会否决后自行确定中标人的，中标无效。责令改正，可以处中标项目金额千分之五以上千分之十以下的罚款；对单位直接负责的主管人员和其他直接责任人员依法给予处分。

第五十六条　招标人与中标人不按照招标文件和中标人的投标文件订立合同的，或者招标人、中标人订立背离合同实质性内容的协议的，责令改正；可以处中标项目金额千分之五以上千分之十以下的罚款。

第五十七条　中标人不与招标人订立合同的，投标保证金不予退还并取消其中标资格，给招标人造成的损失超过投标保证金数额的，应当对超过部分予以赔偿；没有提交投标保证金的，应当对招标人的损失承担赔偿责任。

招标人迟迟不确定中标人或者无正当理由不与中标人签订合同的，给予警告，根据情节可处一万元以下的罚款；造成中标人损失的，并应当赔偿损失。

第七章　附　　则

第五十八条　依法必须招标项目以外的评标活动，参照本规定执行。

第五十九条　使用国际组织或者外国政府贷款、援助资金的招标项目的评标活动，贷款方、资金提供方对评标委员会与评标方法另有规定的，适用其规定，但违背中华人民共和国的社会公共利益的除外。

第六十条　本规定颁布前有关评标机构和评标方法的规定与本规定不一致的，以本规定为准。法律或者行政法规另有规定的，从其规定。

第六十一条　本规定由国家发展计划委员会会同有关部门负责解释。

第六十二条　本规定自发布之日起施行。

附录5　工程建设项目施工招标投标办法

（国家发展计划委员会、建设部、铁道部、交通部、信息产业部、
水利部、民航总局令第30号）

第一章　总　　则

第一条　为规范工程建设项目施工（以下简称工程施工）招标投标活动，根据《中华人民共和国招标投标法》和国务院有关部门的职责分工，制定本办法。

第二条　在中华人民共和国境内进行工程施工招标投标活动，适用本办法。

第三条　工程建设项目符合《工程建设项目招标范围和规模标准规定》（国家计委令第3号）规定的范围和标准的，必须通过招标选择施工单位。

任何单位和个人不得将依法必须进行招标的项目化整为零或者以其他任何方式规避招标。

第四条　工程施工招标投标活动应当遵循公开、公平、公正和诚实信用的原则。

第五条　工程施工招标投标活动，依法由招标人负责。任何单位和个人不得以任何方式非法干涉工程施工招标投标活动。

施工招标投标活动不受地区或者部门的限制。

第六条　各级发展计划、经贸、建设、铁道、交通、信息产业、水利、外经贸、民航等部门依照《国务院办公厅印发国务院有关部门实施招标投标活动行政监督的职责分工意见的通知》（国办发〔2000〕34号）和各地规定的职责分工，对工程施工招标投标活动实施监督，依法查处工程施工招标投标活动中的违法行为。

第二章　招　　标

第七条　工程施工招标人是依法提出施工招标项目、进行招标的法人或者其他组织。

第八条　依法必须招标的工程建设项目，应当具备下列条件才能进行施工招标：

（一）招标人已经依法成立。

（二）初步设计及概算应当履行审批手续的，已经批准。

（三）招标范围、招标方式和招标组织形式等应当履行核准手续的，已经核准。

（四）有相应资金或资金来源已经落实。

（五）有招标所需的设计图纸及技术资料。

第九条　工程施工招标分为公开招标和邀请招标。

第十条　依法必须进行施工招标的工程建设项目，按工程建设项目审批管理规定，凡应报送项目审批部门审批的，招标人必须在报送的可行性研究报告中将招标范围、招标方式、招标组织形式等有关招标内容报项目审批部门核准。

第十一条　国务院发展计划部门确定的国家重点建设项目和各省、自治区、直辖市人民政府确定的地方重点建设项目，以及全部使用国有资金投资或者国有资金投资占控股或者主导地位的工程建设项目，应当公开招标；有下列情形之一的，经批准可以进行邀请

招标：

（一）项目技术复杂或有特殊要求，只有少量几家潜在投标人可供选择的。

（二）受自然地域环境限制的。

（三）涉及国家安全、国家秘密或者抢险救灾，适宜招标但不宜公开招标的。

（四）拟公开招标的费用与项目的价值相比，不值得的。

（五）法律、法规规定不宜公开招标的。

国家重点建设项目的邀请招标，应当经国务院发展计划部门批准；地方重点建设项目的邀请招标，应当经各省、自治区、直辖市人民政府批准。

全部使用国有资金投资或者国有资金投资占控股或者主导地位的并需要审批的工程建设项目的邀请招标，应当经项目审批部门批准，但项目审批部门只审批立项的，由有关行政监督部门批准。

第十二条　需要审批的工程建设项目，有下列情形之一的，由本办法第十一条规定的审批部门批准，可以不进行施工招标：

（一）涉及国家安全、国家秘密或者抢险救灾而不适宜招标的。

（二）属于利用扶贫资金实行以工代赈需要使用农民工的。

（三）施工主要技术采用特定的专利或者专有技术的。

（四）施工企业自建自用的工程，且该施工企业资质等级符合工程要求的。

（五）在建工程追加的附属小型工程或者主体加层工程，原中标人仍具备承包能力的。

（六）法律、行政法规规定的其他情形。

不需要审批但依法必须招标的工程建设项目，有前款规定情形之一的，可以不进行施工招标。

第十三条　采用公开招标方式的，招标人应当发布招标公告，邀请不特定的法人或者其他组织投标。依法必须进行施工招标项目的招标公告，应当在国家指定的报刊和信息网络上发布。

采用邀请招标方式的，招标人应当向三家以上具备承担施工招标项目的能力、资信良好的特定的法人或者其他组织发出投标邀请书。

第十四条　招标公告或者投标邀请书应当至少载明下列内容：

（一）招标人的名称和地址。

（二）招标项目的内容、规模、资金来源。

（三）招标项目的实施地点和工期。

（四）获取招标文件或者资格预审文件的地点和时间。

（五）对招标文件或者资格预审文件收取的费用。

（六）对投标人的资质等级的要求。

第十五条　招标人应当按招标公告或者投标邀请书规定的时间、地点出售招标文件或资格预审文件。自招标文件或者资格预审文件出售之日起至停止出售之日止，最短不得少于五个工作日。

招标人可以通过信息网络或者其他媒介发布招标文件，通过信息网络或者其他媒介发布的招标文件与书面招标文件具有同等法律效力，但出现不一致时以书面招标文件为准。

招标人应当保持书面招标文件原始正本的完好。

对招标文件或者资格预审文件的收费应当合理，不得以营利为目的。对于所附的设计文件，招标人可以向投标人酌收押金；对于开标后投标人退还设计文件的，招标人应当向投标人退还押金。

招标文件或者资格预审文件售出后，不予退还。招标人在发布招标公告、发出投标邀请书后或者售出招标文件或资格预审文件后不得擅自终止招标。

第十六条　招标人可以根据招标项目本身的特点和需要，要求潜在投标人或者投标人提供满足其资格要求的文件，对潜在投标人或者投标人进行资格审查；法律、行政法规对潜在投标人或者投标人的资格条件有规定的，依照其规定。

第十七条　资格审查分为资格预审和资格后审。

资格预审是指在投标前对潜在投标人进行的资格审查。

资格后审是指在开标后对投标人进行的资格审查。

进行资格预审的，一般不再进行资格后审，但招标文件另有规定的除外。

第十八条　采取资格预审的，招标人可以发布资格预审公告。资格预审公告适用本办法第十三条、第十四条有关招标公告的规定。

采取资格预审的，招标人应当在资格预审文件中载明资格预审的条件、标准和方法；采取资格后审的，招标人应当在招标文件中载明对投标人资格要求的条件、标准和方法。

招标人不得改变载明的资格条件或者以没有载明的资格条件对潜在投标人或者投标人进行资格审查。

第十九条　经资格预审后，招标人应当向资格预审合格的潜在投标人发出资格预审合格通知书，告知获取招标文件的时间、地点和方法，并同时向资格预审不合格的潜在投标人告知资格预审结果。资格预审不合格的潜在投标人不得参加投标。

经资格后审不合格的投标人的投标应作废标处理。

第二十条　资格审查应主要审查潜在投标人或者投标人是否符合下列条件：

（一）具有独立订立合同的权利。

（二）具有履行合同的能力，包括专业、技术资格和能力，资金、设备和其他物质设施状况，管理能力，经验、信誉和相应的从业人员。

（三）没有处于被责令停业，投标资格被取消，财产被接管、冻结，破产状态。

（四）在最近三年内没有骗取中标和严重违约及重大工程质量问题。

（五）法律、行政法规规定的其他资格条件。

资格审查时，招标人不得以不合理的条件限制、排斥潜在投标人或者投标人，不得对潜在投标人或者投标人实行歧视待遇。任何单位和个人不得以行政手段或者其他不合理方式限制投标人的数量。

第二十一条　招标人符合法律规定的自行招标条件的，可以自行办理招标事宜。任何单位和个人不得强制其委托招标代理机构办理招标事宜。

第二十二条　招标代理机构应当在招标人委托的范围内承担招标事宜。招标代理机构可以在其资格等级范围内承担下列招标事宜：

（一）拟订招标方案，编制和出售招标文件、资格预审文件。

（二）审查投标人资格。

（三）编制标底。

（四）组织投标人踏勘现场。

（五）组织开标、评标，协助招标人定标。

（六）草拟合同。

（七）招标人委托的其他事项。

招标代理机构不得无权代理、越权代理，不得明知委托事项违法而进行代理。

招标代理机构不得接受同一招标项目的投标代理和投标咨询业务；未经招标人同意，不得转让招标代理业务。

第二十三条　工程招标代理机构与招标人应当签订书面委托合同，并按双方约定的标准收取代理费；国家对收费标准有规定的，依照其规定。

第二十四条　招标人根据施工招标项目的特点和需要编制招标文件。招标文件一般包括下列内容：

（一）投标邀请书。

（二）投标人须知。

（三）合同主要条款。

（四）投标文件格式。

（五）采用工程量清单招标的，应当提供工程量清单。

（六）技术条款。

（七）设计图纸。

（八）评标标准和方法。

（九）投标辅助材料。

招标人应当在招标文件中规定实质性要求和条件，并用醒目的方式标明。

第二十五条　招标人可以要求投标人在提交符合招标文件规定要求的投标文件外，提交备选投标方案，但应当在招标文件中作出说明，并提出相应的评审和比较办法。

第二十六条　招标文件规定的各项技术标准应符合国家强制性标准。

招标文件中规定的各项技术标准均不得要求或标明某一特定的专利、商标、名称、设计、原产地或生产供应者，不得含有倾向或者排斥潜在投标人的其他内容。如果必须引用某一生产供应者的技术标准才能准确或清楚地说明拟招标项目的技术标准时，则应当在参照后面加上“或相当于”的字样。

第二十七条　施工招标项目需要划分标段、确定工期的，招标人应当合理划分标段、确定工期，并在招标文件中载明。对工程技术上紧密相连、不可分割的单位工程不得分割标段。

招标人不得以不合理的标段或工期限制或者排斥潜在投标人或者投标人。

第二十八条　招标文件应当明确规定评标时除价格以外的所有评标因素，以及如何将这些因素量化或者据以进行评估。

在评标过程中，不得改变招标文件中规定的评标标准、方法和中标条件。

第二十九条　招标文件应当规定一个适当的投标有效期，以保证招标人有足够的时间完成评标和与中标人签订合同。投标有效期从投标人提交投标文件截止之日起计算。

在原投标有效期结束前，出现特殊情况的，招标人可以书面形式要求所有投标人延长投标有效期。投标人同意延长的，不得要求或被允许修改其投标文件的实质性内容，但应当相应延长其投标保证金的有效期；投标人拒绝延长的，其投标失效，但投标人有权收回其投标保证金。因延长投标有效期造成投标人损失的，招标人应当给予补偿，但因不可抗力需要延长投标有效期的除外。

第三十条　施工招标项目工期超过十二个月的，招标文件中可以规定工程造价指数体系、价格调整因素和调整方法。

第三十一条　招标人应当确定投标人编制投标文件所需要的合理时间；但是，依法必须进行招标的项目，自招标文件开始发出之日起至投标人提交投标文件截止之日止，最短不得少于二十日。

第三十二条　招标人根据招标项目的具体情况，可以组织潜在投标人踏勘项目现场，向其介绍工程场地和相关环境的有关情况。潜在投标人依据招标人介绍情况作出的判断和决策，由投标人自行负责。

招标人不得单独或者分别组织任何一个投标人进行现场踏勘。

第三十三条　对于潜在投标人在阅读招标文件和现场踏勘中提出的疑问，招标人可以书面形式或召开投标预备会的方式解答，但需同时将解答以书面方式通知所有购买招标文件的潜在投标人。该解答的内容为招标文件的组成部分。

第三十四条　招标人可根据项目特点决定是否编制标底。编制标底的，标底编制过程和标底必须保密。

招标项目编制标底的，应根据批准的初步设计、投资概算，依据有关计价办法，参照有关工程定额，结合市场供求状况，综合考虑投资、工期和质量等方面的因素合理确定。

标底由招标人自行编制或委托中介机构编制。一个工程只能编制一个标底。

任何单位和个人不得强制招标人编制或报审标底，或干预其确定标底。

招标项目可以不设标底，进行无标底招标。

第三章　投　　标

第三十五条　投标人是响应招标、参加投标竞争的法人或者其他组织。招标人的任何不具独立法人资格的附属机构（单位），或者为招标项目的前期准备或者监理工作提供设计、咨询服务的任何法人及其任何附属机构（单位），都无资格参加该招标项目的投标。

第三十六条　投标人应当按照招标文件的要求编制投标文件。投标文件应当对招标文件提出的实质性要求和条件作出响应。

投标文件一般包括下列内容：

（一）投标函。

（二）投标报价。

（三）施工组织设计。

（四）商务和技术偏差表。

投标人根据招标文件载明的项目实际情况，拟在中标后将中标项目的部分非主体、非关键性工作进行分包的，应当在投标文件中载明。

第三十七条　招标人可以在招标文件中要求投标人提交投标保证金。投标保证金除现金外，可以是银行出具的银行保函、保兑支票、银行汇票或现金支票。

投标保证金一般不得超过投标总价的百分之二，但最高不得超过八十万元人民币。投标保证金有效期应当超出投标有效期三十天。

投标人应当按照招标文件要求的方式和金额，将投标保证金随投标文件提交给招标人。

投标人不按招标文件要求提交投标保证金的，该投标文件将被拒绝，作废标处理。

第三十八条　投标人应当在招标文件要求提交投标文件的截止时间前，将投标文件密封送达投标地点。招标人收到投标文件后，应当向投标人出具标明签收人和签收时间的凭证，在开标前任何单位和个人不得开启投标文件。

在招标文件要求提交投标文件的截止时间后送达的投标文件，为无效的投标文件，招标人应当拒收。

提交投标文件的投标人少于三个的，招标人应当依法重新招标。重新招标后投标人仍少于三个的，属于必须审批的工程建设项目，报经原审批部门批准后可以不再进行招标；其他工程建设项目，招标人可自行决定不再进行招标。

第三十九条　投标人在招标文件要求提交投标文件的截止时间前，可以补充、修改、替代或者撤回已提交的投标文件，并书面通知招标人。补充、修改的内容为投标文件的组成部分。

第四十条　在提交投标文件截止时间后到招标文件规定的投标有效期终止之前，投标人不得补充、修改、替代或者撤回其投标文件。投标人补充、修改、替代投标文件的，招标人不予接受；投标人撤回投标文件的，其投标保证金将被没收。

第四十一条　在开标前，招标人应妥善保管好已接收的投标文件、修改或撤回通知、备选投标方案等投标资料。

第四十二条　两个以上法人或者其他组织可以组成一个联合体，以一个投标人的身份共同投标。

联合体各方签订共同投标协议后，不得再以自己名义单独投标，也不得组成新的联合体或参加其他联合体在同一项目中投标。

第四十三条　联合体参加资格预审并获通过的，其组成的任何变化都必须在提交投标文件截止之日前征得招标人的同意。如果变化后的联合体削弱了竞争，含有事先未经过资格预审或者资格预审不合格的法人或者其他组织，或者使联合体的资质降到资格预审文件中规定的最低标准以下，招标人有权拒绝。

第四十四条　联合体各方必须指定牵头人，授权其代表所有联合体成员负责投标和合同实施阶段的主办、协调工作，并应当向招标人提交由所有联合体成员法定代表人签署的授权书。

第四十五条　联合体投标的，应当以联合体各方或者联合体中牵头人的名义提交投标保证金。以联合体中牵头人名义提交的投标保证金，对联合体各成员具有约束力。

第四十六条　下列行为均属投标人串通投标报价：

（一）投标人之间相互约定抬高或压低投标报价。

（二）投标人之间相互约定，在招标项目中分别以高、中、低价位报价。

（三）投标人之间先进行内部竞价，内定中标人，然后再参加投标。

（四）投标人之间其他串通投标报价的行为。

第四十七条　下列行为均属招标人与投标人串通投标：

（一）招标人在开标前开启投标文件，并将投标情况告知其他投标人，或者协助投标人撤换投标文件，更改报价。

（二）招标人向投标人泄露标底。

（三）招标人与投标人商定，投标时压低或抬高标价，中标后再给投标人或招标人额外补偿。

（四）招标人预先内定中标人。

（五）其他串通投标行为。

第四十八条　投标人不得以他人名义投标。

前款所称以他人名义投标，指投标人挂靠其他施工单位，或从其他单位通过转让或租借的方式获取资格或资质证书，或者由其他单位及其法定代表人在自己编制的投标文件上加盖印章和签字等行为。

第四章　开标、评标和定标

第四十九条　开标应当在招标文件确定的提交投标文件截止时间的同一时间公开进行；开标地点应当为招标文件中确定的地点。

第五十条　投标文件有下列情形之一的，招标人不予受理：

（一）逾期送达的或者未送达指定地点的。

（二）未按招标文件要求密封的。

投标文件有下列情形之一的，由评标委员会初审后按废标处理：

（一）无单位盖章并无法定代表人或法定代表人授权的代理人签字或盖章的。

（二）未按规定的格式填写，内容不全或关键字迹模糊、无法辨认的。

（三）投标人递交两份或多份内容不同的投标文件，或在一份投标文件中对同一招标项目报有两个或多个报价，且未声明哪一个有效，按招标文件规定提交备选投标方案的除外。

（四）投标人名称或组织结构与资格预审时不一致的。

（五）未按招标文件要求提交投标保证金的。

（六）联合体投标未附联合体各方共同投标协议的。

第五十一条　评标委员会可以书面方式要求投标人对投标文件中含义不明确、对同类问题表述不一致或者有明显文字和计算错误的内容作必要的澄清、说明或补正。评标委员会不得向投标人提出带有暗示性或诱导性的问题，或向其明确投标文件中的遗漏和错误。

第五十二条　投标文件不响应招标文件的实质性要求和条件的，招标人应当拒绝，并不允许投标人通过修正或撤销其不符合要求的差异或保留，使之成为具有响应性的投标。

第五十三条　评标委员会在对实质上响应招标文件要求的投标进行报价评估时，除招标文件另有约定外，应当按下述原则进行修正：

（一）用数字表示的数额与用文字表示的数额不一致时，以文字数额为准。

（二）单价与工程量的乘积与总价之间不一致时，以单价为准。若单价有明显的小数点错位，应以总价为准，并修改单价。

按前款规定调整后的报价经投标人确认后产生约束力。

投标文件中没有列入的价格和优惠条件在评标时不予考虑。

第五十四条　对于投标人提交的优越于招标文件中技术标准的备选投标方案所产生的附加收益，不得考虑进评标价中。符合招标文件的基本技术要求且评标价最低或综合评分最高的投标人，其所提交的备选方案方可予以考虑。

第五十五条　招标人设有标底的，标底在评标中应当作为参考，但不得作为评标的唯一依据。

第五十六条　评标委员会完成评标后，应向招标人提出书面评标报告。评标报告由评标委员会全体成员签字。

评标委员会提出书面评标报告后，招标人一般应当在十五日内确定中标人，但最迟应当在投标有效期结束日三十个工作日前确定。

中标通知书由招标人发出。

第五十七条　评标委员会推荐的中标候选人应当限定在一至三人，并标明排列顺序。招标人应当接受评标委员会推荐的中标候选人，不得在评标委员会推荐的中标候选人之外确定中标人。

第五十八条　依法必须进行招标的项目，招标人应当确定排名第一的中标候选人为中标人。排名第一的中标候选人放弃中标、因不可抗力提出不能履行合同，或者招标文件规定应当提交履约保证金而在规定的期限内未能提交的，招标人可以确定排名第二的中标候选人为中标人。

排名第二的中标候选人因前款规定的同样原因不能签订合同的，招标人可以确定排名第三的中标候选人为中标人。

招标人可以授权评标委员会直接确定中标人。

国务院对中标人的确定另有规定的，从其规定。

第五十九条　招标人不得向中标人提出压低报价、增加工作量、缩短工期或其他违背中标人意愿的要求，以此作为发出中标通知书和签订合同的条件。

第六十条　中标通知书对招标人和中标人具有法律效力。中标通知书发出后，招标人改变中标结果的，或者中标人放弃中标项目的，应当依法承担法律责任。

第六十一条　招标人全部或者部分使用非中标单位投标文件中的技术成果或技术方案时，需征得其书面同意，并给予一定的经济补偿。

第六十二条　招标人和中标人应当自中标通知书发出之日起三十日内，按照招标文件和中标人的投标文件订立书面合同。招标人和中标人不得再行订立背离合同实质性内容的其他协议。

招标文件要求中标人提交履约保证金或者其他形式履约担保的，中标人应当提交；拒绝提交的，视为放弃中标项目。招标人要求中标人提供履约保证金或其他形式履约担保的，招标人应当同时向中标人提供工程款支付担保。

招标人不得擅自提高履约保证金，不得强制要求中标人垫付中标项目建设资金。

第六十三条 招标人与中标人签订合同后五个工作日内，应当向未中标的投标人退还投标保证金。

第六十四条 合同中确定的建设规模、建设标准、建设内容、合同价格应当控制在批准的初步设计及概算文件范围内；确需超出规定范围的，应当在中标合同签订前，报原项目审批部门审查同意。凡应报经审查而未报的，在初步设计及概算调整时，原项目审批部门一律不予承认。

第六十五条 依法必须进行施工招标的项目，招标人应当自发出中标通知书之日起十五日内，向有关行政监督部门提交招标投标情况的书面报告。

前款所称书面报告至少应包括下列内容：

（一）招标范围。

（二）招标方式和发布招标公告的媒介。

（三）招标文件中投标人须知、技术条款、评标标准和方法、合同主要条款等内容。

（四）评标委员会的组成和评标报告。

（五）中标结果。

第六十六条 招标人不得直接指定分包人。

第六十七条 对于不具备分包条件或者不符合分包规定的，招标人有权在签订合同或者中标人提出分包要求时予以拒绝。发现中标人转包或违法分包时，可要求其改正；拒不改正的，可终止合同，并报请有关行政监督部门查处。

监理人员和有关行政部门发现中标人违反合同约定进行转包或违法分包的，应当要求中标人改正，或者告知招标人要求其改正；对于拒不改正的，应当报请有关行政监督部门查处。

第五章 法律责任

第六十八条 依法必须进行招标的项目而不招标的，将必须进行招标的项目化整为零或者以其他任何方式规避招标的，有关行政监督部门责令限期改正，可以处项目合同金额千分之五以上千分之十以下的罚款；对全部或者部分使用国有资金的项目，项目审批部门可以暂停项目执行或者暂停资金拨付；对单位直接负责的主管人员和其他直接责任人员依法给予处分。

第六十九条 招标代理机构违法泄露应当保密的与招标投标活动有关的情况和资料的，或者与招标人、投标人串通损害国家利益、社会公共利益或者他人合法权益的，由有关行政监督部门处五万元以上二十五万元以下罚款，对单位直接负责的主管人员和其他直接责任人员处单位罚款数额百分之五以上百分之十以下罚款；有违法所得的，并处没收违法所得；情节严重的，有关行政监督部门可停止其一定时期内参与相关领域的招标代理业务，资格认定部门可暂停直至取消招标代理资格；构成犯罪的，由司法部门依法追究刑事责任。给他人造成损失的，依法承担赔偿责任。

前款所列行为影响中标结果，并且中标人为前款所列行为的受益人的，中标无效。

第七十条　招标人以不合理的条件限制或者排斥潜在投标人的，对潜在投标人实行歧视待遇的，强制要求投标人组成联合体共同投标的，或者限制投标人之间竞争的，有关行政监督部门责令改正，可处一万元以上五万元以下罚款。

第七十一条　依法必须进行招标项目的招标人向他人透露已获取招标文件的潜在投标人的名称、数量或者可能影响公平竞争的有关招标投标的其他情况的，或者泄露标底的，有关行政监督部门给予警告，可以并处一万元以上十万元以下的罚款；对单位直接负责的主管人员和其他直接责任人员依法给予处分；构成犯罪的，依法追究刑事责任。

前款所列行为影响中标结果，并且中标人为前款所列行为的受益人的，中标无效。

第七十二条　招标人在发布招标公告、发出投标邀请书或者售出招标文件或资格预审文件后终止招标的，除有正当理由外，有关行政监督部门给予警告，根据情节可处三万元以下的罚款；给潜在投标人或者投标人造成损失的，并应当赔偿损失。

第七十三条　招标人或者招标代理机构有下列情形之一的，有关行政监督部门责令其限期改正，根据情节可处三万元以下的罚款；情节严重的，招标无效：

（一）未在指定的媒介发布招标公告的。

（二）邀请招标不依法发出投标邀请书的。

（三）自招标文件或资格预审文件出售之日起至停止出售之日止，少于五个工作日的。

（四）依法必须招标的项目，自招标文件开始发出之日起至提交投标文件截止之日止，少于二十日的。

（五）应当公开招标而不公开招标的。

（六）不具备招标条件而进行招标的。

（七）应当履行核准手续而未履行的。

（八）不按项目审批部门核准内容进行招标的。

（九）在提交投标文件截止时间后接收投标文件的。

（十）投标人数量不符合法定要求不重新招标的。

被认定为招标无效的，应当重新招标。

第七十四条　投标人相互串通投标或者与招标人串通投标的，投标人以向招标人或者评标委员会成员行贿的手段谋取中标的，中标无效，由有关行政监督部门处中标项目金额千分之五以上千分之十以下的罚款，对单位直接负责的主管人员和其他直接责任人员处单位罚款数额百分之五以上百分之十以下的罚款；有违法所得的，并处没收违法所得；情节严重的，取消其一至二年的投标资格，并予以公告，直至由工商行政管理机关吊销营业执照；构成犯罪的，依法追究刑事责任。给他人造成损失的，依法承担赔偿责任。

第七十五条　投标人以他人名义投标或者以其他方式弄虚作假，骗取中标的，中标无效，给招标人造成损失的，依法承担赔偿责任；构成犯罪的，依法追究刑事责任。

依法必须进行招标项目的投标人有前款所列行为尚未构成犯罪的，有关行政监督部门处中标项目金额千分之五以上千分之十以下的罚款，对单位直接负责的主管人员和其他直接责任人员处单位罚款数额百分之五以上百分之十以下的罚款；有违法所得的，并处没收违法所得；情节严重的，取消其一至三年投标资格，并予以公告，直至由工商行政管理机关吊销营业执照。

第七十六条　依法必须进行招标的项目，招标人违法与投标人就投标价格、投标方案等实质性内容进行谈判的，有关行政监督部门给予警告，对单位直接负责的主管人员和其他直接责任人员依法给予处分。

前款所列行为影响中标结果的，中标无效。

第七十七条　评标委员会成员收受投标人的财物或者其他好处的，评标委员会成员或者参加评标的有关工作人员向他人透露对投标文件的评审和比较、中标候选人的推荐以及与评标有关的其他情况的，有关行政监督部门给予警告，没收收受的财物，可以并处三千元以上五万元以下的罚款，对有所列违法行为的评标委员会成员取消担任评标委员会成员的资格并予以公告，不得再参加任何招标项目的评标；构成犯罪的，依法追究刑事责任。

第七十八条　评标委员会成员在评标过程中擅离职守，影响评标程序正常进行，或者在评标过程中不能客观公正地履行职责的，有关行政监督部门给予警告；情节严重的，取消担任评标委员会成员的资格，不得再参加任何招标项目的评标，并处一万元以下的罚款。

第七十九条　评标过程有下列情况之一的，评标无效，应当依法重新进行评标或者重新进行招标，有关行政监督部门可处三万元以下的罚款：

（一）使用招标文件没有确定的评标标准和方法的。

（二）评标标准和方法含有倾向或者排斥投标人的内容，妨碍或者限制投标人之间竞争，且影响评标结果的。

（三）应当回避担任评标委员会成员的人参与评标的。

（四）评标委员会的组建及人员组成不符合法定要求的。

（五）评标委员会及其成员在评标过程中有违法行为，且影响评标结果的。

第八十条　招标人在评标委员会依法推荐的中标候选人以外确定中标人的，依法必须进行招标的项目在所有投标被评标委员会否决后自行确定中标人的，中标无效。有关行政监督部门责令改正，可以处中标项目金额千分之五以上千分之十以下的罚款；对单位直接负责的主管人员和其他直接责任人员依法给予处分。

第八十一条　招标人不按规定期限确定中标人的，或者中标通知书发出后，改变中标结果的，无正当理由不与中标人签订合同的，或者在签订合同时向中标人提出附加条件或者更改合同实质性内容的，有关行政监督部门给予警告，责令改正，根据情节可处三万元以下的罚款；造成中标人损失的，并应当赔偿损失。

中标通知书发出后，中标人放弃中标项目的，无正当理由不与招标人签订合同的，在签订合同时向招标人提出附加条件或者更改合同实质性内容的，或者拒不提交所要求的履约保证金的，招标人可取消其中标资格，并没收其投标保证金；给招标人的损失超过投标保证金数额的，中标人应当对超过部分予以赔偿；没有提交投标保证金的，应当对招标人的损失承担赔偿责任。

第八十二条　中标人将中标项目转让给他人的，将中标项目肢解后分别转让给他人的，违法将中标项目的部分主体、关键性工作分包给他人的，或者分包人再次分包的，转让、分包无效，有关行政监督部门处转让、分包项目金额千分之五以上千分之十以下的罚款；有违法所得的，并处没收违法所得；可以责令停业整顿；情节严重的，由工商行政管理机关吊销营业执照。

第八十三条　招标人与中标人不按照招标文件和中标人的投标文件订立合同的，招标人、中标人订立背离合同实质性内容的协议的，或者招标人擅自提高履约保证金或强制要求中标人垫付中标项目建设资金的，有关行政监督部门责令改正；可以处中标项目金额千分之五以上千分之十以下的罚款。

第八十四条　中标人不履行与招标人订立的合同的，履约保证金不予退还，给招标人造成的损失超过履约保证金数额的，还应当对超过部分予以赔偿；没有提交履约保证金的，应当对招标人的损失承担赔偿责任。

中标人不按照与招标人订立的合同履行义务，情节严重的，有关行政监督部门取消其二至五年参加招标项目的投标资格并予以公告，直至由工商行政管理机关吊销营业执照。

因不可抗力不能履行合同的，不适用前两款规定。

第八十五条　招标人不履行与中标人订立的合同的，应当双倍返还中标人的履约保证金；给中标人造成的损失超过返还的履约保证金的，还应当对超过部分予以赔偿；没有提交履约保证金的，应当对中标人的损失承担赔偿责任。

因不可抗力不能履行合同的，不适用前款规定。

第八十六条　依法必须进行施工招标的项目违反法律规定，中标无效的，应当依照法律规定的中标条件从其余投标人中重新确定中标人或者依法重新进行招标。

中标无效的，发出的中标通知书和签订的合同自始没有法律约束力，但不影响合同中独立存在的有关解决争议方法的条款的效力。

第八十七条　任何单位违法限制或者排斥本地区、本系统以外的法人或者其他组织参加投标的，为招标人指定招标代理机构的，强制招标人委托招标代理机构办理招标事宜的，或者以其他方式干涉招标投标活动的，有关行政监督部门责令改正；对单位直接负责的主管人员和其他直接责任人员依法给予警告、记过、记大过的处分，情节较重的，依法给予降级、撤职、开除的处分。

个人利用职权进行前款违法行为的，依照前款规定追究责任。

第八十八条　对招标投标活动依法负有行政监督职责的国家机关工作人员徇私舞弊、滥用职权或者玩忽职守，构成犯罪的，依法追究刑事责任；不构成犯罪的，依法给予行政处分。

第八十九条　任何单位和个人对工程建设项目施工招标投标过程中发生的违法行为，有权向项目审批部门或者有关行政监督部门投诉或举报。

第六章　附　　则

第九十条　使用国际组织或者外国政府贷款、援助资金的项目进行招标，贷款方、资金提供方对工程施工招标投标活动的条件和程序有不同规定的，可以适用其规定，但违背中华人民共和国社会公共利益的除外。

第九十一条　本办法由国家发展计划委员会会同有关部门负责解释。

第九十二条　本办法自2003年5月1日起施行。

参 考 文 献

［1］ 王俊安．招标投标案例分析［M］．北京：中国建材工业出版社，2005.

［2］ 白思俊．现代项目管理［M］．北京：机械工业出版社，2013.

［3］ 黄文杰．建设工程合同管理［M］．北京：知识产权出版社，2007.

［4］ 陈小君．合同法学［M］．北京：中国法制出版社，2007.

［5］ 杨庆丰．建设工程招投标与合同管理［M］．北京：机械工业出版社，2009.

［6］ 朱永祥．工程招投标与合同管理［M］．武汉：武汉理工大学出版社，2005.

［7］ 危道军．招投标与合同管理实务［M］．北京：高等教育出版社，2005.

［8］ 陈连军，唐少青，薛立辉．合同法学［M］．长春：吉林大学出版社，2014.

［9］ 何红锋．建设工程合同管理［M］．北京：机械工业出版社，2006.

［10］ 林密．工程项目招投标与合同管理［M］．北京：中国建筑工业出版社，2004.

［11］ 刘伊生．建设工程招投标与合同管理［M］．北京：机械工业出版社，2003.

［12］ 王海周．水利工程建设项目招标与投标［M］．郑州：黄河水利水电出版社，2008.

［13］ 汪洋．工程招投标与合同管理［M］．北京：中国水利水电出版社，2008.

［14］ 刘钦．工程招投标与合同管理［M］．北京：高等教育出版社，2003.

［15］ 张国华．建设工程招标投标实务［M］．北京：中国建筑工业出版社，2005.

［16］ 李启明．土木工程合同管理［M］．南京：东南大学出版社，2008.

［17］ 中华人民共和国水利部．水利水电工程标准施工招标文件（2009年版）［M］．北京：中国水利水电出版社，2009.

［18］ 中华人民共和国水利部．水利水电工程标准施工招标资格预审文件（2009年版）［M］．北京：中国水利水电出版社，2009.

［19］ 水利工程建设项目招标投标管理规定［J］．中华人民共和国国务院公报，2002，22：31-35.

［20］ 刘晓勤．建设工程招投标与合同管理［M］．杭州：浙江大学出版社，2010.

［21］ 李永清．招标投标模拟实训教程［M］．西安：西北工业大学出版社，2007.

［22］ 赵修卫，张清．国际工程承包管理［M］．武汉：武汉大学出版社，2004.

［23］ 全国一级建造师执业资格考试用书编写委员会．水利水电工程管理与实务［M］．4版．北京：中国建筑工业出版社，2015.

［24］ 中国建设监理协会．建设工程合同管理［M］．4版．北京：中国建筑工业出版社，2014.